Perfekte Video Praxis

Lewis/Spitzing

Perfekte Video Praxis

Lewis/Spitzing

Herausgeber:	Carole Devaney
Künstlerische Beratung:	Peter Bridgewater
Bildauswahl:	Zilda Tandy
Lektorat:	Ruth Binney
Künstlerische Leitung / Layout:	John Bigg
Überarbeitung:	Tim Probart
Illustrationen:	Rob Shone Annioe Ellis Ivan Hissey Steve Wheele
Produktion:	Janice Storr
Recherchen:	John Creedy
Techniken:	Eugene Trundle
Beratung:	Barry Fox
Deutsche Übersetzung:	U. von Grundherr (1. Auflage) Susanne Barner (8. Auflage)
Überarbeitung der deutschen Ausgabe:	Günther Spitzing (1. Auflage) Dr. Michael Huber (8. Auflage)

Erste Veröffentlichung der überarbeiteten Ausgabe 1991

8. Überarbeitete Auflage 1992

Satz: satz-studio gmbh, Bäumenheim

Umschlaggestaltung:
Günther Herdin, München

ISBN 3-8043-5492-0

Printed in Belgium

DER AUTOR

Während der zwanzig Jahre seiner beruflichen Tätigkeit auf dem Gebiet der Filmherstellung hat Roland Lewis in allen Sparten der Filmproduktion vom Schreiben der Story bis zum Schneiden, der Regie und der Kamerabedienung praktische Erfahrungen gesammelt. Er drehte sowohl Spielfilme als auch Dokumentarfilme, machte Wochenschauaufnahmen, stellte pädagogische Programme, Werbefilme und Musikfilme her.

Roland Lewis ist heute Dozent am Polytechnikum in London, wo er Video, Film und Fernsehen unterrichtet. Er gab auch Videounterricht, schrieb Berichte und Artikel und war Berater für Bücher- und Filmproduktionen.

INHALTSVERZEICHNIS

EINFÜHRUNG

Mit der Videoaufnahme ist endlich die ideale Familienchronik möglich geworden: die eigene Fernsehproduktion zuhaus. Mit einer modernen Videokamera kann jeder lebendige Szenen in Farbe und mit vollem Ton aufnehmen und sie auf dem eigenen Fernsehempfänger wiedergeben. Videofilm muß nicht entwickelt werden, und es gibt keine Wartezeiten zwischen der Aufnahme und dem Betrachten der aufgenommenen Szene. Ein Videoband ist billig und kann wie ein Tonband beliebig oft genutzt werden: Wenn Ihnen das, was Sie gerade aufgenommen haben, nicht gefällt, können Sie auf demselben Bildband das gleiche noch einmal aufzeichnen.

Dieses Handbuch macht Sie mit den Grundbegriffen des «filmischen Sehens» vertraut, sozusagen mit der «Grammatik» und der «Syntax» der Videogestaltung. Das Buch erklärt außerdem die Elemente der Szenenkomposition, der Farbe und der Kamerabewegungen sowie der Belichtung und der Schärfeneinstellung. Es macht Ihnen die Bedeutung des Schneidens und Montierens klar und zeigt Ihnen, wie Sie Ihre einzelnen Szenen durch Assembleschnitt so aneinanderreihen können, so daß ein sinnvoller und logischer Zusammenhang entsteht. Ferner führt es Sie in kreative Techniken ein, d. h. es ermöglicht Ihnen, Ihren Szenen einen Hauch von Professionalität zu geben. Es beschreibt die Technik der Videofilmherstellung, jedoch nicht die technischen Konstruktionsteile Ihrer Videokamera. Es ist vielmehr ein kreatives Lehrbuch, ein Ideenkatalog und ein Nachschlagewerk für jedes neue Projekt, das Sie in Angriff nehmen. Benutzen Sie die ersten Kapitel dazu, gründliches Videowissens zu erwerben, und wenden Sie sich dann erst den anspruchsvolleren Aufgaben zu, die Ihnen in den nachfolgenden Kapiteln erläutert werden. Erforschen Sie die Möglichkeiten der Teamarbeit und machen Sie sich klar, wie dadurch die Bewegungsfreiheit für Ihre filmische Tätigkeit erweitert wird.

Die Herstellung interessanter eigener Videofilme ist vor allen Dingen eine Sache des Lernens, wie man beobachtet und zuhört. Auch können Sie Ihre Beobachtungsfähigkeit dadurch erheblich verbessern, indem Sie Fernsehprogramme mit anderen Augen sehen. Sie entdecken am professionellen Beispiel, wie man Filmszenen wirksam zusammenmontiert. Das vorliegende Buch ermöglicht es Ihnen; und schließlich können Sie lernen, wie Musik, Text, Toneffekte und Geräusche die Wirkung der Bildaussage verstärken.

Sie werden rasch lernen, in Bildern und Bildfolgen zu denken. Dieses Buch zeigt Ihnen, wie Sie trainieren können, die sichtbare Ausdruckskraft einer Szene zu erkennen. Dadurch werden Sie dann ganz von selbst zur optimalen Anordnung und Ausleuchtung der bildwichtigen Elemente eines Szeneninhalts geführt. Sie werden sich außerdem auch bald angewöhnen, den Ablauf jeder Szene erst in der Vorstellung aufzubauen und abzuschließen, bevor Sie auf den Auslöser Ihrer Kamera drücken. Ferner sollten Sie sich den Sinn eines Szeneninhalts vorher überlegen.

Ein paar Beispiele: Sie wollen den Ablauf eines Kindergeburtstags aufnehmen. Also die Spiele und den Spaß, den Kinder dabei haben. Überlegen Sie vorher, ob Sie vom Schauplatz weit genug weg sind, um alle Ereignisse im Szenenraum zu erfassen. Sie wollen auch das Entzücken der Großmutter, die diesen Ereignissen zuschaut, aufnehmen: Steht Ihre Kamera also auch nahe genug bei der Großmutter? Können Sie ihren Gesichtsausdruck in Nah- oder Großaufnahme auch richtig erfassen? Oder Sie wollen eine Unterhaltung zwischen verschiedenen Menschen aufnehmen. Frage: Ist das Mikrofon richtig aufgestellt? Haben Sie mit Ihrem Objektiv nur das Profil des Sprechers erfaßt oder auch sein Gesicht von vorne? Und haben Sie gleichzeitig seine Sätze einigermaßen vollständig aufgenommen oder nur in unzusammenhängenden Wortfetzen? Dieses Buch zeigt Ihnen, wie Sie zu guten Ergebnissen kommen können, nämlich durch vorzeitiges und richtiges Planen. Nehmen Sie z. B. eine Hochzeit, das Lieblingsthema aller Videofilmer: Lassen Sie die Szenen im Geist Bild für Bild ablaufen. Wenn Sie, bevor Sie drehen, schon genau wissen, wann, wie und was Sie erfassen werden, dann haben Sie auch ein gutes Ergebnis, das einen dauerhaften Platz im Familienarchiv einnimmt.

Benutzen Sie Ihre Kamera nicht nur für solche speziellen Gelegenheiten. Nehmen Sie durchaus auch die täglichen Ereignisse auf, und schaffen Sie sich so ein einzigartiges, lebendiges Tagebuch Ihres Lebens und Ihrer Umwelt. Auf diese Weise werden Sie erfahren, wie aufregend die Herstellung kreativer Videofilme sein kann. Experimentieren Sie, erfinden Sie und freuen Sie sich daran!

IHRE AUSRÜSTUNG

Je besser Sie mit Ihrer Ausrüstung vertraut sind, umso besser werden die Ergebnisse sein. Auf den folgenden Seiten werden Ihnen die für die meisten Videogeräte geltenden Eigenschaften zusammen mit den Grundzügen der Aufnahmetechnik erklärt. Lesen Sie stets die Bedienungsanleitungen sorgfältig durch und erwerben Sie praktische Erfahrung im Umgang mit Ihrer Ausrüstung, indem Sie sehr viele Testaufnahmen machen. Auf diese Weise werden Sie die unerläßlichen handwerklichen Fähigkeiten und Routine in der Bedienung der Ausrüstung erwerben, die Sie unbedingt benötigen, um erfolgreich zu sein und sich das noch wichtigere Selbstbewußtsein für die Bedienung Ihrer Kamera anzueignen.

SO FUNKTIONIERT DER CAMCORDER

Der Camcorder kombiniert in einem kompakten, tragbaren Gerät die Funktionen der Videokamera mit der des Videokassettenrecorders.

Camcorder können mit auswechselbaren Akkus oder mit einem Netzgerät betrieben werden. Die meisten Modelle sind mit einem elektronischen Sucher ausgestattet. Er funktioniert wie ein Minifernsehschirm. Die meisten Sucher geben schwarz/weiß-Bilder wieder; es gibt aber ein paar Modelle mit farbigem LCD (Flüssigkristall-Bildschirm). Während des Filmens blendet der Sucher Informationen zu den verschiedenen Funktionen ein. Einfache Camcorder sind evtl. nur mit einem optischen Sucher ausgestattet.

Heute wird bei praktisch allen Camcordern das Objektivbild auf einen CCD-Bildsensor scharfgestellt. Dieser Halbleiter-Bildsensor wandelt die Helligkeit der Bildpunkte in elektronische Signale um.

Das Herz eines jeden Aufnahmesystems ist eine unter schrägem Winkel zum Band rotierende Trommel mit 2 Videoköpfen. Während das Band über die Trommel läuft, wandeln die Köpfe die elektronischen Videosignale in magnetische Impulse und speichern so die Bildinformation auf dem Band. Jeder der Köpfe liefert die Information für ein Halbbild. Durch den Winkel der Trommel zum Band werden die Videospuren diagonal aufgezeichnet.

Für die Aufzeichnung des Tons gibt es zwei Möglichkeiten: Entweder mittels eines feststehenden Kopfes, entlang einer Längsspur am Bandrand, oder mittels rotierender Köpfe in der Video-Schrägspur.

Während der Aufnahme werden Synchronimpulse mitaufgezeichnet, die später beim Abspielen die Geschwindigkeit steuern. Beim Abspielen wird das Band von den rotierenden Köpfen «abgetastet» und die magnetischen Impulse werden in elektronische Bild-Signale zurückverwandelt.

Es sind sehr unterschiedliche Camcorder auf dem Markt. Soweit möglich, werden die gängigsten Funktionen in der nebenstehenden Abbildung dargestellt und auf den nächsten Seiten erläutert.

Mit dem Zoom-Objektiv kann die Brennweite und damit die Größe der Aufnahme bei gleicher Kameraposition verändert werden. So wird während der Aufnahme das Objekt größer- oder kleiner. Die Zoomfunktion ist motorisiert, kann aber auch manuell in gewünschter Geschwindigkeit bedient werden.

Auto-Fokus-Systeme stellen während des Filmens automatisch scharf, wobei meist das Bildzentrum ausschlaggebend ist. (Früher meist «aktiv“ mit IR-Strahlen, arbeiten die AF-Systeme heute «passiv» mit Auswertung des Videobilds). Das AF-System kann evtl. durch manuelles Scharfstellen am Objektiv übergangen werden. Die Schärfe wird dann visuell im Sucher beurteilt.

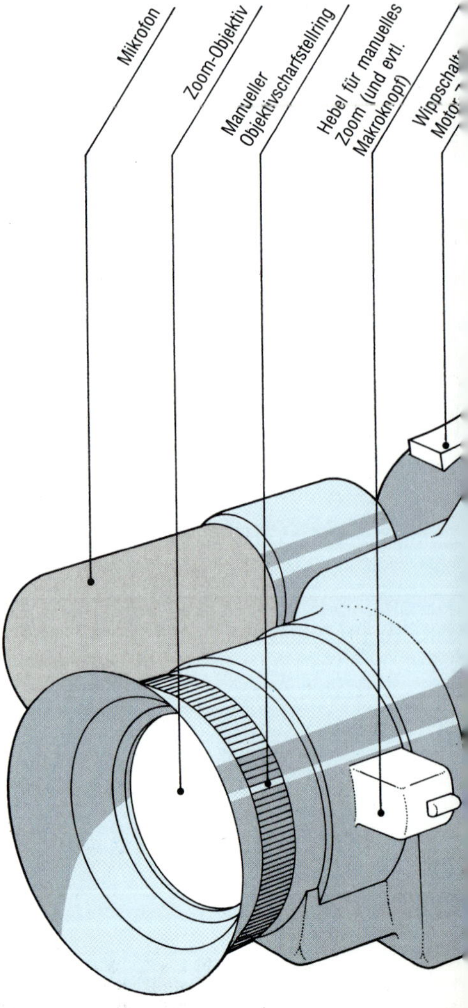

Ein eingebautes Mikrophon nimmt gleichzeitig mit den Bildern den Ton mono oder stereo auf. Oft kann auch ein externes Mikro aufgesteckt werden. Bei den meisten Modellen wird die Lautstärke automatisch ausgepegelt. Evtl. kann sie jedoch beim Filmen nach Kontrolle mit Kopfhörer manuell eingestellt werden.

Die Blende kontrolliert die Lichtmenge, die durch die Linse zum Bildsensor fällt. Sie wird während des Filmens entsprechend den Lichtverhältnissen automatisch geregelt. Es gibt Camcorder, bei denen eine manuelle Einstellung möglich ist, z.B. für besondere Lichtsituationen und um der schöpferischen Freiheit keine Grenzen zu setzen.

Die Gegenlicht-Korrektur steuert die Blende, wenn das zu filmende Objekt sich z.B. vor einem Fenster befindet. Die Blende öffnet sich, um die richtige Belichtung für das Hauptmotiv zu sichern und läßt den Hintergrund durch Überbelichtung ausbleichen.

Eine Abblende schließt automatisch die Blende, so daß die Szene im Lauf von ein paar Sekunden bis zu Schwarz hin verschwindet. Gleichzeitig wird meist auch der Ton ausgeblendet. Eine Aufblende kann für einen neuen Szenenbeginn verwendet werden, wobei die neue Szene langsam aus dem Schwarz auftaucht.

Der Weißabgleich sorgt für naturgetreue Wiedergabe der Farben unabhängig von der Farbe der Beleuchtung (z.B. «Tages»- oder «Kunstlicht»). Heute wird er bei den meisten Camcordern automatisch durchgeführt.

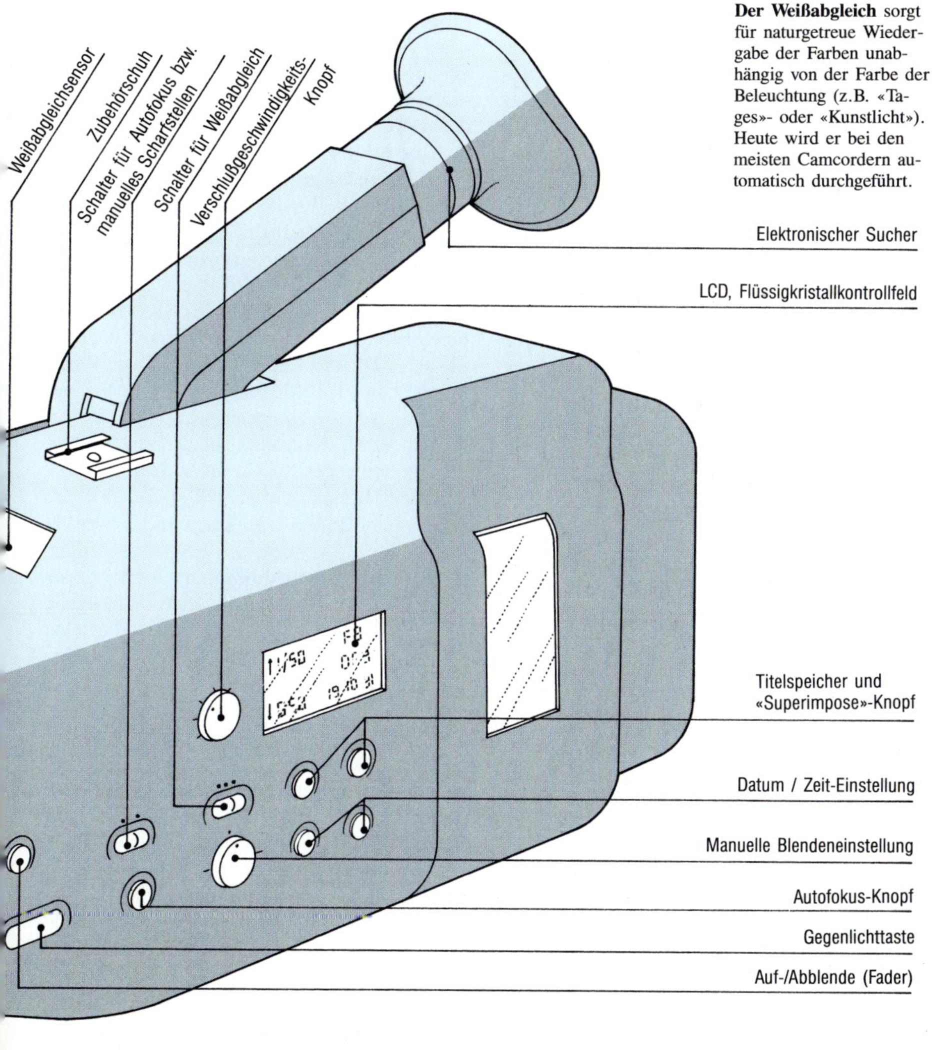

SO FUNKTIONIERT DER CAMCORDER

Die genaue Kenntnis und die praktische Beherrschung Ihres Camcorders ist Voraussetzung für erfolgreiches Videofilmen. Studieren Sie also gründlich Ihre Bedienungsanleitung und diese Seiten.

Ob Sie ein großes Ereignis oder nur eine Szene aufnehmen wollen, Sie sollten vorher Probeaufnahmen machen, um Ihre Geschicklichkeit bei der Handhabung Ihres Camcorders zu überprüfen. Üben Sie so lange, bis Sie die nötigen Handgriffe «blind» beherrschen. Im Idealfall können Sie Bedienungsschritte wie manuelles Scharfstellen, Zoomen oder Abblenden ausführen, ohne das Auge vom Camcorder zu nehmen. Diese Sicherheit beim Gebrauch des Camcorders erlaubt Ihnen, sich ganz auf den kreativen Aspekt des Filmens zu konzentrieren.

Lernen Sie die Möglichkeiten und Grenzen Ihres Camcorderobjektivs bei größter und kleinster Brennweite kennen. Finden Sie z.B. heraus, wieviel von Ihrem Wohnzimmer mit Weitwinkeleinstellung erfaßt wird, und welches Format eine Großaufnahme ergibt, wenn Sie z.B. in 2 m Abstand eine Person mit Teleeinstellung filmen. Wie nah können Sie an ein Objekt herangehen, so daß es noch scharf wird? Wie verhält sich der Autofokus, wenn sich Objekte bewegen oder am Bildrand befinden? Wie arbeitet der Weißabgleich bei verschiedenen Lichtverhältnissen? Und was passiert bei Gegenlicht oder sehr schwachem Licht?

Wenn die Aufnahme läuft, muß nicht nur das Bild, sondern auch der Ton, des eingebauten Mikrofons, überprüft werden. Es hat einen begrenzten Aufnahmebereich und bestimmt so möglicherweise Ihre Aufnahmeposition. Probieren Sie das Mikrofon bei verschiedenen Entfernungen und Störquellen aus! So wissen Sie, wann besser ein separates Mikrofon eingesetzt werden sollte.

Bei Außenaufnahmen sind Sie auf Akkus angewiesen. Bestimmte Funktionen (z.B. Pause, Autofokus, Zoomen und Rückspulen) verbrauchen sehr viel Energie. Finden Sie die Aufnahmezeit heraus, für die eine Ladung reicht. Nehmen Sie immer Ersatzakkus mit.

Die Aufnahmefunktion: In der Pause-Stellung steht das Band still, aber die Kopftrommel dreht sich. Wird der Aufnahmeknopf gedrückt, läuft das Band am Aufnahmekopf vorbei und die Aufzeichnung beginnt. Wird wieder «Pause» gedrückt, spult das Gerät mit dem automatischen Bandrücklauf ein kleines Stück zurück. Beim erneuten Start läuft das Band bis zum Ende des rückgespulten Teils vor und beginnt erst dann wieder mit der Aufzeichnung. Dadurch entstehen keine Bildstörungen an der Schnittstelle zweier Aufnahmen. Aber, jede neue Aufnahme beginnt erst ein oder zwei Sekunden nach dem Tastendruck und ein paar Bilder der letzten Aufnahme werden gelöscht.

● **Eine Bildrückschau** läßt das Band aus der Aufnahmepause zurücklaufen und startet dann die Wiedergabe bis zur letzten Bandposition. So lassen sich mit manchen Camcordern die letzten Sekunden einer Aufnahme überprüfen.

● **Die Insertschnittfunktion** erlaubt es, mitten im bereits bespielten Band, Szenen auszutauschen bzw. einzufügen, ohne daß Störungen an den Schnittstellen entstehen. Evtl. ist es möglich nur den Bildanteil zu insertieren und den original Ton zu erhalten.

● **Mit Audio-dub** kann man eine existierende Tonspur, ohne Einfluß auf die Videospur nachvertonen. Jedoch nur, wenn Ton und Bild auf getrennte Spuren aufgezeichnet werden können.

● **Schnelle «Verschlußzeiten»** werden vor allem für Standaufnahmen oder Wiedergabe mit geringer Geschwindigkeit bei Studien sich schnell bewegender Objekte benutzt. Bei Wiedergabe mit normaler Geschwindigkeit ergibt sich evtl. eine Art stroboskopischer Effekt. Schnelle Verschlußzeiten benötigen viel Licht und verringern die Schärfentiefe.

● **Intervall-Timer** werden zu Zeitraffer-Aufnahmen spezieller Objekte wie Sonnenuntergang, Wolkenbewegung, Blumenaufblühen etc. verwendet. Es werden dazu in regelmäßigen Abständen jeweils nur einige Bilder aufgenommen. Evtl. wirken die Bewegungen unnatürlich.

Aufnahmeformate

Camcorder sind in verschiedenen Bandformaten und Videosystemen erhältlich.

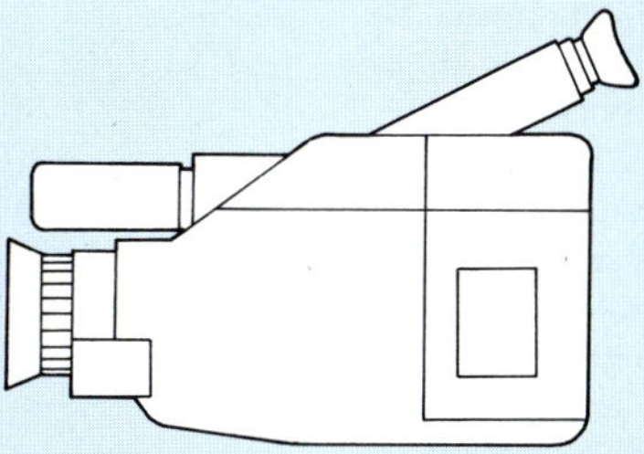

● **VHS** arbeitet mit einem 1/2-Zoll-Band in Großkassetten. Es ist das weltweit gebräuchlichste System für Heimvideorecorder. Es gibt Bänder mit bis zu vier Stunden Abspielzeit. VHS besitzt am Bandrand eine Längs-Tonspur. Nachteil: Die großen Kassetten machen VHS-Camcorder unhandlich.

● **VHS-C** ist die «VHS-Kompaktkassette». Mit einem einfachen Adapter kann sie in jedem VHS-Standard-Videorecorder wiedergegeben werden. Die Bandlaufzeiten sind kürzer: normal 45 Minuten, das Doppelte bei «Longplay». Die Camcorder sind leichter und kompakter als bei VHS. Manche Modelle haben mit der Videospur kombinierten Hi-Fi-Stereo-Ton.

● **Video 8** hat mit 8-mm-Bändern die kleinste Kassettengröße. Die Bild- und Tonqualität ist gut. Laufzeit normal bis zu 90 Minuten (180 bei LP). Zu Hause wird der Camcorder direkt an das Fernsehgerät angeschlossen, ein Video-8-Heimrecorder benutzt oder auf einen VHS-Heimrecorder überspielt. Alle Modelle haben mit der Videospur kombinierten Hi-Fi-Stereo-Ton. Eine bildunabhängige Nachvertonung im System Video 8 ist nur mit PCM-Ton-Recordern möglich.

Aus den obigen Fomaten wurden die «Highband»-Systeme **S-VHS, S-VHS-C** und **Video Hi 8** entwickelt. Sie benötigen besondere, metallbeschichtete Bänder. Sie erreichen eine höhere Auflösung der Bilder (400 Linien im Gegensatz zu 230/260), brauchen aber Fernsehgeräte mit S-Video-Eingang zur vollen Entfaltung. Highband-Videos können nicht auf Standardformatgeräten abgespielt werden; umgekehrt ist es möglich. Die Signale von Hi8 und S-VHS/S-VHS-C sind miteinander kompatibel! Kopien von Highband-Videos sind qualitativ mit den Originalen der Standardformate vergleichbar.

Camcorder in den Highband-Formaten besitzen praktisch alle Hi-Fi-Stereo-Ton mit Aufzeichnung in der Videospur. Digitale Stereo-Aufzeichnung in CD-Qualität wird z.T. im System Video8 /Hi8 («PCM») angeboten. Sie ermöglicht Nachvertonung (Audio-Dub) ohne Beeinflußung der Videospur.

● **Digitale Titelspeicher** speichern Text, der dann später beim Drehen in eine Szene eingeblendet werden kann. Meist können die Titel coloriert werden und in verschiedenen Richtungen in und aus dem Bild laufen.

● **Mit Digitalen Effekten** können Einzelbilder aufgenommener Szenen «bearbeitet» werden. Das bekannteste sind Standbilder, Mosaikbilder, Solarisationen, stroboskopische Effekte.

● **Time Code** nimmt kontinuierlich zu jedem Bild die codierte Zeitangabe mit auf. Diese wird als separates Element zusätzlich zu den Video- oder Audiosignalen aufgezeichnet. Der Hauptnutzen des Time Code ist die Möglichkeit der genauen Festlegung von Szenenanfang und -Ende bei Schnittnachbearbeitung.

● **Gain control**, ein separater Regler, mit dem die Bildverstärkung bei schwachem Licht hochgedreht werden kann.

BLENDE UND BELICHTUNG

Das Objektiv einer Videokamera ist genauso wie das einer Foto- oder Filmkamera mit einer Iris-Blende ausgerüstet. Dieser Metallring sich überlappender einzelner Folien reguliert den Lichteinfall und bestimmt damit die Belichtung oder auch die Lichtintensivität, die in der Kamera den bildempfindlichen Teil - den Sensor - erreicht. Sie arbeitet ähnlich wie die Iris des menschlichen Auges, die ja auch die Einfallsöffnung in hellem Licht verringert und in schwächerem Licht vergrößert.

Fast alle Kameras haben eine sich automatisch einstellende Iris-Blende, die den Lichteinfall selbständig reguliert. Das ist für viele Aufnahmesituationen von Vorteil, denn so kann man sich ausschließlich auf die Aufnahme, auf die Bewegungen und die Szenenkompositionen konzentrieren.

Wenn die Kamera auf ein ausgeleuchtetes Motiv gerichtet ist, stellt sich die automatische Blende von selbst darauf ein, die Helligkeit und die Farben der Szene voll wiederzugeben.

Aber es gibt auch Grenzen der Automatik: Wenn Sie z.B. eine Person, die auf einer sonnigen Terasse unter einem Sonnenschirm sitzt aufnehmen wollen, kann das für die Blendenautomatik schwierig sein. Sie richtet sich mehr nach der allgemeinen Helligkeit und die Person im Schatten kommt evtl. zu dunkel.

Die Blendenautomatik richtet sich nach der Helligkeit des Objektanteils, der jeweils zufällig in die Bildmeßfläche fällt. Bei Kameraschwenks oder bei Objektbewegungen im Bild öffnet und schließt sich deshalb die Blende je nach veränderter Objekthelligkeit. Dies erkennt man beim Abspielen an störenden Helligkeitsschwankungen während einer Szene.

Daß eine Blendenautomatik bestimmte Situationen «mißversteht», ist eine unvermeidbare Konsequenz automatischer Systeme. Doch manche Effekte können durch eine Änderung des Bildausschnitts kompensiert werden: Vermeiden Sie zuviel Himmel bei Landschaftsaufnahmen, was zu einer Unterbelichtung des Vordergrunds führen würde, und zu schnelles Schwenken über kontrastreiche Szenen, z.B. vom Sonnenlicht in den Schatten.

Die Automatik hat auch Probleme mit Gegenlicht, also wenn das Licht aus der Objektrichtung kommt. Eine Person, die innen vor einem Fenster steht oder draußen mit der Sonne im Rücken kann sich in tiefem Schatten verlieren und nur als Silhouette zu sehen sein. Das menschliche Auge würde dies kompensieren, aber die weniger meisterhafte Blendenautomatik wird durch die umgebende Helligkeit irregeführt.

Für solche Situationen haben manche Camcorder eine Gegenlichtkorrektur (BLC, Backlight Compensation). Diese korrigiert die Belichtung so, daß das Hauptobjekt aufgehellt wird, der Hintergrund wirkt dann allerdings zu zu hell, wie «ausgefressen».

Wenn Ihr Camcorder eine manuelle Blendensteuerung besitzt, dann stellen Sie auf «manuell», um solche Probleme durch eigene Blendeneinstellung zu lösen. Um kreative Effekte zu erhalten, können Sie auch bewußt bestimmte Aufnahmen über- oder unterbelichten. Zum Beispiel erreicht man durch Überbelichtung evtl. eine helle, traumähnliche Stimmung. Unterbelichtung und «falscher» Weißabgleich nach Blau, kann z.B. Nachtstimmungen simulieren.

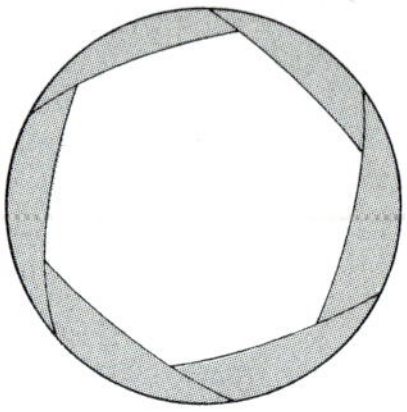

Überbelichtung: Mit voll geöffneter Iris-Blende wirkt die Szene zu hell. Details wirken ausgefressen, wie hier der gesamte Hintergrund. Kontrastabstufungen fehlen ganz. Die Farben sind viel zu stark aufgehellt.

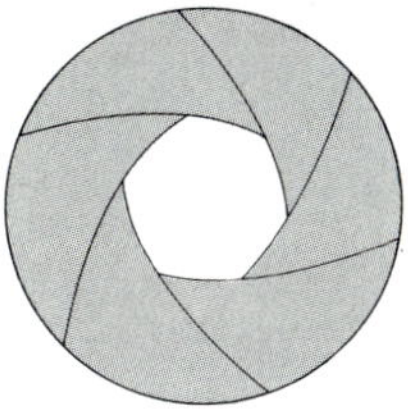

Richtige Belichtung: Mit der halbgeschlossenen Blende ist die Belichtung für das vorhandene Motiv richtig getroffen. Die Szene wird kontrastreich, detailscharf und farbgetreu wiedergegeben.

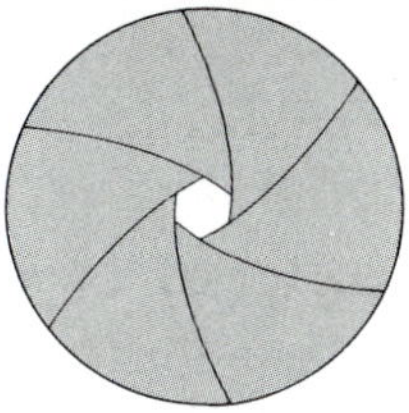

Unterbelichtung: Bei zu weit geschlossener Blende wird das Motiv zu dunkel abgebildet. Details in Schattenpartien sind nicht mehr zu sehen (hier ist das ganze Dorf verschwunden). Die gesamte Farbwiedergabe ist ungenau.

Bei einem Schwenk von einem hellen Bereich zu einem dunklen, stellen Sie die Blende manuell so ein, daß sie entweder zum Beginn oder dem Ende der Aufnahme paßt. Ist der Kontrast zu groß, ist es besser, die Szene in zwei Aufnahmen aufzuteilen und die Belichtung jeweils getrennt einzustellen.

Für dunkle Innenräume oder Dämmerlicht sind einige Camcorder mit einem «Schwachlichtausgleich» («Gain») ausgestattet. Er verstärkt elektronisch das Bildsensorsignal und damit die Bildhelligkeit und den Kontrast. Das Bild wirkt dann aber leicht farblos und wird griesig. (siehe S. 36).

Bei Camcordern mit «Hochgeschwindigkeitsverschluß» ist dessen Einstellung mit der der Belichtung gekoppelt. Bei erhöhter «Schließgeschwindigkeit», öffnet sich die Blende proportional, so daß eine ausreichende Belichtung gewährleistet ist. Manche Camcorder mit «Programmautomatik» lassen eine Prioritätenwahl zu: Ob sich die Belichtung nach der Schließgeschwindigkeit richten soll oder umgekehrt; auf jeden Fall bleibt die Belichtung richtig.

LERNEN SIE IHRE KAMERA KENNEN

Es ist wichtig, daß Sie sich mit den Belichtungsmöglichketien Ihrer Kamera vertraut machen.

An Foto- und Filmkameras wird die Blendenöffnung in Zahlen angezeigt, die auf dem Objektivring eingraviert sind. Auf Videokameras ist meist nur die größte Öffnung angegeben.

Da der elektronische Sucher der meisten Videokameras nur ein Schwarz-Weiß-Bild (monochromatisch) liefert, sollten Sie viele Testfilme machen und auf dem Bildschirm anschauen. So üben Sie das Umdenken von Schwarz-Weiß-Abbildungen in farbige:

1. Nehmen Sie eine Serie von Szenen bei verschiedenen Ausleuchtungen auf, um zu sehen, wie die automatische Blende «antwortet».

2. Filmen Sie diese Szenen öfters, und stellen Sie dabei die Blende manuell ein.

3. Machen Sie eine Serie bei schwachen Lichtverhältnissen.

SCHÄRFENTIEFE

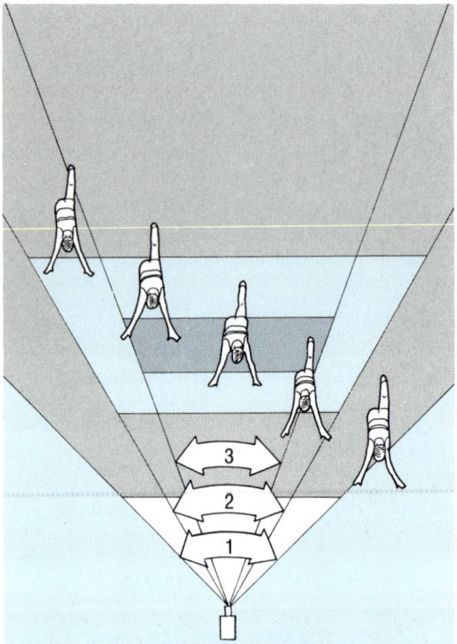

VERSCHIEDENE SCHÄRFENEINSTELLUNGEN

Vom selben Kamerastandpunkt aus verändern sich mit der Brennweite Aufnahmewinkel als auch Schärfentiefe. In der Weitwinkeleinstellung (Pfeil 1) und der automatischen Schärfeeinstellung auf den Läufer in der Mitte des Motivs wird der größte Aufnahmewinkel erfaßt. Bei vergrößerter Brennweite (Pfeil 2) ist der Aufnahmewinkel eingeschränkt, die Schärfentiefe verringert sich. Der vom Objektiv am wenigsten weit entfernte Läufer ist bereits unscharf. Wenn die Zoomoptik ihre weiteste Telestellung (Pfeil 3) erreicht hat, entsteht der kleinste Aufnahmewinkel. Die Schärfentiefe schrumpft so weit zusammen, daß nur noch der in der Mitte befindliche Läufer scharf abgebildet wird. In jedem Fall reicht die Schärfentiefe vom Zentrum aus in den Hintergrund stets weiter als in den Vordergrund zur Kamera hin.

Der Schärfentiefebereich entspricht dem Abstand zwischen dem kürzesten und weitentferntesten Motivteil, in dem noch alles scharf abgebildet wird. Dieses Grundprinzip wird durch einige allgemeine Regeln bestätigt:

- Je kleiner die Blendenöffnung, desto größer ist die Schärfentiefe. Helles Sonnenlicht vergrößert, schwaches verringert sie.
- Je länger die Brennweite der Optik, desto geringer ist die Schärfentiefe. Je mehr Sie in das Motiv hineinzoomen, desto mehr verringert sich die Schärfentiefe, je stärker Sie aus ihr herauszoomen, desto größer wird sie.
- Je weiter sich die Kamera vom Motiv entfernt, desto größer wird die Schärfentiefe.
- Vom eingestellten schärfsten Punkt im Motiv reicht die Schärfentiefe stets weiter in den Vordergrund.

Die beste Methode, die Schärfentiefe zu kontrollieren besteht darin, den Abstand der Kamera vom bildwichtigsten Motivteil sorgfältig festzulegen und dann die Brennweite des Zoom-Objektivs entsprechend zu verändern. Sie können auch über die Belichtung die Schärfentiefe verändern. Kürzere Verschlußzeit oder Vorsetzen eines Graufilters verringert, Erhöhung der Beleuchtungsstärke vergrößert die Schärfentiefe.

Sie können durch Teleeinstellung mit dem Zoom-Objektiv z. B. ein einzelnes Gesicht aus einer Menge herauslösen oder eine Totale aufnehmen, die vom Vordergrund bis zum äußersten Hintergrund alles scharf abbildet.

ÜBUNGSBEISPIELE

1. Nehmen Sie in Weitwinkelstellung eine Reihe von Flaschen auf einer Mauer so auf, daß die Hauptschärfe auf der mittleren Flasche liegt.
2. Dasselbe machen Sie nun in der Telestellung.
3. Lassen Sie die Szene zurücklaufen, vergleichen die Schärfentiefewirkung der beiden verschiedenen Abbildungen.

Freiaufnahmen bei voller Sonnenbeleuchtung. In Weitwinkeleinstellung und bei kleinstmöglicher Blende erfassen Sie den größtmöglichen Schärfentiefebereich.

Für eine kreative Wirkung nutzen Sie die Teleeinstellung, um den Schärfentiefebereich auf die Personen einzuschränken. Dadurch entsteht ein unscharfer Vordergrund.

Die extreme Teleeinstellung kann dazu benutzt werden, einen starken Effekt zur Hervorhebung einer Person in der Szenenmitte zu erzielen, die sich im Zentrum der Schärfeeinstellung befindet. Je schwächer die Ausleuchtung in der Szene, desto geringer ist auch die Schärfentiefenausdehnung.

SCHARFEINSTELLUNG

Bei den meisten Camcordern kann die Schärfe automatisch oder manuell eingestellt werden. Eine scharfe Wiedergabe erreichen Sie nur dann, wenn das Objektiv so eingestellt ist, daß die Lichtstrahlen, die vom Gegenstand ausgehen, sich auf dem Bildsensor in scharfen Bildpunkten bündeln.

Der Autofokus mißt die Entfernung zum Objekt und stellt das Objektiv entsprechend ein. So werden Änderungen im Kamera- oder Objektstandort erkannt und automatisch ausgeglichen. Da der Autofokus die neue Einstellung durch «Hin- und Herfahren» des Objektivs «sucht», kann die Schärfeneinstellung als störender Pumpeffekt zu sehen sein.

Autofokus-Systeme sind nicht unfehlbar. Sie arbeiten schlechter bei wenig Licht und geringem Kontrast. Sie können zum Beispiel verwirrt werden bei Objekten:

- hinter Gittern, Netzen, Stangen, Glas.
- unter Wasser, in Schneefall, Dunst, Nebel.
- mit ständiger Bewegung.
- mit weißen oder reflektierenden Flächen.
- mit schwarzen Flächen.

Da die meisten AF-Systeme auf die Bildmitte scharfstellen, gibt es Probleme, wenn sich das Objekt am Bildrand befindet. Auch Mehrfeld-AF-Systeme können nicht entscheiden, auf welchen Bereich der Filmer wertlegt!

In all diesen Fällen, können Sie den Autofokus umgehen und die Schärfe manuell am Objektivring einstellen (siehe unten!).

Egal ob einfaches oder kompliziertes Objekt, suchen Sie stets nach einem einfachen, wohldefinierten Element wie einer Kante, einer Schriftzeile o.ä.. Bei Nahaufnahmen von Personen, wählt man stets die Augen als Bezugspunkt für die Scharfstellung.

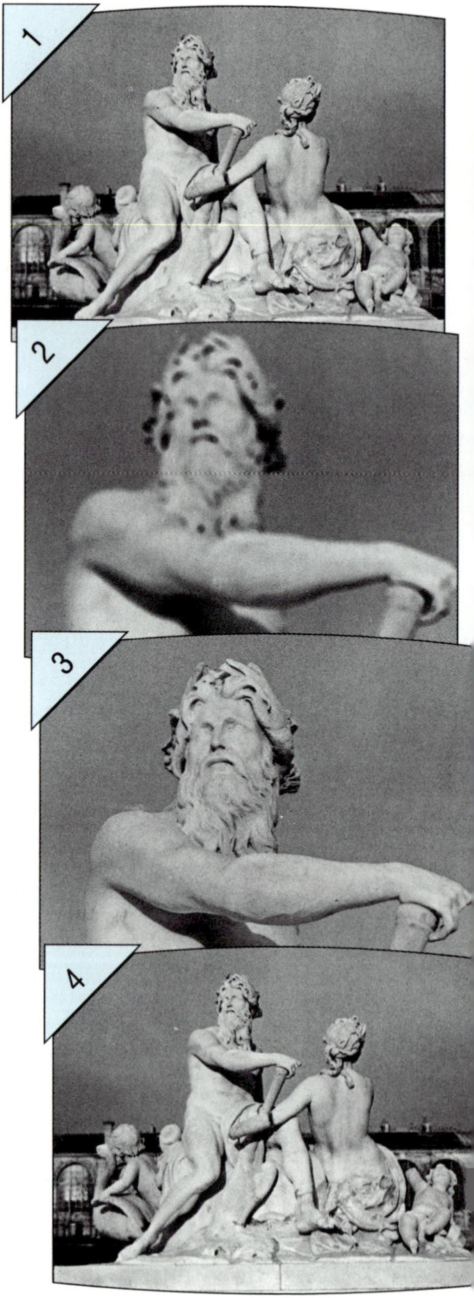

Manuelle Schärfeeinstellung: Ob Sie zoomen oder nicht, Sie sollten diese Regeln befolgen (Bild rechts):
1. Stellen Sie die Kamera ein.
2. Zoomen Sie in der Teleeinstellung auf das Hauptobjekt.
3. Stellen Sie es scharf ein.
4. Richten Sie in der Weitwinkeleinstellung den Bildausschnitt sorgfältig ein.
Die Schärfe bleibt, während Sie aus der Tele- in die Weitwinkeleinstellung zurückfahren, erhalten.

Mit der manuellen Scharfeinstellung kann man Beziehungen zwischen bildwichtigen Objekten verdeutlichen oder durch plötzliches Scharfstellen betonen. Hier wechselt die Schärfe von der Steinskulptur im Vordergrund (1) zum Gesicht des Mannes im Hintergrund (2). Während die Schärfe von einem Gesicht zum anderen wandert, kann dadurch bereits eine Art Handlung entstehen. Selbstverständlich brauchen Sie dazu ein Stativ. Lassen Sie die Kamera für die Vordergrundschärfe etwa 3 bis 5 Sec. laufen, dann verlagern Sie die Schärfe (durch langsames Drehen des Schärferinges) auf den hinteren Motivteil. Wenn dabei die Geschwindigkeit des Schärfewechsels erhöht wird, wirkt die Szene wie ein Schock.

Manuelle Scharfeinstellung auf bewegte Objekte muß geübt werden. Ein Beispiel: Sie filmen eine Person, die auf die Kamera zugeht. Das Objekt stets im Schärfebereich zu halten ist besonders schwierig, wenn Sie die Teleeinstellung des Zoomobjektivs für die Verfolgung benutzen (s. Seite 18). Noch komplizierter wird es, wenn Sie Ihre Kamera dabei auch noch selbst bewegen oder die Zoomeinstellung ändern. Dann muß möglicherweise zusätzlich die Schärfeeinstellung verändert werden. Wenn außerdem die Schärfentiefe beschränkt ist und Sie die Kamera schwenken wollen - sagen wir von einem Kirchturm hinunter zu einem Grabstein im Vordergrund - müssen Sie während des Schwenks auch die Schärfe verlagern.

So können Sie starke, kreative Wirkungen erzielen. Zum Beispiel: Beginnen Sie die Aufnahme in der Unschärfe und ziehen Sie langsam in die Schärfe hinein - so läßt sich ein Szeneninhalt gewissermaßen «entschleiern». Sie können aber auch die Schärfe von einem Objekt zum anderen «werfen». Beispielsweise Sie stellen auf ein Kind scharf ein, das im Zoo durch die Gitter eines Käfigs schaut und werfen dann die Schärfe plötzlich auf das Tier.

SCHÄRFE-TIPS

● Die auf dem Schärfering in Meter oder Fuß angegebenen Entfernungszahlen helfen, die Entfernung von der Kamera zum Motiv zu schätzen.

● Lernen Sie, den Schärfeeinstellring richtig zu drehen, um nahe und sich bewegende Objekte scharf abzubilden.

● Die Entfernung von Objekten im Vordergrund für die nahestmögliche Einstellung entspricht der Mindestentfernung, in der ein Objekt vor der Kamera plaziert sein muß, um es noch vollkommen scharf abzubilden. Extreme Naheinstellungen benötigen die Makroeinstellung.

ÜBEN SIE

1. Experimentieren Sie mit der automatischen Scharfeinstellung: Filmen Sie durch Glas, bewegtes Wasser hindurch und Lichtreflexionen eines Spiegels.

2. Üben Sie Schärfe «werfen» manuell, indem Sie von einem Objekt zum anderen rasch umstellen.

DER HORIZONTALSCHWENK

Der Schwenk (Panoramaschwenk) ist eine Kamerabewegung von einer Seite zur anderen und muß geübt werden. Man bewegt die Kamera weich in Bogen von links nach rechts oder umgekehrt. Mit einem gut ausgeführten Schwenk läßt sich oft eine dramatische Wirkung erzielen. Doch wird er überzogen oder willkürlich ausgeführt, dann wirkt er langweilig, oder er verwirrt den Zuschauer.

Schwenk-Einsätze:

- Wenn ein Objekt zu breit ist, um in einer Weitwinkelaufnahme erfaßt zu werden, z. B. die Skyline einer Stadt, ein langer Küstenstreifen, Landschaften ect.,
- um bestimmte Beziehungen zu einzelnen Objekten sichtbar zu machen, z. B. der Schwenk vom erstaunten Gesicht eines Kindes auf den Gegenstand, dem dieses Erstaunen gilt,
- indem ein bewegtes Objekt im Szenenraum verfolgt wird, z. B. ein Hund mit Ball. Wenn Sie schwenken, sollten Sie Verschiedenes im Gedächtnis behalten.

Machen Sie die Aufnahme stets zuerst mit dem Kopf – dann schalten Sie die Kamera ein. Beginnen Sie nicht sofort mit dem Schwenk, sondern lassen Sie die Kamera in der Anfangstellung erst etwa drei Sekunden laufen. Verfolgen Sie, soweit vorhanden, horizontale Linien im Motiv so gleichmäßig wie möglich. Falls vertikale Linien sichtbar sind, sorgen Sie dafür, daß diese stets senkrecht abgebildet werden. Sollten solche senkrechten Linien während des Schwenks im Vordergrund auftauchen, verlangsamen Sie die Schwenkbewegung soweit wie möglich, andernfalls wird alles «verzittert». Der wirkungsvollste Schwenk umfaßt einen Bogen, der nicht mehr als 90 Grad beträgt.

Fahren Sie einen Schwenk, bevor Sie ihn tatsächlich durchführen vorher mehrfach mit dem Auge am Sucher Probe.

Bewegen sich die Objekte im Bildraum, dann muß die Schwenkgeschwindigkeit häufig den sich ändernden Bewegungen angeglichen werden. Wenn Sie z. B. ein rennendes Kind aufnehmen, kommt es darauf an, daß Sie dieses Kind die ganze Zeit über möglichst scharf in der Bildmitte halten. Der Hintergrund ist dann nicht so wichtig und kann sogar durch die Kamerabewegung verwischt werden. Bei bewegten Objekten im Bildraum ist auch die Kameraeinstellung von Bedeutung. Schwenken Sie immer in wenig vor dem sich bewegenden Objekt her, damit es genügend Bewegungsraum vor sich hat, und dabei vom Zuschauer bequem verfolgt werden kann. Bei einem langsamen bewegten Objekt wie z. B. einem einlaufenden Fischerboot kann der Schwenk dazu dienen, die Umgebung des Hafens mit darzustellen.

Hier ein Panoramaschwenk in verschiedenen Einzeleinstellungen. Sie erkennen den unterschiedlichen Blickwinkel auf die Teile des Gebäudes.

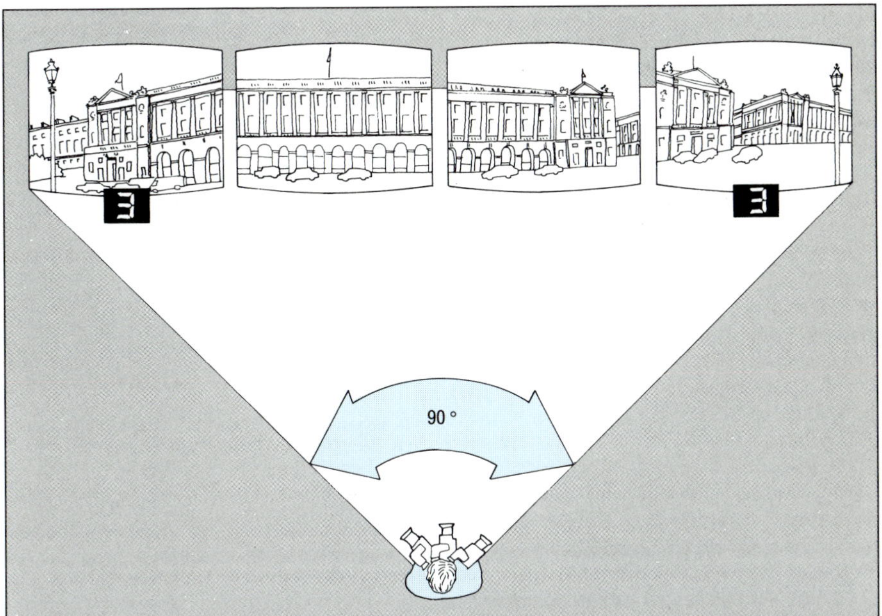

Beginnen Sie den Schwenk mit einer genau eingestellten Szene die Sie 3 Sec. stehen lassen, so daß der Zuschauer Zeit hat, sich zu orientieren. Schwenken Sie dann langsam in eine Richtung. Um jedes Detail deutlich zu machen, brauchen Sie bis zum Übergang in die nächste Szene mindestens 5 Sec. Lassen Sie die Schlußeinstellung mindestens 3 Sec. stehen. Lassen Sie die Kamera in jeder Phase genau waagerecht ausgerichtet.

DER SENKRECHTSCHWENK

Senkrechtschwenken heißt, die Kamera in einer weichen, gleichmäßigen, vertikalen Bewegung anzuheben oder zu neigen. Wie der normale Schwenk, ist auch der Senkrechtschwenk eine wirksame Methode, beispielsweise ein schmales Gebäude oder einen Berg vom Boden bis zum Gipfel in seiner Höhe zu unterstreichen. Der senkrechte Schwenk in die Tiefe eines Vulkankraters verdeutlicht den Abgrund. Auch sich bewegende Objekte können wie etwa ein Skilift über den Kopf hinaus senkrecht abgeschwenkt werden. Überkopf-Aufnahmen sind besonders wirkungsvoll. Auch der Wechsel einer Kameraeinstellung, der mit einem Senkrechtschwenk kombiniert wird und dann in einen seitlichen Schwenk übergeht, kann sehr eindrucksvoll sein.

Für den Senkrechtschwenk gelten die gleichen Regeln wie für den normalen Schwenk:

- Denken Sie vorher darüber nach, was Sie zeigen wollen, und fixieren Sie stets den Beginn und das Ende des Schwenkbildes.
- Machen Sie, bevor Sie die Kamera laufen lassen, mehrere Proben.
- Lassen Sie die erste Einstellung 3 s lang stehen, dann machen Sie die senkrechte Bewegung langsam und weich in dieselbe Richtung.
- Verharren Sie in der letzten Einstellung wieder drei s lang. Hören Sie nicht abrupt auf. Schwenken Sie nach der letzten Einstellung weiter.
- Übertreiben Sie nicht, sonst können Sie die Balance verlieren. Schauen Sie während des ganzen Schwenks durch den Sucher, und stützen Sie die Kamera möglichst auf den Oberkörper, damit Sie leichter nach oben schwenken können.

Belichtung kann eine bedeutende Rolle spielen, z. B. wenn Sie ein Gebäude einschließlich maßgeblicher Himmelsbereiche senkrecht abschwenken wollen. Wenn eine Belichtungsänderung während des Schwenks erforderlich wird, benutzen Sie die automatische Belichtungseinstellung (siehe Seite 16). Sie können auch die Belichtung manuell einstellen, wenn Sie auf Schwenkbeginn belichten und es Ihnen nichts ausmacht, wenn am Schluß die Himmelspartien ausgefressen sind.

Ein hohes Gebäude wie z. B. der Eiffelturm ist ein geeignetes Motiv für einen Senkrechtschwenk. Wählen Sie diese erste Einstellung besonders interessant und vielgestaltig aus. Erfassen Sie auch betonte Horizontale und überlegen Sie sich vorher, wie weit Sie mit dem Schwenk aufwärts gehen wollen, bis zur Komposition der Endeinstellung. Proben Sie den Schwenk mehrfach.

Merken Sie sich auch, daß Sie betonte Horizontalen, die Sie beim Senkrechtschwenk kreuzen, nicht zu schnell verlassen, sonst wird das Bild unruhig.

Senkrechtschwenks gelingen besser, wenn Sie ein Stativ benutzen. Verbleiben Sie in der Anfang- und Endeinstellung jeweils drei Sekunden. Vermeiden Sie abrupte Sprünge. Bewegen Sie die Kamera sanft und langsam, um Verzitterungen zu vermeiden, speziell wenn sich Horizontale kreuzen. Versuchen Sie nicht, den Senkrechtschwenk über 90 Grad auszudehnen. Sollte das Motiv nicht genau in den Bildausschnitt hineinpassen, gehen Sie mit der Kamera zurück.

TIPS FÜR ALLE SCHWENKARTEN

- Motivbewegung verfolgen.
- Unterlassen Sie Schwenks in einer Straße gegen den Verkehrsfluß.
- In der Teleeinstellung schwenken Sie besonders langsam, da die Gegenstände schwer im Schärfebereich zu halten sind.
- Schneiden Sie nie in einen Schwenk hinein! Ausnahmen sind mehrere Schwenks in der gleichen Richtung mit der gleichen Geschwindigkeit.
- Ein Reiß- oder Wischschwenk ergibt eine Verbindung zwischen einzelnen Szenen, wenn eine Einstellung in die nächste durch verzitterte Wischbewgungen undeutlich übergeht. Sie können am Schluß eines Schwenks, den Sie im Stand aufgenommen haben, eine Reißbewegung anschließen und ebenso mit einer solchen Reißbewegung die nächste Aufnahme einer Szene beginnen.

PRAKTISCHE ÜBUNGEN

1 Versuchen Sie in der Weitwinkeleinstellung zu filmen, z. B. eine Häuserzeile in einer Straße und dann in der Teleeinstellung über einen schmaleren Bereich.

2 Lassen Sie einen Freund zwischen zwei Punkten, die nur wenige Meter von der Kamera entfernt sind, sich bewegen. Stellen Sie die Kamera in der Mitte zwischen den beiden Bewegungsanfängen und -enden auf und schwenken Sie dann in der Bewegung stets die Bildmitte erfassend mit.

3 Eine Kombination eines Seiten- und eines Senkrechtschwenks, werden für Ihre Filmherstellung manchmal unausweichlich sein. Um sich zu üben, können Sie den Lauf eines Joggers, der eine Anhöhe hinauf läuft oder aber ein startendes Flugzeug verfolgen.

DIE ZOOM-OPTIK

Die Zoomobjektive der Camcorder decken einen Brennweitenbereich von je nach Modell 6:1 bis 12:1 ab. D.h. die extremste Weitwinkel einstellung beträgt z.B. 1/6 der maximalen Telebrennweite. Die meisten Modellen besitzen allerdings keinen echten Weitwinkel, sein Bildwinkel entspricht meist nur der Normalbrennweite von 50 mm bei Kleinbild-Fotokameras. Das ist für Innenräume evtl. zu wenig. Dagegen reicht die Telestellung meist gut für entfernte Objekte aus. Einige Modelle bieten auch Wechselobjektive. Das «digitale Zoom» mancher Modelle arbeitet dagegen mit einem Bildspeicher und hat nichts mit dem Objektiv zu tun.

Für die meisten Kameramodelle stehen Objektivvorsätze zur Verfügung, die vor die Frontlinse des Zoom-Objektivs geschraubt werden können. Ein Televorsatz erhöht den Teleeffekt durch eine weitere Vergrößerung von ungefähr 40 % und verringert den Bildwinkel entsprechend. Eine Weitwinkel-Linse vergrößert den Bildwinkel in entsprechender Weise.

Beide extreme Zoom-Stellungen ergeben jeweils besondere Bildeffekte: In WW (= Weitwinkel)-Stellung aufgenommen, erscheinen Vorder- und Hintergrund weit auseinandergerückt und Bewegungsabläufe dazwischen wirken stark beschleunigt.

In der äußeren Teleeinstellung werden die Bewegungen scheinbar verlangsamt, d. h. perspektivisch flacher abgebildet und die Tiefenausdehnung ist zusammengepreßt. Bewegungen auf die Kamera zu wirken verlangsamt.

Diese scheinbare Bewegungsänderung kann sehr wirkungsvoll ausgenützt werden, z. B. können Weitwinkeleinstellungen den Größeneindruck von Gebäuden stark erhöhen oder dramatisieren ebenso wie die Geschwindigkeit eines Läufers. In der Teleeinstellung werden infolge der zusammengedrückten Perspektive alle Geschwindigkeiten wesentlich langsamer und z. B. die Läufer erscheinen in ganz geringem Abstand hintereinander herzulaufen.

Der Zoomeffekt wird durch die Linsenverschiebung im Innern des Objektivs erreicht. Die Zoombewegung kann manuell ausgeführt werden oder motorisch. Zwar schränkt die festeingestellte Geschwindigkeit des Zoommotors die Kreativität ein, aber es ergeben sich stets sanfte, ruckfreie Zoomfahrten. Nur wer geübt ist, kann manuell mit dem Zoomhebel, mit je nach Einsatzzweck wechselnder Geschwindigkeit, arbeiten.

Am stärksten wirken Zoomaufnahmen, wenn sie sachlich begründet sind.

● Gehen Sie von einer Nah-Einstellung z. B. auf einen Golfspieler, der einen Schläger auswählt aus, und definieren die Entfernung seines Standorts vom Loch durch die Weitwinkeleinstellung.

● Zoomen Sie langsam auf das Gesicht eines Kindes zu, um dessen Konzentration auf ein Ereignis zu unterstreichen.

● Gehen Sie rasch in die Telestellung auf das Gesicht einer Person, die ein überraschendes Geschenk bekommt. Wenn Sie manuell zoomen, dann stellen Sie vorher die äußerste Telestellung scharf (siehe S. 20).

TIPS FÜR DAS ZOOMEN

● Trainieren Sie die Zoombewegungen. Auf jeden Fall sollten Sie aber so wenig wie möglich zoomen.

● Vermeiden Sie auf jeden Fall sogenannte «Jo-Jo Aufnahmen» (das Zoom läuft dabei hin und her).

● Langsames Zoomen konzentriert das Interesse des Zuschauers auf bestimmte Vorgänge. Schnelle Zoombewegungen bewirken Schockeffekte.

● Zoombewegungen können kreativ für den Beginn und das Ende von Szenenfolgen benutzt werden. Wenn Sie an einem einzelnen kleineren Objekt mit dem Zoomen beginnen, dann entschleiert sich die ganze Umgebung z. B. eine Landschaft, was sehr effektvoller ist. Um eine Szenenfolge abzuschließen, können Sie gewollt aus der Schärfe hinauszoomen.

Eine wirkungsvolle Zoombewegung zu machen, ist mehr als lediglich ein Tastendruck. Es ist nicht damit getan, einfach die Zoombewegung in die Weitwinkelstellung zu führen, (siehe Bild links). Im Vordergrund sollten der Inhalt des Tisches und die Anordnung ausreichend erkennbar sein.

Wenn Sie eine **Zoomeinstellung** in **Telestellung** mit einem **Horizontal-Schwenk** oder **Senkrechtschwenk** kombinieren wollen, so erhalten Sie durch den gleichzeitigen Zoomeffekt eine stärkere Wirkung. Gehen Sie von einer Teleeinstellung auf die Großaufnahme eines Kindes weg und schwenken Sie gleichzeitig senkrecht seitwärts hinunter.

Dann sollten Sie die Zoombewegung sehr sanft und gleichmäßig beginnen und durchführen, indem Sie immer langsamer werden. Am Schluß sollten Sie das Bild im Stand einige Sekunden stehen lassen.

Um vom «mechanischen» Vorgang des Zoomens abzulenken, empfiehlt sich z.B. ein gleichzeitiger Panoramaschwenk. Dies ergibt oft einen «weichen», optisch attraktiven Effekt. Bei Zoom-Aufnahmen dagegen, die einer Bewegung folgen, z.B. ein Pferd gallopiert über eine Wiese, lenkt das Ereignis selbst die Aufmerksamkeit vom Zoomen ab.

PRAKTISCHE HINWEISE

1 Üben Sie die Zoombewegung manuell. Gehen Sie z. B. langsam mit der Zoombewegung in die Weitwinkeleinstellung, während eine Person auf die Kamera zuläuft. Wenn Ihnen das Bild wirksam gelingt, erhalten Sie einen außerordentlich effektvollen Szeneninhalt.

2 Versuchen Sie das manuelle Zoomen in verschiedenen Geschwindigkeiten. Wenn Sie die Bewegung nicht sehr sanft und sorgfältig durchführen, werden Sie unsaubere Bewegungseffekte bekommen.

FREIHANDAUFNAHMEN

Leichtgewichtige Videokameras sind hauptsächlich für Freihandaufnahmen konstruiert. Mit diesen Kameras können Sie leichter Bewegungsvorgänge verfolgen. Freihändige Kameraaufnahmen erfordern allerdings auch besonders viel Übung. Unausweichlich ist dennoch eine gewisse Unruhe. Sogar professionelle Filmer können eine freihändig geführte Kamera nicht immer vollkommen ruhig halten.

Am ungünstigsten wirkt sich eine ungewollte Kamerabewegung bei statischen Objekten – vor allem in der Teleeinstellung – aus. Der einfachste Weg, dem auszuweichen, ist die Weitwinkeleinstellung. Besonders dann, wenn Sie sich mit der Kamera selbst bewegen.

Drücken Sie die Kamera fest gegen Ihre Schulter oder Ihre Wange und stemmen Sie Ihren Ellenbogen fest an Ihren Körper. Bedenken Sie:

- Je leichter die Kamera ist, desto ruhiger muß sie geführt werden.
- Benutzen Sie möglichst einen Kamerahalter oder ein Schulterstativ. Verteilen Sie auch das Kameragewicht so gleichmäßig wie möglich auf beide Arme.

„Der professionelle Filmer muß seine Ausrüstung so genau kennen, daß alle ihre Funktionen ihm zur zweiten Natur geworden sind. Er darf nicht über sie nachdenken müssen. Die vollkommene Beherrschung der Ausrüstung befreit den Kameramann für seine kreative Aufnahmetätigkeit."

So der Regisseur und Kameramann Charles Stewart,

AUFNAHMEN AUS DEM STAND
Bilden Sie ein menschliches Stativ. Die Füße breitbeinig – den Körper aufrecht.

AUFNAHMEN IN KNIESTELLUNG
Diese Stellung ist ideal, um Menschen in tiefen Stühlen aufzunehmen. Ein Ellbogen kann auf dem Oberschenkel aufgestützt werden.

AUFNAHMEN IM SITZEN
Die Rückenlehne eines Stuhl kann bequem ausgenutzt werden, um mehr Freiheit bei den Kamerabewegungen zu haben.

GEHEN MIT DER KAMERA

Seien Sie vorsichtig!
Überzeugen Sie sich, daß keine Hinternisse Sie stören, wenn Sie seitwärts gehen.

Bogenförmige Seitwärtsbewegungen
«Crabbing» genannt: Dadurch wird eine sanfte, erschütterungsfreie Bewegung ermöglicht. Schwingen Sie zunächst ein Bein am Körper vorbei und sodann das andere. Halten Sie die Knie stets auf gleicher Höhe, indem Sie Ihre Füße fast schleifend seitwärts setzen.

AUFNAHME IM LIEGEN
Ihre Ellbogen stützen Sie auf den Boden. Dadurch bekommen Sie ruhige Aufnahmen. Diese Stellung ist ideal, für dramatisch wirkende Sichtwinkel.

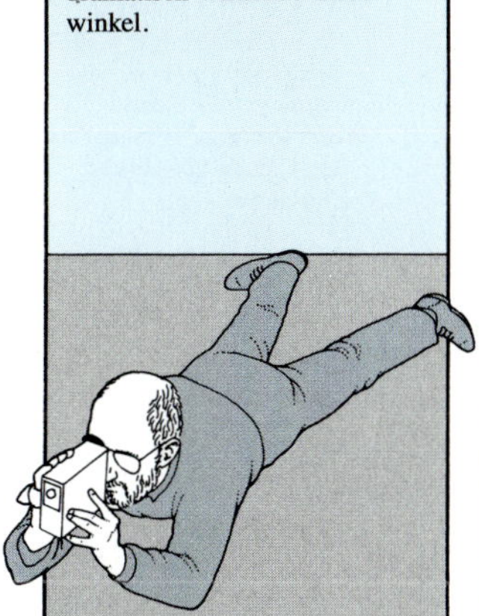

AUFSTÜTZEN
Schreibtische, Tische und Stühle sind gute Aufstützhilfen. Bei Außenaufnahmen sind Autos oder niedrige Mauern geeignet.

ANLEHNUNG
Nutzen Sie jede Unterstützungsmöglichkeit. Lehnen Sie sich z. B. fest in einen Türrahmen hinein.

DER EINSATZ DES STATIVS

Unabhängig davon, wie gut Ihre freihändigen Aufnahmen werden, bringt ein für Video konstruiertes Stativ Ihnen doch große Vorteile:

- jederzeit sichere und ruhige Aufnahmen, besonders in der Telestellung.
- Sie können viel leichter ganz langsame, Kamerabewegungen durchführen.
- Sie können bei Horizontal- und Senkrechtschwenks Höhen- oder Seitenabweichungen vermeiden.
- Sie können viel leichter schwierige Kamerabewegungen z. B. bei Fußballspiel oder Pferderennen durchführen.

Das Kamerastativ hat nur wenige Nachteile: Extra Gewicht und umständliche Vorbereitungen bis Sie zum ersten Auslösen der Kamera kommen. Sie müssen auch, wenn Sie ein Stativ verwenden wollen, bei der Vorbereitung der Aufnahmen sorgfältig vorgehen. Die Vorbereitungen sind umfangreicher, aber Sie bekommen weitaus bessere und ruhigere Bilder. Auch ist ein Stativ unerläßlich, wenn Sie längere Ereignisse laufend aufnehmen wollen. Wenn Sie ein Stativ auf eine bewegliche Plattform montieren, dann haben Sie einen Kamerawagen, Dolly genannt. Die richtige Haltung hinter einem Stativ ist, sich selbst bequem zwischen seine hinteren Standbeine zu stellen.

Wenn Sie das Stativ für Horizontal- und Senkrechtschwenks benutzen wollen, dann sorgen Sie dafür, daß das Stativ sicher aufgestellt ist (Stahlspitzen benützen). Trainieren Sie öfter die Schwenkgeschwindigkeit.

Wenn Sie senkrecht schwenken, dann ist es oft hilfreich, die Videokameras ebenfalls auf dem Stativ zu haben. Prüfen Sie nach, daß sich das obere Kugelgelenk des Stativs sanft vor-

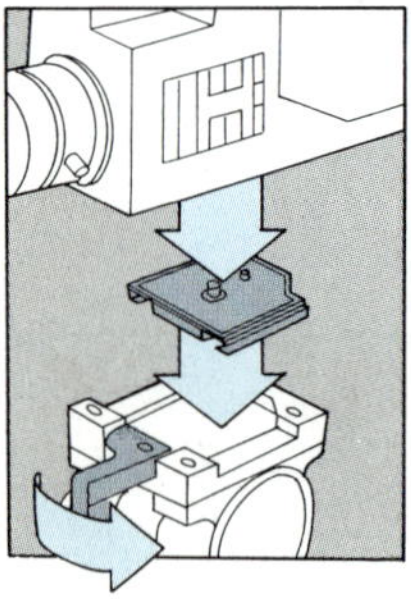

Eine sog. **Schnellkupplung** besteht aus zwei Teilen deren eine fest mit dem Stativkopf und deren andere mit der Kamera verbunden wird. Per Hebeldruck sind dann Kamera und Stativ im Ruckzuck-Verfahren voneinander zu lösen.

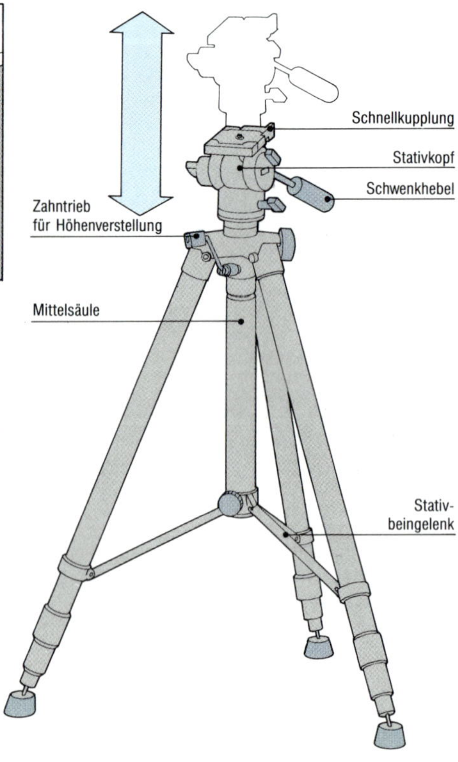

Robustheit und Stabilität sind die Grundforderungen. Die Bügel zwischen den Stativbeinen und der Mittelsäule sichern eine vibrationsfreie Festigkeit. Die Mittelsäule kann auf- und abbewegt werden.

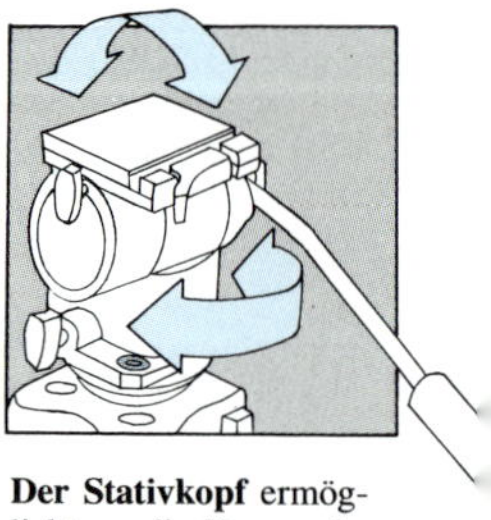

Der Stativkopf ermöglicht es, die Kamera in sämtliche Stellungen zu richten. Die Bewegung der Schwenkköpfe sollte stoß- und zitterfrei sein. Ideal ist ein Fluidschwenkkopf. Einige Stative haben eingebaute Wasserwaagen.

wärts und ebenso auch seitwärts bewegen läßt.

Wenn Sie Schwenks beabsichtigen, dann sollten Sie die Beine des Stativs so aufstellen, daß Sie bequem die notwendigen Schwenkbewegungen ungehindert durchführen können. Es ist vorteilhafter, nur Ihren Oberkörper dabei zu bewegen, weil Sie sonst leicht über eins der Beine stolpern können.

Die Mittelsäule des Videostativs ist in der Höhe verstellbar. Falls deren Höhe mit einer Drehkurbel verstellbar ist, dann können Sie es für die Durchführung von «Auf- und Abfahrten» verwenden. Zum Beispiel eine Aufnahme von einem Kind, das unter einem Tisch spielt, kann rasch nach oben fortgesetzt werden, um die am Tisch essenden Erwachsenen zu erfassen.

Auch können Sie ein Stativ dazu benutzen, um Trickeffekte zu gestalten. Nehmen Sie eine Reihe von statischen Szenen wie z. B. einen leeren Raum auf und stellen Sie den Stativkopf unbeweglich fest ein. Machen Sie eine Pause und lassen Sie in den leeren Raum hinein einige Personen gehen. Wenn Sie nun die Aufnahme fortsetzen, dann erhalten Sie eine Motivabbildung des leeren Raumes, in den auf magische Weise plötzlich Personen aus dem Nichts heraus erschienen sind.

Sie können diese Stop-Start-Technik auch benutzen, um eine ganze Serie von Dingen oder Menschen auf humoristisch wirkende Weise plötzlich und unerklärlich in verschiedenen Teilen des Motivraumes erscheinen und verschwinden zu lassen. Sie müssen nur darauf achten, daß im Motivraum, sich keine normalerweise bewegenden Dinge vorfinden. Denn sonst hüpfen diese in gleicher Weise unerklärlich herum.

Manchmal kann auch ein Einbeinstativ praktischer sein. Es ist leichter und gibt der Kamera einen gewissen Halt. Es ist auch leicht verschiedenen Kamerahöhen anzupassen und kann z. B. in einer Menschenmenge, aus der heraus man schnell beweglichen Ereignissen folgen will, rasch aufgestellt werden. Auf jeden Fall sollten Sie aber einen beweglichen Stativkopf verwenden.

STATIVTIPS

- Lösen Sie niemals gleichzeitig den Mechanismus für Seitwärts- und Senkrechtschwenks, während Sie eine Aufnahme machen. Sie werden dann nämlich nicht mehr im Stande sein, Berichtigungen vorzunehmen.
- Ziehen Sie die Arretierungen nach Beendigung der Aufnahme stets fest.
- Verändern Sie die Höheneinstellung Ihres Stativs häufiger. Ihre Kameraufnahmen wirken langweilig, wenn Sie stets von der gleichen Höhe aus filmen.
- Überprüfen Sie auch stets die Wasserwaage. Nur so können alle Horizontalen auch wirklich horizontal abgebildet werden.

Für Aufnahmen aus größerer Höhe können Sie die Mittelsäule des Stativs zusätzlich ausfahren.

Aufnahmen vom Boden werden dadurch erleichtert, daß Sie die Stativbeine so weit wie möglich ausschwenken. Dies ermöglicht Ihnen, von tief unten ruhig und unverzittert beliebige Schwenks zu machen.

TONAUFNAHMEN

Hören Sie jetzt einmal auf zu lesen, schließen Sie die Augen und horchen Sie. Nach kurzer Zeit werden Sie merken, daß alle möglichen Arten von Geräuschen im Raum, im Haus, von der Straße und von weiter her auf Sie einwirken.

Videokameras sind meist mit eingebautem Mikrofon ausgerüstet. Einige Kameratypen haben ein Mikrofon mit Kugelcharakteristik eingebaut. Ein solches Mikrofon hat den Nachteil, auch die Kamerageräusche aufzunehmen, auch die Tastengeräusche, den Scharfeinstellungs- und den Zoom-Motor. In einigen Modellen wird dieses Problem dadurch gelöst, daß das Mikrofon auf einem teleskopischen Ausleger montiert ist.

Andere Videokameras haben eingebaute Mikrofone, die nur einen Ausschnitt der Töne und Geräusche erfassen. Weitere Mikrofone verändern gleichzeitig mit der Zoom-Optik auch ihre Winkel-Charakteristik für Geräusche.

Besser ist das Mikrofon von der Videokamera zu trennen und damit freibeweglich aufzunehmen. Es gibt verschiedene Mikrofone (s. Seite 68).

Alle Kameras sind mit automatischem Tonausgleich ausgerüstet. Dieser Tonausgleich paßt sich automatisch dem Hörbereich des Zuschauers an.

Sie können während der Aufnahme den Ton mithören, wenn Sie Kopfhörer benutzen. Dadurch können Sie die Qualität des Tonangebots kontrollieren und gegebenenfalls durch Änderung Ihres Kamerastandpunktes auch den Ton verbessern. Natürlich können Sie auch die Mikrofonstellung ändern, wenn Sie ein Kabelmikrofon benützen, (z. B. dadurch, daß Sie eine außerhalb der Szene störend hörbare Tonquelle durch ensprechende Mikrofonposition vermindern.)

Die Möblierung und Einrichtung eines Raumes, der besondes für Tonaufnahmen hoher Qualität eingerichtet ist. Harte Oberflächen (Glasflächen, Metall, nackte Wände, Fliesen) reflektieren alle Töne sehr stark. Tonschluckend sind die meisten weichen Materialien (Teppiche, Vorhänge, Sofas und Polstersessel). Deshalb können Sie einen Raum leicht so ausrüsten, daß er nur eine geringe Tonreflektion erzeugt.

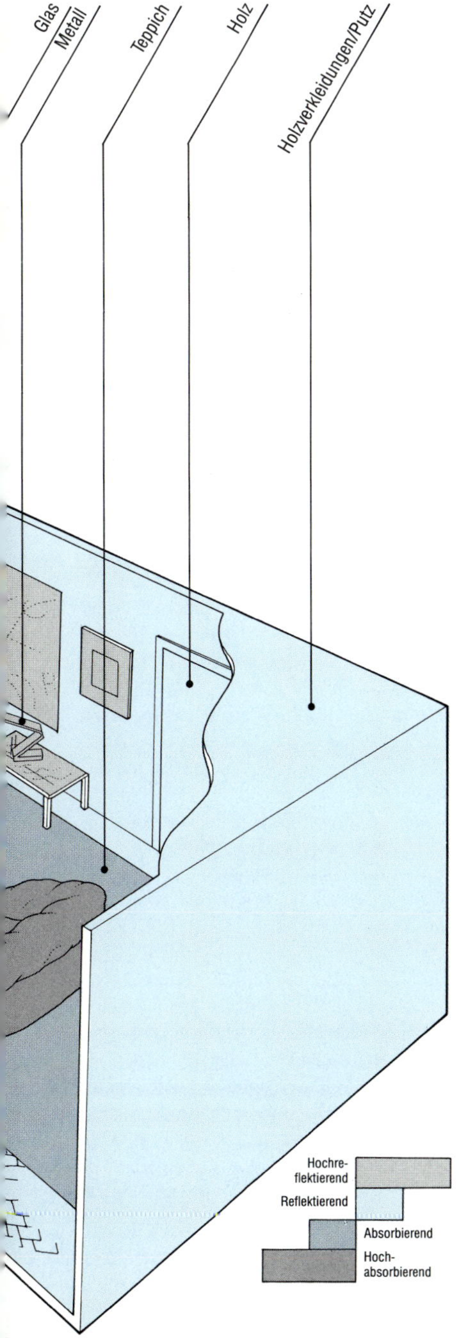

MIKROFONE

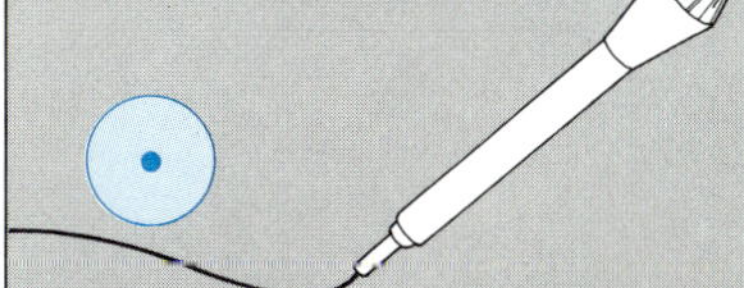

Kugel-Mikrofone nehmen alle Rundum-Geräusche in allen Tonarten auf. Sie sind einfach zu bedienen und bewähren sich besonders dann, wenn Sprecher in geringer Entfernung vom Hauptmikrofon steht.

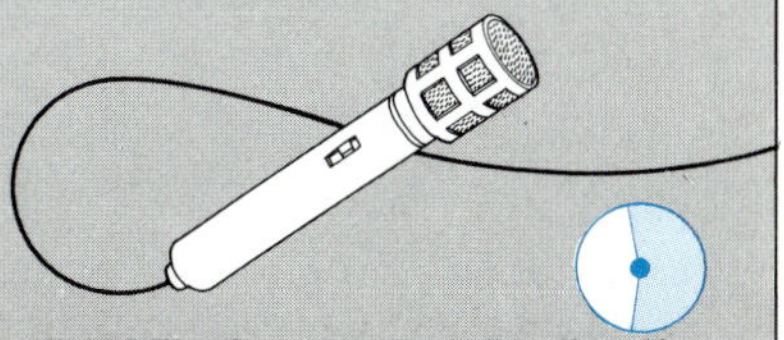

Cardioid-Mikrofone nehmen den Ton hauptsächlich aus der Richtung auf, von der das Geräusch kommt. Deshalb sollten Sie sorgfältig ausgerichtet werden. Sie sind ideal für Interviews und Gespräche.

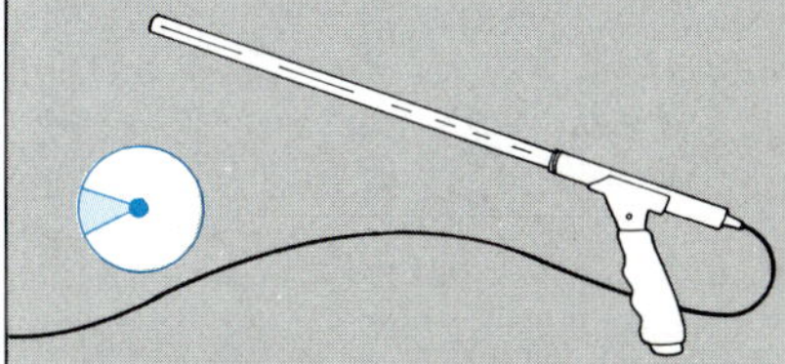

Starke Richtmikrofone, auch «Gewehrmikrofone» genannt erfassen in größerer Entfernung erzeugte Töne und Geräusche in einem ziemlich engen Winkel. Sie müssen präzise auf die Tonquelle ausgerichtet werden.

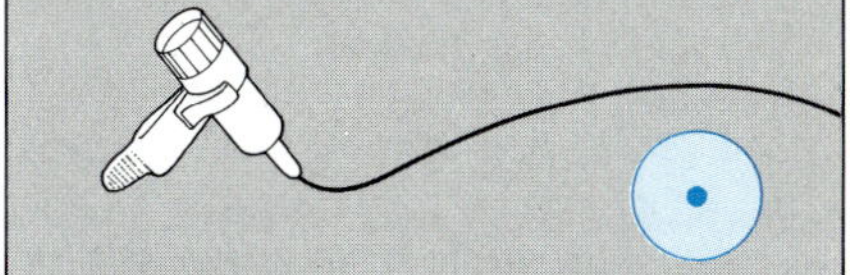

Ansteckmikrofone sind leicht zu verstecken. Sie erfassen alle Rundum-Geräusche, lassen sich aber so aussteuern, daß sie nur den Ton des Sprechers aufzeichnen. Wichtig ist, sie so anzubringen, daß sie keine Nebengeräusche aufnehmen.

FARBE UND KONTRAST

FARB-TEMPERATUR-SKALA

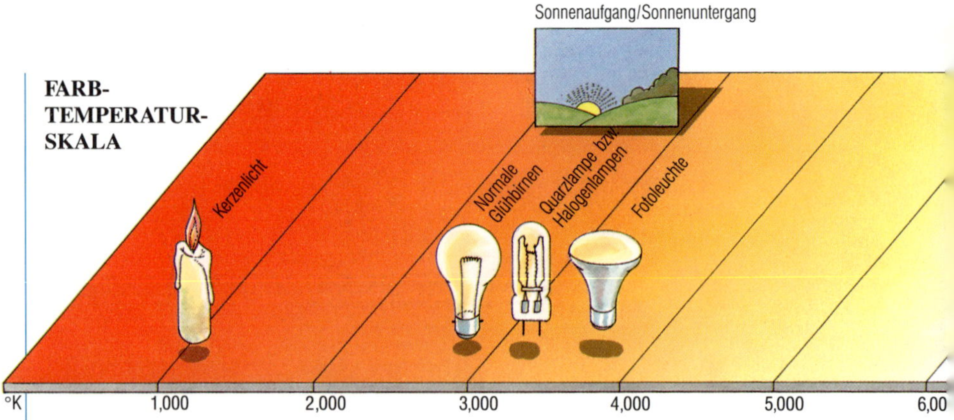

Die «Farbtemperatur» ergibt sich physikalisch, wenn ein bestimmtes Material erhitzt wird, um Licht von einer bestimmten Farbe auszustrahlen. Sie wird in Kelvin (K) gemessen.

Die Abbildung zeigt die Farbtemperaturerzeugenden Lichtquellen und die dazu gehörigen Farben. Wichtig für Aufnahmen mit gemischtem Tages- und Kunstlicht.

Obgleich uns das Licht als «weiß» erscheint, ist es aus allen Farben des Spektrums zusammengesetzt. Unterschiedliche Lichtquellen (siehe Skala) produzieren verschiedenfarbiges Licht. Unsere Augen und unser Gehirn gleichen diese Unterschiede aus, und so erscheinen uns die Motive immer in ihren ursprünglichen Farben.

Die Kamera kann Farben nicht kompensieren. Sie muß deshalb genau auf die jeweilige Farbzusammensetzung ausbalanciert werden. Das geschieht mit Hilfe des Weißabgleichs.

Moderne Camcorder erreichen automatisch einen «Weißabgleich», indem sie die Farbzusammensetzung der Beleuchtung über einen im Gehäuse eingebauten Sensor oder direkt im Videobild bestimmen. Viele Camcorder haben eine zusätzliche manuelle Einstellung für «Tages-« und «Kunstlicht», bessere Modelle bieten manuellen Weißabgleich in bis zu 64 Stufen. Für manuellen Abgleich muß das Objektiv auf eine weiße Fläche ausgerichtet werden. Nach dem Farbabgleich kommen nicht nur weiße Objekte reinweiß, sondern auch alle anderen Farben unverfälscht.

Auch kann man den Weißabgleich zur Erzielung bewußt verfälschter Farben benutzen. Wenn Sie auf «Kunstlicht» einstellen und bei Tageslicht aufnehmen, können Sie durch extreme Blaufärbung des Bildes einen «Nacht-Effekt» erzielen. Oder Sie geben einem Essen bei Kerzenlicht einen anheimelnden Ton bei «Tageslicht»-Einstellung und Kunstlicht-Beleuchtung. Die Szene bekommt dann einen warmen, gelblichen Ton.

Falls Sie ohne Weißabgleichautomatik arbeiten, dürfen Sie nicht vergessen den Weißabgleich in folgenden Situationen stets von Neuem manuell auszuführen:

- wenn Sie die Kamera zum ersten Mal einschalten,
- wenn sich die Lichtverhältnisse ändern (vor allem bei Tageslicht-Kunstlicht-Wechsel),
- wenn Sie eine zusätzliche Lichtquelle benutzen.

Das Schwarz-Weiß-Bild im Sucher verdeckt auch gewisse Farbreflexe, die man mit dem Auge leicht erkennt, z. B. jemand steht nah vor einer stark farbreflektierenden Wand. Ein Standort-Wechsel schafft Abhilfe.

Im Vergleich zum Foto- und Filmbild gibt das Video-Bild nur einen geringen Kontrastumfang wieder. Ein Motiv mit starken Lichtunterschieden kann zu Abbildungen mit ausgefressenen Lichtern, ausgeblichenen Farben oder tiefen Schatten ohne Detailzeichnung führen. Bei solchen Lichtverhältnissen ist es besser, mit der Aufnahme zu warten. Oder Sie hellen durch zusätzliche Lichtquellen die tiefen Schatten auf, um die starken Kontraste zu mildern (siehe S. 38).

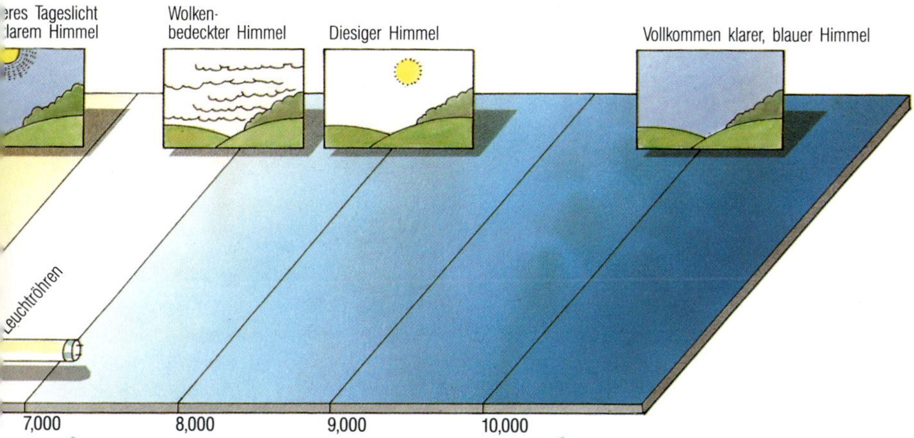

Bei Tageslicht fälschlich auf Kunstlicht eingestellt: Weiß bekommt einen Blaustich, alle Farben werden stumpf.

Richtig auf Tageslicht eingestellt: Weiß und alle Farben werden natürlich wiedergegeben.

Vorsicht: Morgens und abends werden die Farben zu rötlich, mittags und bei Bewölkung zu bläulich.

Kunstlicht fälschlich auf Tageslicht eingestellt: Weiß erscheint gelblich-orange, alle Farben werden unnatürlich «warm».

Richtig auf Kunstlicht eingestellt: Weiß und alle Farben werden natürlich wiedergegeben.

Vorsicht: Sobald zusätzlich Tageslicht ins Bild fällt kommt es zu Farbverfälschungen!

GRUNDAUSLEUCHTUNG · 1

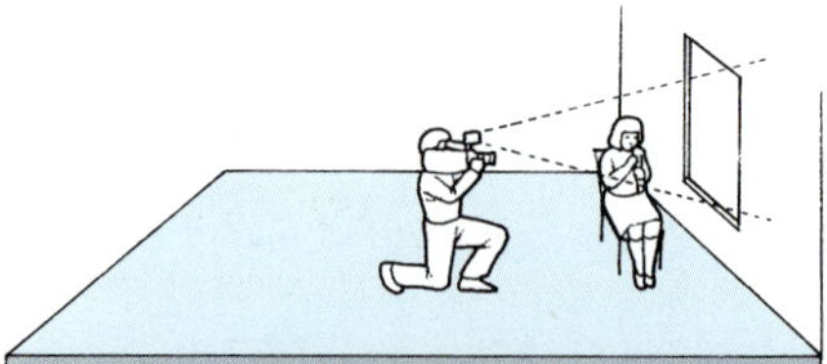

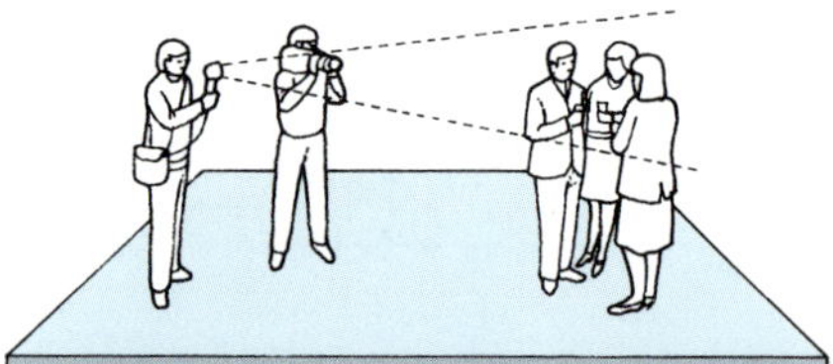

Die kleinen Videoleuchten, mit Niedrig-Watt-Halogenlampen (10 bis 35 Watt, Farbtemperatur ca. 3200K) werden mit Batterie (meist 6 Volt) betrieben und können am Zubehörschuh des Camcorders aufgesetzt werden. Sie werfen einen harten Lichtkegel, der an seinen Rändern an Intensität nachläßt. Sie eignen sich am besten als «Füllicht» oder als Hintergrundlicht.

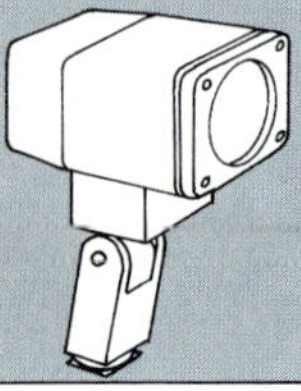

Mobile Halogenleuchten, höherer Leistung (75 bis 300 Watt) werden z.B. in der Hand gehalten und die 12 V Batterie über die Schultern gehängt. Sie sind stark genug für die Ausleuchtung kleiner Gruppen, aber sie werfen deutliche Schatten. Die Batterien reichen für 15 bis 30 Minuten. Die Farbtemperatur liegt mit 2.800 – 3.200 K im Kunstlichtbereich.

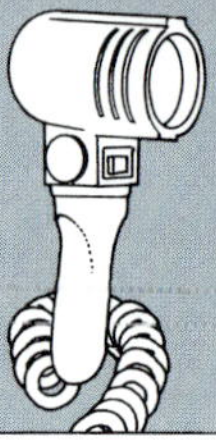

Das brillanteste Videobild entsteht bei heller, gleichmäßiger Ausleuchtung. Ein klarer, sonniger Tag eignet sich ideal für Außenaufnahmen. Selbst bei leichter Bewölkung gibt es noch genug Licht, um zu guten Resultaten zu kommen.

Die Beleuchtungsstärke, die mit einer oder mehreren Lichtquellen erreicht werden kann wird in Lux gemessen. Obwohl viele Camcorder mit weniger als 10 Lux («Kerzenlicht») arbeiten können, ist eine natürliche Farbwiedergabe erst über 1000 Lux möglich. Daher auch die Notwendigkeit von Leuchten!

An einem klaren, sonnigen Tag kann man ca. 35.000 Lux messen. In extremen Lichtverhältnissen, bei 100.000 Lux (am Meer oder auf Schneefeldern), ist die Lichtintensität für die Kapazität der Video-Kamera zu stark. Man kann durch das Vorschalten eines neutralen Graufilters Abhilfe schaffen.

Viele Camcorder besitzen eine spezielle Schwachlichtverstärkung («Gain»-Schalter), die die Bildhelligkeit elektronisch erhöht. Das ermöglicht «akzeptable» Ergebnisse bei relativ schwachem Licht. Doch das Bild wird nicht nur heller, die Farben werden «matt» und unnuanciert, die Details weniger scharf, Luminanzrauschen («Gries») tritt auf. Dennoch hat dies nur eine untergeordnete Bedeutung, wenn es darum geht, besondere unwiederbringliche Augenblicke überhaupt aufzunehmen. Lernen Sie auf jeden Fall die Möglichkeiten Ihres Camcorders bei Schwachlichtbedingungen kennen und entscheiden Sie selbst, welche Ergebnisse annehmbar sind.

Brauchbare Szenenaufnahmen können Sie auch in Innenräumen machen, in denen kein Kunstlicht vorhanden ist. Es muß nur genügend helles Tageslicht durch die Fenster hereinkommen. Zudem können Sie Ihre Aufnahmeobjekte in der Nähe des Fensters anordnen, oder zusätzliches Kunstlicht verwenden (siehe Seite 38).

Sie können die Lichtkapazität durch folgende Mittel erhöhen:

- Benützen Sie Lampen mit höheren Wattzahlen.
- Hellen Sie die Schatten auf (Reflexschirme).
- Verwenden Sie Tischlampen und Spots.
- Verwenden Sie noch weitere Beleuchtungskörper.
- Öffnen Sie die Vorhänge um von der Straße hereinfallendes Licht zu nützen.

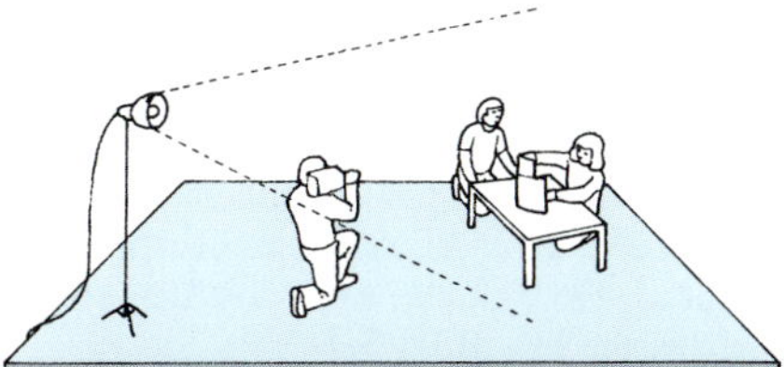

Die netzbetriebene Fotoleuchte, wird als Standlicht eingesetzt. Sie ist hell, billig und bedienungsfreundlich. Sie liefert großräumig ein ziemlich gleichmäßiges Licht, verwischt die Schattenränder und kann übergreifend die Ausleuchtung erhöhen. Die Farbtemperatur der auch mit «Nitraphot» bezeichneten Lampen liegt mit 3.400 K, leicht über dem Kunstlicht.

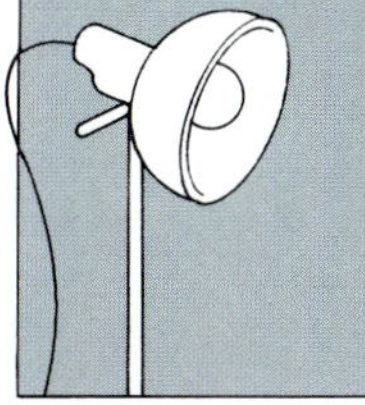

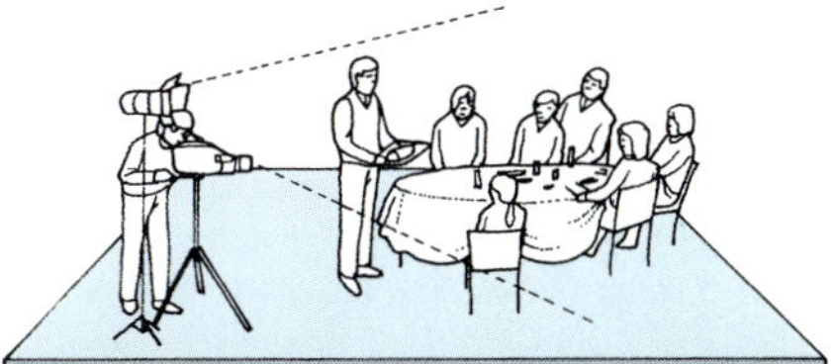

Die leistungsstarke Halogenleuchte mit Netzanschluß liefert meist wahlweise konzentriertes Spot- und oder breites Flutlicht hoher Intensität. Vier Lichtklappen regulieren den Strahl. Durch ausziehbare Stative kann die Höhe variiert werden. Mit bis zu 2000 W liefert, sie eine Farbtemperatur von 3200K bis 3400K. Die beste Leuchte für weite Räume und kreatives Beleuchten.

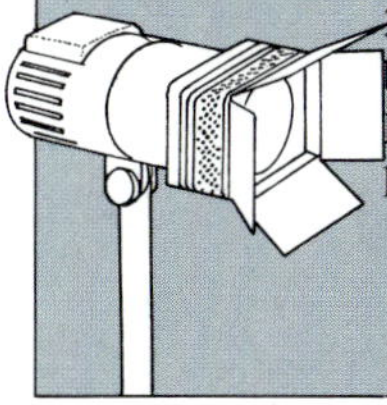

● Zünden Sie viele Kerzen an. Auch Kaminfeuer kann die Ausleuchtungshelligkeit sehr gut erhöhen.

Benützen Sie zusätzliche Videoscheinwerfer. Sie werden die Ausleuchtung in Ihrer Wohnung erheblich verbessern. Es sind eine ganze Anzahl solcher spezieller Videoscheinwerfer auf dem Markt, angefangen mit niedervolt-akkubetriebenen Lampen, die auf die Videokamera aufgesteckt werden können. Ferner Handleuchten und Standleuchten. Jede dieser Lampentypen liefert eine verschieden starke Lichtmenge bei verschiedenen Ausleuchtungswinkeln und verschiedener Lichtqualität (siehe Abbildungen). Die Ausrüstung, die Sie brauchen hängt sowohl von den Kosten als auch auch von dem, was Sie aufzunehmen beabsichtigen.

Achten Sie auf den Ausgleich der Farbtemperaturen, insbesondere wenn Kunstlicht und natürliches Tageslicht miteinander gemischt werden.

SICHERHEIT ZUERST!

Wenn Sie in Ihrer Wohnung zusätzliche Fotolampen benutzen, kann es zu Komplikationen kommen.

● Überschreiten Sie nie die Werte der durch Sicherungen geschützten Stromkreise.

● Schalten Sie stets die Leuchte aus, wenn Sie Lampen wechseln.

● Beim Einschalten der Lampen sollten keine Personen davor stehen. Denn Fotolampen können beim Einschalten explodieren.

● Lampen werden ziemlich heiß. Deshalb stets abschalten, wenn sie nicht gebraucht werden.

● Wenn Sie die Ausblendbleche einstellen, sollten Sie Handschuhe tragen.

● Um die Brenndauer der Lampen sinnvoll auszunützen, sollten die Lampen zuerst abkühlen, bevor Sie bewegt werden.

● Halogenlampen sind empfindlich gegen Dämpfe einschließlich Schweiß. Deshalb beim Wechsel stets Handschuhe tragen.

GRUNDAUSLEUCHTUNG · 2

Mischlicht: Wenn Sie, während das Tageslicht einfällt, Innenaufnahmen machen wollen, kann zusätzliches Kunstlicht zur Schattenerhellung nötig sein. Alles was vor einem Fenster aufgestellt wird, zeigt auf der dem Objektiv zugewandten Seite meist eine erhebliche Verschattung.

Wenn Sie diese Schatten durch Kunstlicht aufhellen, wird der Helligkeitskontrast zwischen Licht und Schatten verringert.

Eine solche Mischung von Kunst- und Tageslicht hat zur Folge, daß die Gesamtfarbtemperatur sich ändert. Solche Szeneninhalte werden farbstichig (mittleres Bild) oder aber einzelfarbig. Bezirke werden stichig (s. S. 34/35).

Auch bringt solches Mischlicht den Weißabgleich in Ihrer Kamera durcheinander. Es sei denn, Sie benutzen Korrekturfilter vor der Lampe. (rechtes Bild, Seite 39).

Einsatz von Aufhellern: Starke Lichtkontraste in der Szene können oft gemildert werden, mit Hilfe eines reflektierenden Aufhellers. Die Benutzung solcher Aufheller ist ideal, wenn Sie Großaufnahmen machen. Aufheller können Sie kaufen. Ein großer reinweißer Karton eignet sich gut: Eine Seite sollten Sie mit leicht zerknitterter Aluminiumfolie bedecken. Sie können auch das reflektierte Licht der weißen Kartonseite stärker streuen, wenn Sie ein sehr dünnes weißes Tuch oder eine aufgeschla-

Zu hoher Kontrast: Wenn Sie eine Innenaufnahme in der Nähe eines Fensters, durch das Tageslicht hereinkommt, machen und dabei keine Zusatzbeleuchtung benutzen, entstehen Aufnahmeprobleme. In diesem Bild sind weite Teile des bildwichtigsten Gegenstandes zu stark verschattet. Diese Schatten können Sie weder mit Hilfe der automatischen noch durch manuelle Blendeneinstellung beseitigen, da der Gesamtlichtkontrast zu hoch ist. Sie werden entweder zu starke Schatten in Kauf nehmen müssen oder falls Sie auf das Mädchen einstellen, wird der Hintergrund ausgefressen wirken.

Unausgeglichener Weißabgleich: Wenn Sie das hereinfallende Tageslicht mit dem Licht einer Kunstlichtleuchte mischen, beseitigen Sie zwar die Schatten, und erhöhen die Gesamtausleuchtung, indessen liegt ein Gelbstich über der gesamten Szene, da sich die Farbtemperatur erheblich verändert. Wenn Sie den Weißabgleich gene Zeitungsseite darüberlegen. Stellen Sie den Aufheller in der Nähe des Fensters so auf, daß das einfallende Licht auf die Schatten des aufzuhellenden Objekts fällt.

Gestreutes Allgemeinlicht: Eine weitere Möglichkeit Ihrer Ausleuchtungsstrategie besteht darin, daß Sie Scheinwerfer auf stark reflektierende Oberflächen wie z. B. helle Wände, tiefe Decken oder sonstige helle Möbelfläche richten.

Obwohl ein so gestreutes Allgemeinlicht nicht die Lichtstärke von Scheinwerfern oder Lampen hat, die direkt auf das Motiv gerichtet sind, wird dadurch eine kontrastarme Ausleuchtung der Gesamtszene erzielt. Die Helligkeitsintensität solcher indirekt angestrahlten reflektierenden Flächen hängt ab von ihrer Entfernung, zum Motiv. Vorsicht bei farbigen Aufhell-Flächen: sie reflektieren auch Farbe!

vorher auf Tageslicht abgestimmt haben, der die Gesamtfarbabstimmung mehr nach blau hin verschiebt, erhalten Sie mit dieser Methode eine insgesamt nach orange und gelb tendierende Aufnahme, wobei der durch das Fenster sichtbare Hintergrund auch noch blaustichig wird.

Ausgeglichener Weißabgleich: Um die Gesamtfarbenstimmung richtig wiederzugeben, muß die Farbtemperatur in der Kamera soweit korrigiert werden, daß sie der Temperatur der Hauptlichtquelle angeglichen wird. Der einfachste Weg, das zu erreichen, besteht darin, vor die künstlichen Lichtquellen ein großes blaugefärbtes Folienfilter zu schalten. Das bewirkt im ganzen Bild eine natürliche Farbwiedergabe, wie das Bild zeigt.

KREATIVE AUFNAHMETECHNIK

Ein wirklich interessanter, spannender Videofilm besteht nicht aus dem Aneinanderreihen einzelner Szenen, sondern er hat einen sichtbaren Zusammenhang. Um solche kreative Filme zu machen, müssen Sie sich vor allem daran gewöhnen, im Voraus zu planen und die Sprache des Films zu begreifen. Das folgende Kapitel beschreibt das Wesentliche kreativer Möglichkeiten, die die Technik bietet und sagt Ihnen, wie Sie sie in Ihrer Produktion nutzen können.

BILDEINSTELLUNGSGRÖSSEN UND -ARTEN

Es ist reizvoll – für den Filmer und den Zuschauer – ein Motiv zu verändern, indem man innerhalb des Bildrahmens die Größe oder den Bildwinkel verändert.

Eine Aufnahme dauert so lange, wie Sie auf den Auslöser drücken – vom Beginn bis zum Stop. Eine Sequenz ist eine Aufnahmeserie eines bestimmten Vorgangs, sagen wir einmal, einer Serie des Vorgangs «Drachen-steigen-lassen».

Um einer Sequenz Spannung zu verleihen, sollte man die Aufnahmegröße variieren.

Jede Einstellung dient einer besonderen Funktion, nämlich die Aufmerksamkeit des Zuschauers auf die wichtigen Ereignissse der Szene zu richten. Aus diesem Grund sollten Sie sich mit den verschiedenen Einstellungen vertraut machen (siehe Kasten).

Eine Folge von Einzelszenen, die verschiedene Einstellungsgrößen kennzeichnen, können sein z. B. eine allgemeine Übersicht, (Totale) über einen Strand, eine Nahaufnahme auf ein im Sand spielendes Mädchen, eine Halbnahaufnahme auf das Mädchen, eine Nahaufnahme auf den sich dabei bewegenden Sand, eine Großaufnahme einer im Sand kriechenden Krabbe und eine weitere Großaufnahme im harten Schnitt auf das erstaunte Gesicht des Mädchens.

Neben den verschiedenen Bildeinstellungen gibt es noch unterschiedliche Durchführungsarten der Aufnahme. Obwohl die Einstellung in Augenhöhe, die natürlichste Aufnahmeweise darstellt, muß sie nicht immer die ideale sein. Die Veränderung der Kamerahöhe und des Kamerawinkels ist eine gute Methode, Beziehungen zwischen den einzelnen Szenen herzustellen. Zum Beispiel ermöglichen Szenenaufnahmen von einem variierten Standpunkt und Blickwinkel ein besseres Verständnis. Bei Aufnahmen von einem Kind, das zu seiner Mutter aufschaut, kann: ein Aufnahmewinkel von tief unten zeigen, in welcher Art das Kleine seine Umwelt sieht.

Verhindern Sie, daß aufgenommene Personen direkt in das Kameraobjektiv hineinschauen. Das wirkt künstlich, wie arrangiert. Wenn Sie zwei miteinander redende Personen aufnehmen, dann können Sie die Einstellungen so wechseln, verändern, daß Sie jeweils über die Schultern der einen Person (hinter ihr stehend) das Gesicht der zweiten Person aufnehmen und umgekehrt.

Mit Hilfe von Profilaufnahmen können Sie kaum einen lebhaften Gesichtsausdruck erfassen. Indessen sind solche Aufnahmen gut brauchbar, wenn Sie zeigen wollen, wie eine Person einer anderen stumm zuhört oder aber einen Vorgang außerhalb des Bildfeldes beobachtet.

SZENENEINSTELLUNGEN

Totale, auch Gesamtübersicht genannt. Eine solche Szene sollte jeweils die Einleitungsszene sein. Denn in ihr findet sich der Zuschauer noch am leichtesten zurecht.

Halbtotale, auch Halbnahaufnahme genannt. Diese Einstellung geht näher an die vor sich gehenden Hauptereignisse heran (siehe Bild rechts), ermöglicht aber immer noch eine ausreichende Szenenübersicht.

Nahaufnahme. Sie nähert sich weiter dem Hauptmotiv. Dadurch kann sich der Zuschauer auf die handelnden Personen besonders konzentrieren.

Großaufnahme. Dies ist eine der eindrucksvollsten Bildeinstellungen in Videofilmen. Sie konzentriert die Aufmerksamkeit des Zuschauers auf den Detailvorgang oder sogar auf die Empfindungen.

Detail-Großaufnahme. Sie schneidet aus der Großaufnahme, die stets den gesamten Kopf erfaßt, einen Teil des Gesichtes heraus, z. B. nur die beiden Augen. Diese Bildeinstellungen sind von sehr starker Wirkung. Manchmal ist eine Detailgroßaufnahme in einer Szenenfolge deshalb notwendig, weil eine Situation oder ein Vorgang sonst nicht vom Zuschauer voll erfaßt und verstanden werden könnte.

1 Totale:
Eine weite Übersicht der gesamten Szene. Die Totale ist die wichtigste Bildeinstellung, um dem Zuschauer einen Überblick zu verschaffen.

2 Halbtotale:
Sie erfaßt die wichtigsten Bild- oder Handlungselemente näher, jedoch nicht so nah, daß die weitere Umgebung bereits aus dem Bildrahmen verschwunden wäre. Hintergrund und Vordergrund bleiben sichtbar.

3 Nahaufnahme:
Sie hebt den Hauptvorgang aus der Umgebung. Sie kann z. B. ausschließlich den Oberkörper erfassen.

4 Großaufnahme:
Eine ideale Bildeinstellung, um bildwichtige Details herauszuheben oder auch Gesichtsausdrücke zu erfassen. Wird der ganze Kopf als Porträt abgebildet, lassen Sie zwischen Kopf und Bildrahmen immer etwas Platz.

5 Detail-Großaufnahme:
Sie schneidet ausschließlich den mittleren Teil des Gesichtes heraus. Sie kann auch so nah erfolgen, daß nur Gesichtsteile ganz groß abgebildet sind. Solche Detail-Großaufnahmen sollten sehr selten verwendet werden, denn andernfalls verliert sich ihre starke dramatische Wirkung auf den Zuschauer.

KOMPOSITION · 1

Unter dem Begriff «Komposition» in einer Videoszene versteht man die sinnvolle Ordnung der Bildelemente. Voraussetzung ist, daß der Zuschauer den Inhalt versteht und sich einfühlen kann. Anders als bei Fotos und auch Gemälden, bei denen das Bildformat variiert, hat das Videobild eine festgelegte Norm. Die Bildbreite verhält sich zur Bildhöhe wie 3 : 4.

Je mehr Sie Ihre Augen darin üben, sich das 3 : 4-Verhältnis einzuprägen, desto besser werden Ihre Szenenkompositionen. Schauen Sie erst einmal alles in Ruhe an! Das ist die goldene Regel, daß Ihr Auge anders sieht, als die Optik der Kamera. Die Kameraoptik verzerrt die Perspektive, flacht sie in der Telestellung ab und erzeugt Verzerrungen in den Bildecken der Weitwinkeleinstellung. Auch gibt diese den perspektivischen Abfall vom Vordergrund zum Hintergrund sehr viel stärker wieder als beim natürlichen Sehen. Machen Sie es sich zur Gewohnheit, stets jeden Teil des Szeneninhalts zunächst mit dem elektronischen Sucher oder einem *Viewfinder* gewissermaßen abzutasten.

Machen Sie sich stets ganz bewußt, warum Sie gerade diese Aufnahme machen wollen, was Sie dem späteren Zuschauer mitteilen wollen und welchen Wirkungen Sie dadurch bei ihm zu erreichen hoffen. Zum Beispiel erfordert eine Aufnahme auf ein Brautpaar, das gerade die Ringe wechselt, eine bis zur Detail-Großaufnahme reichende Szene oder Szenenfolge. Vergessen Sie dabei nicht, vom Brautpaar aus langsam auf die Trauzeugen und die Brautjungfern zu schwenken.

Wenn Sie den Rahmen der Bildeinstellung zu weit wählen, wird der Zuschauer unter Umständen von der Hauptsache abgelenkt. Ist der Bildrahmen dagegen zu eng gewählt, können Sie Schwierigkeiten haben, mögliche Bewegungen der Darsteller noch im Rahmen zu halten.

Eine Filmszene, die zu Beginn der Aufnahme gut durchkomponiert ist, kann schlecht enden, wenn sich plötzlich jemand bewegt. Wenn z. B. eine Person interviewt wird, dann sollten Sie während des Interviews die Kameraeinstellung wechseln. Falls Sie den Interviewten in

Großaufnahmen im Rahmen. Wenn Sie einen Menschen aufnehmen, der aus der Szene herausblickt, sollten Sie bei einer Profilaufnahme vor dem Kopf Raum lassen. Diese Aufnahme veranlaßt den Zuschauer gewissermaßen die Fortsetzung der Handlung in den anschließenden Szenen vorauszusehen. Ist der Kopf des aus der Szene hinausblickenden Menschen zu nahe am falschen Rand, wirkt die Aufnahme unvorteilhaft. (Kleines Foto)

DIE «DREIERREGEL»

Sie erreichen eine gute Szenenkomposition, wenn Sie die sogenannte «Dreierregel» berücksichtigen. Stellen Sie sich vor, vor dem Sucher sei ein Gitter. (siehe Abb.). Wenn Sie die bildwichtigen Elemente in der Szene so anordnen, daß sie in ihrem Linienverlauf einer solchen Gitterlinie folgen dann erhalten Sie eine gut ausgewogene Komposition.

Anordnung von Gesichtern in Nah- und Großaufnahmen: Sorgen Sie dafür, daß die Augen einer Person stets im oberen Drittel des Bildrahmens plaziert sind. So ergibt sich ein natürlicher Eindruck (s. o.). Im linken Bild befindet sich über dem Kopf zuviel unscharfer Hintergrund. Die Person im Vordergrund wird gewissermaßen enthauptet, mit dem Kinn fast auf dem unteren Bildrand abgebildet.

Bewegungsrahmen: Wenn in einem Schwenk eine Person von links nach rechts einen Ball vor sich hertreibt, sollten Sie die Kamera so führen, daß vor der Person genügend Bewegungsraum ist. Befindet sie sich nah am Bildrand und droht sie gewissermaßen, im nächsten Augenblick, den Bildrand zu verlassen, dann wirkt dies unnatürlich auf den Zuschauer.

Großaufnahme aufnehmen und dieser unerwarteterweise eine Bewegung in Richtung Objektiv macht, wird die Szenenbildung unscharf und damit wertlos, es sei denn, Sie könnten diese Bewegung gleichzeitig durch eine Rückfahrt der Zoom-Optik erfassen. Voraussetzung ist, daß der Kameramann stets den Interviewten während der Aufnahme gut beobachtet.

Die Aufnahme eines über ein Hindernis springenden Pferds muß aus so großer Entfernung gemacht werden, daß das Hindernis selbst und seine Höhe ganz deutlich erkannt werden können. Auch muß nach dem Sprung noch erkannt werden, wie Roß und Reiter weiterreiten.

Es gibt auch spezielle Kompositionsregeln, die beim Schwenken zusammen mit den sich bewegenden Personen in der Szene zu beachten sind. Dies gilt auch für Personen, die aus der Szene heraus in den nicht mehr von der Kamera erfaßten Raum hinausblicken (Bilder links oben).

„Für den Laien klingt es geheimnisvoll, und die Regeln erscheinen schwierig, doch jeder Mensch hat tatsächlich einen mehr oder weniger ausgeprägten Instinkt für Komposition. Es gehört zu den typischen Wesenseigenschaften des Menschen. Das Kompositionsgefühl kann auch einfach als Sinn für Anordnung beschrieben werden. Jeder, der auch nur Gegenstände auf einem Tisch anordnet und sie mit den Möbeln, Teppichen und den Vorhängen in harmonische Beziehung bringt, nützt bereits seinen Sinn für Raumkomposition praktisch aus."

Nestor Almendros
bedeutender Kameramann u. a. Truffaut und Rohmer.

Ein neuer Seheindruck innerhalb des TV-Bildes entsteht z. B. bei Aufnahmen aus dem Autorückfenster Der ungewohnte Blick konzentriert das Auge auf das Wichtigste im Bild.

Aufnahmen im Spiegel vermitteln zwei Bildausschnitte, es entsteht eine «Szene in der Szene». Damit kann man die normale Sehweise dramaturgisch verändern.

KOMPOSITIONSREGELN

- Halten Sie die Kamera genau waagerecht, wenn Sie schwenken. Beim senkrechten Schwenk nie von der Vertikalen abweichen!
- Wichtige Motivteile sollten nie zu nah am Bildrand sein.
- Das Bild vor der Aufnahme im Sucher überprüfen, um unerwünschte Bildelemente auszuschalten!
- Überlegen Sie auch zuvor, ob und wie Sie schwenken bzw. zoomen wollen. Noch besser: Sie machen eine Probe, ohne bereits aufzunehmen.
- Beobachten Sie bewegte Motive stets im Sucher! Wenn nötig, mit ruhiger Hand die Kamera nachführen!
- Etwas Raum lassen zwischen Köpfen von Personen und dem Bildrand!
- Vor bildwichtigen Motiven einen Sichtabstand oder Bewegungsraum einplanen, um Richtungsunsicherheiten zu vermeiden.
- Schulen Sie Ihre Augen für die Farbe des Motivs, im Sucher sehen Sie das Bild schwarzweiß!
- Raumwirkung entsteht durch Vorder-, Mittel- und Hintergrundelemente, Licht und Schatten.

Da die Fernsehbildfläche nur zweidimensionale Bilder wiedergibt, ist es notwendig, den dreidimensionalen Raumeindruck durch Motivelemente, die sich besonders räumlich darstellen, zu erwecken.

Dafür gibt es mehrere Lösungen: Die eindruckvollste Wirkung erzielt man durch Bewegung. Personen, die sich von der Kamera weg oder auf sie zu bewegen, schaffen einen zwingenden Raum- und Tiefeneindruck.

Bei stillstehenden Motiven kann oft der richtig gewählte Aufnahmewinkel den Eindruck der Raumtiefe hervorrufen. Zum Beispiel ergeben Bilder einer Baumreihe, wenn sie aus einem 45 °-Winkel aufgenommen werden, eine perspektivische Wirkung. Eine Reihe von Personen, die nebeneinanderstehend aufgenommen wird, wirkt flach. Bildet man sie aber von der Seite oder (und) von unten oder oben her ab, bekommen sie die bildwirksame Tiefe. So etwas ist durch Plazierung in unterschiedlicher Höhe und durch deutliche Abstände voneinander leicht zu erreichen.

Benutzen Sie den Vordergrund, um die Raumtiefe zu betonen. Das Einrahmen einer Szene durch Baumzweige wirkt raumerzeugend, auch eine Flaschenbar im Vordergrund einer personenreichen Party.

Schärfenunterschiede können Raumtiefe verstärken. Unscharfe Gesichter bewirken, den Eindruck verschiedener Schichten im

Die Kippaufnahme (Dutch Tilt) Sie wird mit einer Videokamera gemacht, die gegenüber der Horizontlinie in einem frei gewählten aber starken Winkel geneigt ist.

Die diagonale Großaufnahme ist eine gute Methode, die Kameraeinstellung zu variieren; die Bewegungsrichtung auf den Zuschauer ist eindringlich wirkungsvoll.

Bild, z. B. ein unscharfes Objekt in Kameranähe oder ein unscharfer Hintergrund im selben Motiv können die Illusion dreidimensionaler Tiefe bewirken.

Auch Lichtvariationen suggerieren Tiefe. Der Helligkeitsunterschied zwischen einem voll ausgeleuchteten und einem schattigen Bereich schafft unmittelbar einen perspektivischen Abfall im Bild und wirkt interessant, wenn sich eine Handlung zwischen Hinter- und Vordergrund abspielt.

Eine Aufnahme durch sichtbare Fenster oder Torbogen hindurch, fügen der Szene eine neue Dimension hinzu. Sie können sogar die Proportionen kreativ verändern, indem Sie einen Teil der vorhandenen Szene schwarz ausblenden. Dies erreichen Sie dadurch, daß Sie während der Aufnahme eine dunkle Mauer so anschneiden, daß der hellere Teil der Szene in geringerer Ausdehnung und in anderem Proportionsverhältnis abgebildet wird. Die gleiche Wirkung erhalten Sie, wenn Sie durch ein Loch in einem Zaun filmen. Man nennt das auch «Maskieren».

Diagonalszenen, Einspiegelungen und Aufnahmen mit schief gestellter Kamera werden bewußt eingesetzt, um die Wirkung einer Handlung zu bestimmen oder zu verstärken. Vorsicht: Bei zu häufigem Einsatz durchschaut der Zuschauer die Absicht . . . und wird verstimmt.

WAS SIE UNTERLASSEN SOLLTEN

- Vorsicht beim Bildausschnitt: in Großaufnahme nicht am Nacken oder am Gelenk anschneiden.
- Bewegen Sie die Kamera nicht zugleich mit dem Hauptobjekt. Probieren Sie erstmal, Bewegungen mit feststehender Kamera zu verfolgen.
- Achten Sie darauf, daß Details im Hintergrund nicht aus den Köpfen der Personen «herauswachsen», z. B. Telefondrähte aus den Ohren, Blätter aus den Augen . . . Denken Sie immer daran, daß die Teleeinstellung die Zwischenrinne zusammendrückt.
- Nehmen Sie keine grünen Objekte vor einem grünen Hintergrund auf. Sonst sind sie nicht mehr da!
- Es ist nicht nötig, jedes bildwichtige Element immer im Zentrum der Szene aufzunehmen.
- Ordnen Sie vor allem die Dinge nicht stets in einer geraden Linie nebeneinander im Bildfeld an. Sorgen Sie besser für schräge, diagonale Anordnungen, wodurch Sie auch Tiefenwirkung erreichen.

Üben Sie, Bewegungen zu filmen: Nehmen Sie eine Sequenz bei einem Autorennen auf, lassen Sie sie dann im Sucher zurücklaufen und analysieren Sie, wie sich die Geschwindigkeit und die Bewegung in den Szenen fortsetzt. Suchen Sie nach neutralen Zwischenschnittaufnahmen, durch die Sie die Richtung auch einmal ändern können.

A

B

Wenn Sie in einer Fernsehsendung einen Handlungsablauf genau beobachten, werden Sie merken, daß die einzelnen Handlungsabschnitte einzeln hergestellt worden sind. Diese Einzelaufnahme wurde später so zusammengefügt, daß der Inhalt vom Zuschauer sofort verstanden werden kann. Z. B. ein Autorennen: Der Zuschauer weiß ganz genau, welcher Fahrer jeweils wen verfolgt – auch bei höchster Geschwindigkeit. Die Szenenverfolgung schult das «Sehgefühl» für optische Prinzipien. Als Videofilmer sollten Sie einige Grundregeln der optischen Bildsprache erlernen. Obwohl für die Regeln hier ein konstruierter Fall zu Grunde liegt, sind die Regeln dennoch allgemeingültig. Früher oder später werden Sie auch bei Ihrer eigenen Filmarbeit mit diesen optischen Prinzipien konfrontiert.

Handlungsablauf: Eine Grundregel für die filmische Darstellung einer fortlaufenden Aktion ist es, die Bewegungsrichtung eines Objekts auch in verschiedenen aufeinanderfolgenden Szenen stets genau zu verfolgen.

Stellen Sie sich eine Szene vor, in der eine Braut und ihr Vater mit dem Auto von ihrem Haus wegfahren. Sie fahren nach rechts aus der Szene heraus. Die nächste Aufnahme muß dann unbedingt zeigen, wie das Auto von links in die Szene hineinfährt, d. h. also sich in der gleichen Richtung bewegt, in der es sie vorher verlassen hat. Sollten Sie das Auto so aufnehmen, daß es in der nachfolgenden Szene von der anderen Seite in das Bild hineinfährt, wäre die Wirkung so, als ob die Braut ihren Entschluß geändert hätte und nach Hause zurückfahren will. Sollte genau das von Ihnen beabsichtigt sein, müßte dies aber in einer vorherigen Szene auch sichtbar gemacht werden.

Ebenso wie die Aufrechterhaltung der Bewegung über die folgenden Szenen hinweg, muß auch dafür gesorgt werden, daß die Bewegungen in allen Szenen etwa in der gleichen Geschwindigkeit aufeinanderfolgen. Einer Aufnahme von einem Skifahrer, der an der Kamera vorbeisaust, sollte z. B. nicht eine folgen, in der der gleiche Skifahrer plötzlich anhält. Achten Sie darauf, daß Sie die vollständige Aktion des Skifahrers, der aus großer Geschwindigkeit zum Halten kommt, über mehrere Szenen so verteilen, daß der Skifahrer langsamer wird und erst in der letzten Aufnahme anhält.

Die 180 °-Regel: Um plötzliche Sprünge zu vermeiden, stellen Sie sich eine Linie vor, die durch die Szene entlang der Richtung, in der die Bewegung erfolgt, gezogen ist. Alle folgenden Szenen sollten dann in der gleichen Richtung entlang dieser Linie aufgenommen werden.

C

Folgerichtiger Bewegungsablauf. Wenn Sie bewegte Objekte aufnehmen, sollten Sie vermeiden, daß verschiedene Bewegungsrichtungen in aufeinanderfolgenden Szenen Verwirrung auslösen. Die Bilder A bis C erfassen ein Autorennen, das von zwei verschiedenen Kameras, auf beiden Seiten der Rennstrecke aufgenommen wird. Werden beide Szenen ohne neutralen Zwischenschnitt zusammengesetzt, entsteht der Eindruck, daß die beiden Rennwagen aufeinander zurasen.

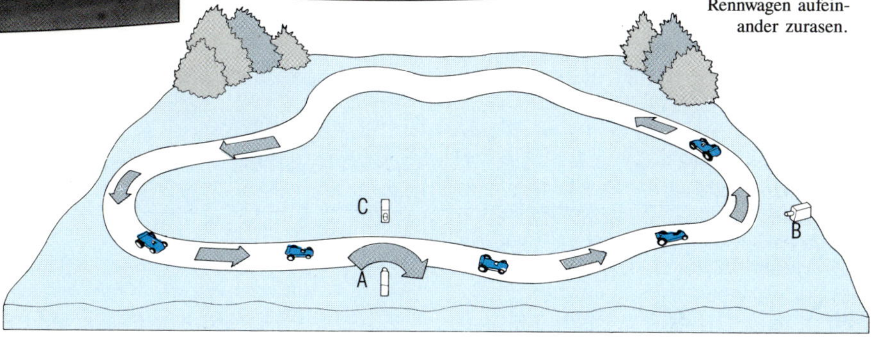

Stellen Sie sich eine Folge von Läufern vor, die über eine Rennbahn laufen, und betrachten Sie die Rennstrecke als eine gerade verlaufende Bewegungslinie. Wählen Sie eine Kamerastellung außerhalb der Rennstrecke, die auf jeden Fall alle vorbei laufenden Läufer in der gleichen Bewegungsrichtung aufnimmt. Wenn Sie dann die Kamera auf die andere Seite der Rennstrecke aufstellen, haben Sie zugleich die Bewegungsrichtung überschritten, und Ihre Aufnahmen werden die Läufer in der umgekehrten Laufrichtung wiedergeben.

Diese Art von abrupter Umkehrung des sichtbaren Vorgangs ist gleichbedeutend mit einem Umkehren der Handlung und für den Zuschauer außerordentlich verwirrend. Er bekommt den Eindruck, daß Sie die Kamera plötzlich in einem ganz anderen Rennen aufgestellt haben. Sie können das vermeiden, indem Sie Ihre Kamera so aufstellen, daß sie stets die Läufer in der gleichen Laufrichtung erfassen und in einem 180 Grad-Winkelbereich mit den Läufern mitschwenken (siehe Abb. S. 49). Daher die 180 °-Regel.

Es kommt vor, daß Sie gerade die Bewegungslinie überkreuzen wollen, um Aufnahmen von der anderen Seite machen zu können. Damit Sie das ohne das Sehgefühl Ihres Zuschauers zu stören tun können, sollten Sie wiederum zu einem neutralen Zwischenschnitt greifen. Er dient dann als «Sehpuffer» für die Richtungsumkehrung der Bewegung. Danach können Sie durchaus Szenen mit umgekehrter Bewegungsrichtung einfügen, was dem Zuschauer als ganz natürlich vorkommt.

Auch für weniger bewegte Vorgänge gelten dieselben Prinzipien: Folgerichtigkeit von Bewegungsrichtungen und die 180 Grad-Regel (siehe S. 48) gehören auch zu den Grundregeln, wenn man z. B. zeigt, wie zwei Personen Karten spielen.

Folgerichtigkeit der Augenhöheneinstellung: Durch die Festlegung und Einhaltung der Augenlinie zwischen zwei Personen wird der Eindruck der intimen Beziehung demonstriert. Sie können diese Regel im Fernsehen bei Interviews oder Dialogen gut beobachten. Z. B.: Zwei Personen spielen Karten. Die erste Szene fixiert die Verhältnisse: Der Mann links die Frau rechts (Halbtotale). Wenn Sie nun eine Nah- und Großaufnahme des Mannes folgen lassen, (der auf der linken Seite sitzt und daher nach rechts zu schauen hat) und dann zu einer enstprechenden Blickwinkelaufnahme der Frau im harten Schnitt übergehen, werden diese Blickrichtungen und der Ausdruck eine gute Wirkung haben.

Würden Sie dagegen die Szene des Mannes im Profil auf einer Seite des Tisches aufnehmen, dann Ihre Kamera auf der anderen Seite aufstellen, um die Frau zu filmen, erhalten Sie zwei Szenen, in denen jede der beiden Personen in die gleiche Richtung blickt. Indem Sie die Kameraposition ändern, überschreiten – also kreuzen – Sie die Augenlinie und verwirren den Zuschauer. Klassische Hilfsmittel: Eine neutrale Szene als Zwischenschnitt oder von oben filmen, direkt auf den Tisch!

Die Augenlinien-Regel kann auch dazu dienen, Beziehungen zwischen zwei unbelebten, statischen Objekten für den Zuschauer herzustellen. Wenn Sie z. B. zwei Aufnahmen von Bildern, die an gegenüberliegenden Wänden hängen, machen und dabei eine Höheneinstellung einhalten, die einer vorgestellten Linie entspricht, stellt sich auch für den Zuschauer eine direkte Beziehung zwischen diesen beiden Objekten ein. Z. B., wenn Sie eine Großaufnahme von jemand machen, der aus der Bildeinstellung herausschaut und dann in der nächsten Szene auf das Objekt einstellen, muß das Objekt genauso aufgenommen werden, also von der gleichen Seite und Blickrichtung.

Korrekte Einhaltung der Augenlinie (oben links und rechts): In zwei einander folgenden Großaufnahmen von Personen, die z. B. miteinander sprechen, müssen die beiden Köpfe in gegensätzlicher Richtung aufgenommen werden. Die beiden Augenlinien treffen sich dann scheinbar und stellen räumliche Nähe zueinander her.

Die Person schaut dann eben dieses Objekt an. Wenn eine Aufnahme von einem von oben herkommenden Blickwinkel abwärts auf ein Kind gemacht wird, das in das Gesicht eines Clowns hinaufblickt, muß dieser Szene ein Gegenschuß folgen von einem tiefen Blickwinkel der Kamera nach oben zum Clown.

Machen Sie z. B. eine Aufnahme von einem aufgeregten Zuschauer bei einem Fußballspiel und lenken Sie mit einer Aufnahme auf einen Spieler, der schnell läuft. Dann wird man, wenn Sie dabei die Augenlinie einhalten, merken, daß der aufgeregte Zuschauer eben auf den rasanten Lauf des Spieles reagiert. Dabei ist es notwendig, daß Sie in beiden Szenen den passenden Hintergrund haben.

Sie können mit dieser Methode sogar Sequenzen, die bei völlig verschiedenen Gelegenheiten aufgenommen wurden so zusammenschneiden, daß der Zuschauer davon überzeugt wird, Vorgänge zu sehen und mitzuerleben, die sich an völlig verschiedenen Orten abgespielt haben.

Unkorrekte Einhaltung der Augenlinie (untere Bilder): Beabsichtigt ist eine Dialogszene zweier Personen. Aber beide Personen schauen in die gleiche Richtung, und das ergibt für den Zuschauer keinen Sinn. Solche Irrtümer entstehen, wenn Sie Ihre Aufnahmen von den beiden Seiten aus machen.

Der rote Faden in der Handlung: Immer in der gleichen Blickrichtung aufzunehmen ist kaum problematisch, wenn Sie eine Szene nach der anderen drehen können. Doch wenn Sie Spielfilmaufnahmen machen, wobei die gleiche Szenenfolge an verschiedenen Tagen aufgenommen wird (mit den gleichen Personen an verschiedenen Orten) müssen Sie darauf bedacht sein, daß sich nicht unreparierbare Fehler einschleichen.

- Die Ausleuchtung und die Belichtung muß immer gleich sein. Bei Innenaufnahmen ist das einfach. Doch Außenaufnahmen die vom Licht abhängig sind, zwingen oft zu langen Wartezeiten.
- Bewegungsabläufe und Standorte der Darsteller müssen immer wieder neu überlegt werden. Beispiel: Wenn ein Kellner einen Tisch bedient und der Szene ein Gegenschuß des Kellners folgen soll, muß der Kellner auch in der nächsten Szene noch den gleichen Gast bedienen.
- Der Hintergrund sollte immer während einer Sequenz der gleiche sein. Das gilt auch für offene oder geschlossene Vorhänge.
- Auf Kleider, Make-up und Requisiten achten! Sequenzen in denen Personen vorkommen, die rauchen, trinken und essen, können Probleme ergeben, z. B. die Länge einer Zigarette und der Inhalt eines Glases oder Tellers muß beobachtet werden.

Doch auch die größte Vorsicht kann nicht verhindern, daß mysteriöse Veränderungen in einer Sequenz passieren. Wenn Sie diese Szene nicht nachdrehen können, sollten Sie diese Veränderungen durch einen eingefügten Zwischenschnitt für den Zuschauer klarmachen.

Später, wenn Sie ein erfahrener Videograph sind, können Sie mit dieser Methode sogar trickreiche Folgen zusammenfügen, die Ihre Zuschauer geradezu verblüffen. Dazu benutzen Sie Szenen, die Sie zu völlig unterschiedlichen Zeiten aufgenommen haben: ein Kind – und einen Löwen z. B.; stimmen in den Bildern die Höhen der Augenlinien, können Sie eine Bildfolge zaubern, in der das Kind einem Löwen geradezu in's Gesicht schaut.

BILDFOLGEN · 1

Setzen Sie Ihre Filmszenen fest und entwickeln Sie das Thema. Das ist für jede Art von Thema, wie z. B. Hochzeiten, Sportveranstaltungen, Ferienreisen erforderlich, um gute Viedeofilme zu machen. Zerlegen Sie ein Ereignis möglichst in eine Serie von Einzelaufnahmen. Der Zuschauer muß ohne Nachdenken den Sinn des Szenenablaufs folgerichtig empfinden können.

Filmsequenzen sollten sich auch aus verschiedenen Kamerastellungen zusammensetzen, (siehe S. 42). Wenn Sie jedoch zwischen zwei einander folgenden Szenen wechseln oder schneiden, dann sollte die Kameraeinstellung der folgenden Szene in sanftem, nicht abrupten Übergang erfolgen. Anderenfalls könnten für den Zuschauer im aufgenommenen Motiv plötzliche Sprünge entstehen.

Als Beispiel: Die Großaufnahme eines Babys das gefüttert wird. Während der Löffel noch neu gefüllt wird, würde die Handlung unterbrochen und dann in Großaufnahme fortgesetzt. Als Ergebnis erhielten Sie vermutlich einen unmotivierten Sprung zwischen der ersten und zweiten Szene, weil das Baby während der Pause sowohl seine Haltung als auch seinen Gesichtsausdruck geändert haben könnte. Wenn Sie aber die Bildeinstellung in der zweiten Szene ändern, vermeiden Sie den Sprung-Effekt. Sowohl eine Änderung der Einstellungsgröße als auch einer Änderung des Sichtwinkels sind gute Hilfsmittel.

Versuchen Sie, sich vorzustellen, was Ihr Zuschauer als nächste Szene sehen möchte, dann werden Sie auch eine natürliche Folgerichtigkeit des Sehens erzielen. Sie können auch Sequenzen, die mit komplimentär gleichartigen Gegenständen und Einrichtungen gefüllt sind, aneinanderschneiden, um die Kontinuität zu erhalten. Umgekehrte Sehwinkel sind hilfreiche Mittel der Folgerichtigkeit (siehe Kasten S. 53).

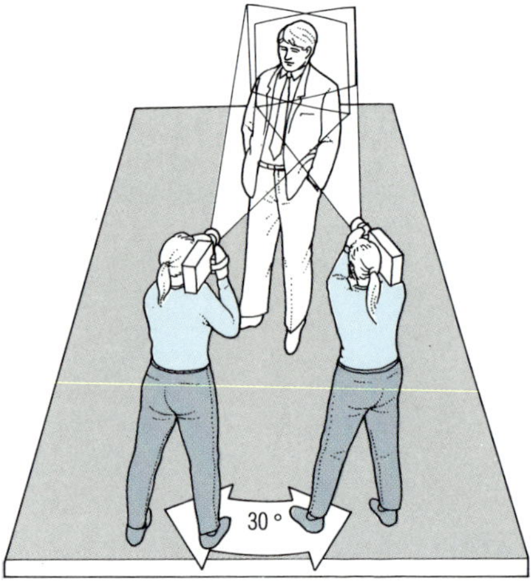

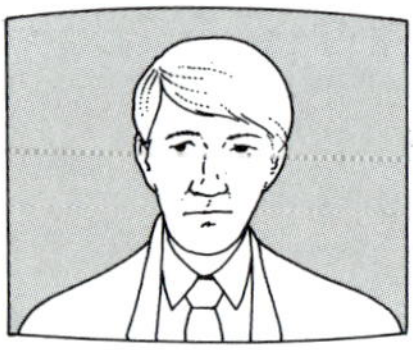

Der Wechsel **des Einstellwinkels** zwischen einanderfolgenden Szenen: Wenn Sie den Kamerasichtwinkel (Bild links) um 30 ° nach rechts verlegen, entsteht eine Aufnahme, die keinen Sprung in die nächste Szene bewirkt.

Anstatt einen Vorgang in seiner ganzen Länge aufzuzeichnen, lohnt es sich eher, nur seine Höhepunkte hervorzuheben. Schneiden Sie zwei Einzelaufnahmen dieser Höhepunkte aneinander. Das geht am einfachsten durch Auf- und Abblendung.

Seitenaufnahmen, die eine, wenngleich nur nebensächliche, Beziehung zum Hauptvorgang haben oder Zwischenschnitte sind Beispiele dafür, wie man zwei getrennte Einzelszenen von gleichartigem Inhalt zusammenfügen kann, ohne daß ein Bewegungspunkt zwischen den beiden Szenen merkbar wird.

Sie können auch zwischen zwei Einzelszenen «vergangene Zeit» bewältigen. Nehmen Sie z. B. eine Szene von einer Fähre auf, die langsam in den Hafen einfährt. Dann schneiden Sie eine Aufnahme von den Leuten am Ufer an und dann wieder auf die Fähre zurück. Der neue Szeneninhalt wird vom Zuschauer als zeitgerechter Anschluß empfunden. Neh-

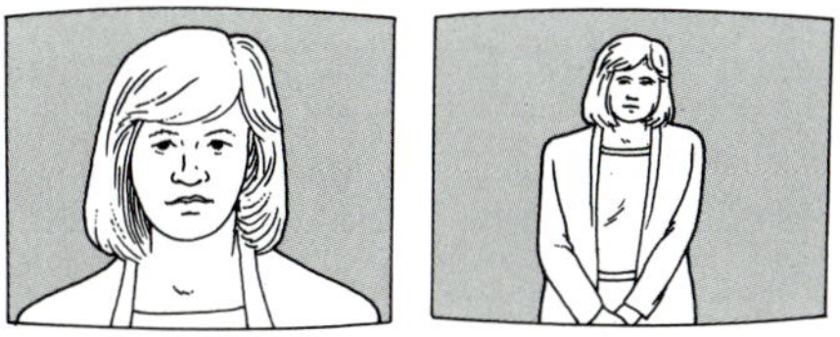

Der Wechsel **der Größe** bei gleichem Sichtwinkel vermeidet ebenfalls Sprünge. Eine Großaufnahme kann einer Nahaufnahme folgen, indem die Kamera bewegt oder gezoomt wird.

men Sie das erwartungsvolle Gesicht eines Mädchens, das in der Menge steht, und lassen Sie direkt darauf eine Totale der das Schiff verlassenden Passagiere folgen. Wenn Sie diese Szene durch eine Halbtotale, in der ein Mädchen in Großaufnahme hineingezoomt wird, folgen lassen, haben Sie eine wirkungsvolle Beziehung etwa zwischen einem lachenden Passagier und diesem Mädchen filmisch folgerichtig hergestellt.

Wenn Sie dabei den Kamera-Standpunkt ändern, können Sie einen Vorgang, der in Wirklichkeit eine Stunde Zeit benötigt, in 6 Einzelaufnahmen, von denen jede nur Sekunden dauert, zusammenziehen. Benutzen Sie viele verschiedene Bildeinstellungen, also Sichtwinkeländerung durch Zoom-Änderung von Weitwinkel- zur Teleeinstellung und zusätzliche Schwenks.

SCHUSS – GEGENSCHUSS

Um das folgerichtige Sehen in einer Sequenz zu sichern, können Sie gegensätzliche Aufnahmewinkeleinstellungen benutzen. Im Fernsehen ist das allgemein üblich. Die Kamera springt gewissermaßen zwischen den beiden sprechenden Personen hin und her (siehe Abb. unten). Durch diese Methode können die beiden Personen zu einem natürlichen Paar werden. Beide Kameraeinstellungen sollten gleich sein, damit die Sichtbeziehung zwischen den Personen deutlich wird. Wenn jemand auf eine Katze hinabschaut, muß der Szeneninhalt, der die Katze erfaßt, in gleicher Größeneinstellung aus dem Sichtwinkel des Katzenfreundes nach unten erfolgen (siehe unterste Abbildung).

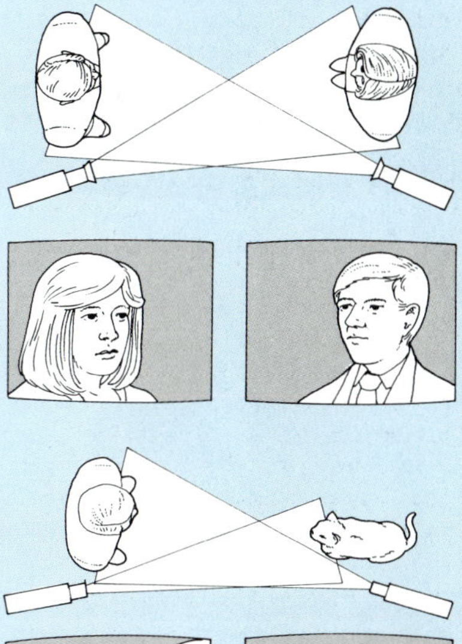

BILDFOLGE · 2

Ein erfolgreicher Videofilm setzt voraus, daß Sie die Aspekte der Bildgestaltung beherzigen. Halten Sie die Regeln der Bildfolge und der Blickrichtung ein, lassen Sie nur passende Sequenzen aufeinander folgen, überbrücken Sie sie eventuell durch Zwischenschnitte. Verwenden Sie auch das Prinzip «Schuß – Gegenschuß». Der Schlüssel zu all dem heißt «filmisch denken». Nicht eine einzelne attraktive Aufnahme ist wichtig, sondern der Fluß der Bilder im Ganzen. Sie sollten dieses filmische Denken so lange üben, bis es Ihnen zur zweiten Natur geworden ist.

Ein niedriger Sehwinkel nach oben eröffnet die Szenenfolge. ☞

Eine Nahaufnahme lenkt die Aufmerksamkeit auf das spezielle Interesse der Darsteller. ☞

Ein Gegenschuß in Großaufnahme entwickelt den Handlungsablauf. ☞

Eine Veränderung der Höheneinstellung setzt das Sehen in der gleichen Richtung fort. ☞

Ein Zwischenschnitt auf die Preise als effektvolle Verbindung . . . ☞

Eine Totale gibt die Gesamtübersicht über die Volksfestveranstaltung wieder. ☞

Ein Haupttotal- oder Halbnahschwenk, der vor den beiden Darstellern genügend Bewegungsraum läßt. ☞

Eine Großaufnahme des Darstellers konzentriert das Interesse auf die nächste Szene. ☞

Ein Zwischenschnitt vermeidet hier einen Bewegungssprung. ☞

zur Veränderung der Höheneinstellung, die den Ablauf variiert. ☞

Ein Gegenschuß schließt die Kurzfilm-Handlung ab.

DREHEN AUF SCHNITT

Das Schneiden eines Videobandes kann auf zwei verschiedene Arten erfolgen. Sie können die Szenen eines Bildbandes auf ein zweites Bildband übertragen. Solches Überkopieren von Band zu Band muß sehr sorgfältig und exakt durchgeführt werden (siehe S. 62). Sie können aber auch «geschnittene Aufnahmen» machen, die Sie bereits in der Kamera aneinanderfügen. Dazu müssen Sie Ihre Einzelszenen genau in der Reihenfolge und Länge aufnehmen, in der Sie die Szenenfolge später auch dem Zuschauer vorführen wollen.

«Drehen auf Schnitt» (ein Begriff aus der Profifilmsprache) setzt sehr sorgfältige, vorherige exakte Planarbeit voraus und verlangt während des Drehens rasche, sichere Entscheidungen. «Drehen auf Schnitt» ist eine hervorragende Übung für alle Arten der Filmherstellung, weil es den Kameramann zwingt, die Ereignisse gewissermaßen vorauszusehen und den gesamten Film ohne Fehler in folgerichtiger Sehweise zu erfassen. Wenn Sie, bevor Sie die Kamera auslösen, zunächst einmal eine Folge von wahrscheinlich zu erfassenden Szenen schriftlich fixieren, werden Sie sich während der Filmaufnahmearbeit wesentlich leichter tun.

● **Wie lang soll der Film werden?** Behalten Sie immer im Gedächtnis, daß Sie Ihren Videofilm für den Zuschauer herstellen und nicht nur für sich. Ein Bildband erlaubt in der Regel Aufnahmen zwischen 30 Minuten und vier Stunden ohne Unterbrechung. Disponieren Sie Ihre auf Schnitt gedrehten Filme möglichst so, daß die zukünftigen Zuschauer noch mehr davon Sehen wollen anstatt weniger. Die allgemeine Regel ist: nicht über 20 bis 30 Minuten!

● **Wie lang sollten Sie jeweils eine Einzelszene aufnehmen?** Das hängt von dem in der Szene vorhandenen Objekten ab und ob diese statisch oder bewegt sind. Für die Aufnahme statischer Objekte gibt es spezielle Regeln.

● Erfassen Sie ein statisches Objekt in der Szene etwa sieben Sekunden lang. Die Aufnahmedauer einer Totale ist stets länger als die einer Nah- oder Großaufnahme (siehe Abb.

7 **Verweilen Sie zunächst in der Totale** eines Stadtbilds mindestens sieben Sekunden, und wenn interessante bildwichtige Details zu sehen sind, zehn Sekunden.

oben). Eine Totale von einem neuen unbekannten Stadtbild benötigt mehr Zeit als die Nahaufnahme eines Gebäudedetails.

● Die Dauer der Großaufnahmen von Personen hängt natürlich von dem Interesse und dem Gesichtsausdruck dieser Personen ab. Drei Sekunden sind üblich.

● Wenn Sie Schwenks, Senkrechtschwenks oder Zoomfahrten machen, sollten Sie die Anfangsstellung und die Endstellung mindestens drei Sekunden lang unbeweglich halten.

● Aufnahme von beschrifteten Gegenständen (z. B. Straßen- oder Hinweisschilder) sollten auf jeden Fall so lange aufgenommen werden, daß sie bequem langsam gelesen werden können. Am besten lesen Sie selbst die vorhandenen Worte, während Sie sie filmen, mit.

Für bewegte Objekte in der Szene gelten die Regeln:

● Versuchen Sie stets, den kompletten Vorgang zu erfassen, bevor Sie schneiden.

● Wenn es sehr viel Bewegung in der Szene gibt (z. B. Skifahren oder Windsurfen), dann lassen Sie die Aufnahmen so lange weiterlaufen, bis sich ein natürlicher Schnitt ergibt.

● Zu viele Totalaufnahmen wirken aber langweilig.

● Im allgemeinen sollen Sie die Aufnahmelänge vom Inhalt abhängig machen. So profi-

5 **Eine Detailgroßaufnahme** kann – im harten Schnitt – kürzer sein als 3 sec.

Den Glockenschlag der Uhr können Sie beliebig lang aufnehmen. Schneiden Sie dazu.

3 **Eine Nahaufnahme** derselben Stadtansicht, die Sie dann nur 2 bis 3 s aufnehmen.

Verlängern Sie die Dauer nur, wenn in dieser Szene Bewegungen oder Schilder vorhanden sind.

tiert, z. B. die Aufnahme einer lebhaften Party durch sehr schnelle, aufeinanderfolgende Einzelschnitte.

- Schneiden Sie niemals in eine Kamerabewegung hinein: Ein solcher Schnitt wirkt auf den Zuschauer wie ein Schock.

Durch Töne oder Geräusche können Sie die Aufnahmelänge ausdehnen. Sie wissen: Sobald Sie die Kamera anhalten, stoppt auch der Ton. Wenn Sie eine längere Rede eines Gastes aufnehmen wollen muß die Kamera nahe genug vor ihm stehen, damit Sie auch seine Worte registrieren können. Doch Sie können dem Originalton weitere Töne, Kommentare oder Musik durch spätere Nachvertonung hinzufügen (siehe S. 124).

Kameras mit elektronischem Sucher erlauben, das Videoband zurückzuspielen, was für das «Drehen auf Schnitt» eine enorme Erleichterung bedeutet. Sie können im elektronischen Sucher jede Szene sichtbar überprüfen auf eventuelle Fehler hin.

Bei Camcordern mit Insertschnitt-Einrichtung (rotierende Löschköpfe) können in den bereits aufgenommenen Film nachträglich Sequenzen eingefügt werden. Fehlende Detailabschlüsse können also noch später am Drehort eingefügt oder Titel nachträglich zuhause ergänzt werden.

STÖRUNGSFREIE SCHNITTSTELLEN

Videokameras arbeiten mit einer Rücklaufeinrichtung, um Schnitte frei von irgendwelchen elektronischen Störabbildungen zu sichern. Jedesmal wird das gestoppte Bildband ein Stück (ca. 1 s) zurückgewickelt. Wenn Sie die Aufnahme erneut starten, läuft das Bildband zunächst 1 s vorwärts. Dann erst beginnt die Aufzeichnung der folgenden Szenen. Die Zeitdauer ist bei den Kameramodellen verschieden.

Probieren Sie sie deshalb bei Ihrer Kamera aus. Sie müssen sich ja beim Drehen «auf Schnitt» auf diese zunächst verlorene Sekunde einstellen. Problematisch wird es, wenn Sie versuchen, schnelle Bewegungen zu filmen. Sie sollten daher Ihre jeweilige Aufnahme so einrichten, daß Sie 1 sec. Bild verlieren dürfen und dennoch das Wichtigste auf dem Bild haben. Starten Sie also Ihre Kamera entsprechend früher.

IHRE ERSTEN VIDEOAUFNAHMEN

Sobald Sie ein gutes Thema entdeckt haben, sind Sie schon auf dem halben Weg, einen guten Videofilm zu machen. Farbige Szenen, lebhafte Bewegungen, abwechslungsreiche Geschehnisse, viele Details und natürliche Freiaufnahmen machen Ihren Film interessant.

Wählen Sie ein Thema aus, das für die Zuschauer leicht verständlich ist, z. B. Kinder, die reiten oder radfahren, ein Picknick im Wald, ein pittoresker Gemüsemarkt. Bevor Sie anfangen, überzeugen Sie sich immer, daß Ihre Ausrüstung auch komplett ist.

- Prüfen Sie, ob der Akku voll aufgeladen ist, denken Sie an Ersatz.
- Setzen Sie eine Kassette vorher in die Kamera ein.
- Prüfen Sie sämtliche Funktionen Ihrer Kamera, säubern Sie die Vorderlinse.
- Überlegen Sie sich genau, ob Sie nicht auch ein Stativ brauchen werden oder tragbare Scheinwerfer. (evtl. zusätzliches Mikrofon).
- Setzen Sie stets Kopfhörer auf, wenn Sie Töne und Geräusche in der Szene mit aufnehmen wollen.
- Vergessen Sie auch nicht, einen rein weißen Karton zum Weißabgleich mitzunehmen.

Die Checkliste:

- Führen Sie einen Weißabgleich durch.
- Stellen Sie Ihre Blende und die Scharfeinstellung richtig ein.
- Überprüfen Sie stets Bild und Ton mit einer Probeaufnahme. Sie können sie wieder löschen, indem Sie neue Aufnahmen darüberlegen.
- Sehen Sie sich die Probeaufnahme im elektronischen Sucher genau an.
- Wenn Sie Ihre Aufnahmen unterbrechen, dann setzen Sie immer die Abdeckkappe auf das Objektiv.

Nachdem Sie Ihre Aufnahmen zuhause auf dem Fernsehempfänger gründlich angesehen und analysiert haben, lassen Sie auch neutrale Zuschauer urteilen und beobachten Sie deren Reaktion. Bedenken Sie, daß Sie Ihre Videofilme machen, damit andere an ihnen Freude haben. Wenn Sie interessierten Zuschauern Ihren Film erklären müssen, haben Sie was falsch gemacht!

Ein Besuch auf einem Bauernhof. Eine sehr gut arrangierte Einführungsszene: Die Menschen im Vordergrund bewirken den Tiefeneindruck.

Wenn Sie mit der Kamera Bewegungen folgen, lassen Sie genügend Bewegungsraum. Im Bewegungsmitschwenk ist dem Pferd zu wenig Raum gelassen worden.

Diese an sich gut angelegte Szene ist falsch aufgenommen. Der Tierkörper ist abgeschnitten, der Vordergrund ist leer. Hier müßte senkrecht geschnitten werden.

Galoppierende Pferde liefern einen guten Bewegungseindruck. Doch besteht die Gefahr, die Horizontlinie aus der Geraden zu kippen. Für solche Bilder braucht man ein Stativ.

Beobachtende Kinder. Die Gänse im Hintergrund sind kaum zu sehen. Gehen Sie näher an die Kinder heran, oder zoomen Sie in Telestellung.

Eine Nah- bis Nahgroßaufnahme, vom Kopf des Menschen und des Pferdes, ist sehr wirkungsvoll.

Eine gute Großaufnahme in einer geschickten Kameraeinstellung zieht die Aufmerksamkeit des zukünftigen Zuschauers auf sich.

Vergessen Sie nicht, in der Geschäftigkeit auf die Ausleuchtung zu achten. Das Motiv wurde – infolge des Gegenlichts – unterbelichtet

Die einfache Halbtotale, natürlich und folgerichtig arrangiert, ist eine gute Schlußszene Ihres ersten Videofilms.

SZENENENTWÜRFE

> *«Regisseur Kleiser, der* «Grease» *und* «Die blaue Lagune» *machte, war ein Meister im Entwurf einer gezeichneten Szenenfolge, auch Storyboard». Jeden Morgen machte er Zeichnungen von jeder einzelnen Szene, eine nach der anderen, so wie man Comics macht. Dies erleichterte dem Aufnahmeteam die Diskussion über die jeweiligen «Kamera-einstellungen».*
>
> **Nestor Almendrois**

Viele Ihrer Videofilme werden Dokumentationen sein, in denen Sie Ihre persönlichen Erlebnisse festhalten. Eine Hochzeit oder eine Geburtstagsparty sind Ereignisse, bei denen Sie kaum die Regie übernehmen können. Sie filmen einfach, was vor der Kamera passiert.

Wenn Sie sich aber eine eigene Handlung ausdenken, können Sie über jeden einzelnen Ereignisablauf die Regie machen. Wählen Sie eine möglichst einfache Handlung, für Ihren ersten Dokumentarfilm. Sorgen Sie dafür, daß in den Szenen viel Bewegung stattfindet.

Bei Kindern benutzen Sie am besten keine langen Sätze; Sie riskieren sonst Wiederholungen. Die Geschichte sollte durch folgerichtiges Sehen erzählt werden und nicht durch Worte. Zerlegen Sie die Handlung in einzelne Szenen, die Sie in Zeichnungen niederlegen. Im Profifilm nennt man das «Storyboarding». Der Handlungsablauf wird durch eine Folge hintereinander gezeichneter Szenen mit Unterschriften versehen dargestellt (siehe Bilder rechts). Ganz einfache Andeutung von Strichzeichnungen genügen. Geben Sie jeder einzelnen Zeichnung eine Nummer, und skizzieren Sie die Kameraeinstellung. Ein «Storyboard» ist für die Filmarbeit außerordentlich nützlich.

- Das Storyboard zwingt Sie dazu, sich genau vorher zu überlegen, was Sie aufnehmen wollen.
- Es hilft Ihnen, einen natürlichen, logischen Zusammenhang zwischen den einzelnen Szenen einzuhalten.
- Durch die Skizze werden Sie aufgefordert, sich die Komposition zu überlegen.
- Wenn Sie auf Schnitt drehen, wird die gezeichnete Szene zum präzisen Drehplan.
- Wenn Sie Ihren Film durch Assemble-

schnitt herstellen, wird der gezeichnete Drehplan zu einem Ordnungssystem, nach dem Sie später die Schnittfolge der aufgenommenen Einzelszenen sicher und ohne Abweichung durchführen können. Profifilmer benutzen das Storyboard auch, um Werbefilme oder Videoclips herzustellen.

Ein Ausschnitt aus einem Storyboard
Die niedergelegte Skizze zeigt eine Sequenz in Einzelszenen. Kameraeinstellung, der Szeneninhalt und die Bewegungen sind zeichnerisch festgehaltaen. Die Höhepunkte können nachträglich abgeändert werden. Die Kameraeinstellungen sowie die Sichtwinkel der Kamera werden eingehalten. Jeder kann, – wenn auch vielleicht auf einfachere Art – solche Skizzen herstellen.

SCHNEIDEN DURCH ÜBERSPIELUNG (ASSEMBLESCHNITT)

Die meisten Ihrer auf Schnitt gedrehten Videos, werden Sie wahrscheinlich so wie sie sind vorführen bzw. aufbewahren. Aber oft ist ein «vernünftiger» Dreh auf Schnitt nicht möglich und dann trüben Aufnahmefehler, unlogische Reihenfolge oder überlange Szenen den Sehgenuß. So ist es sinnvoll nur ausgewählte Szenen aus dem original Drehband durch Überspielen vom Camcorder zu einem Heimrecorder zu einem neuen Film zusammenzuschneiden. «Schnitt» bedeutet also, Teile aus einem fertig aufgenommenen Band auf ein zweites, leeres in bestimmter Reihenfolge und Länge zu kopieren.

Dieser Vorgang wird Schnitt genannt. Wenn Sie einzelne Szenen, durch Überspielung aus dem ursprünglichen Videoband herausziehen, können Sie die Szenenlänge ideal anpassen.

Szenen, die mißlungen sind, werden «verworfen». Titel und andere Einblendungen lassen sich hinzufügen (siehe S. 110).

Der Kopierprozess von Recorder zu Recorder mit seinen vielen elektronischen und elektromechanischen Zwischenschritten bringt immer eine Qualitätsminderung mit sich. Diese Verschlechterung kann heute durch Einsatz besten Videobands, hochwertiger Recorder in den Systemen S-VHS oder Hi8 zumindest in der ersten Kopiegeneration nahezu unsichtbar gering gehalten werden.

Die gebräuchlichste Art der Überspielung ist der Assembleschnitt (siehe Kasten), d.h. jeder neue Teilabschnitt wird an das Ende des vorhergehenden angefügt. Es können alle Videoformate kombiniert werden, zum Beispiel kann von Video8/Hi8 auf VHS/S-VHS geschnitten werden. Die einzige Einschränkung betrifft den Videoheimrecorder, der ausdrücklich «assembleschnittfähig» sein muß.

Mit manuellem Assembleschnitt kann mit hochwertigen Recordern, nach genauem Austesten ihrer Eigenschaften, sehr genau geschnitten werden. Vor allem wenn die Hochlaufzeiten (ca. 1,5s) der beiden Recorder berücksichtigt werden. Entgegen einem Vorurteil machen Schnittsteuergeräte den Schnitt nicht automatisch(!) genauer (s.S. 122, 146).

ASSEMBLESCHNITTE

Machen Sie vor dem Schneiden einen genauen «Fahrplan», indem Sie eine Nummernliste der ausgewählten Sequenzen mit den genauen Positionen auf dem Originalband (Zählwerk) aufstellen.

Schalten Sie den Camcorder auf Edit-Mode und verbinden sie ihn mit dem Videoheimrecorder (AV-Aus- zu AV-Eingang). Schalten Sie den Heimrecorder auf AV-Eingang. Der Fernseher dient als Monitor. Nehmen Sie auf das leere Band die ersten 60 s «Schwarzband» auf. Dadurch erhalten Sie einen störungsfreien Schnittbeginn.

1. Spulen Sie das Schwarzband im Heimrecorder ca. 30 s zurück und schalten Sie auf Aufnahme-Pause.
2. Lassen Sie das Band im Camcorder laufen und vor dem Beginn des ersten gewünschten Bildes, stellen Sie ihn auf Wiedergabe-Pause.
3. Lösen Sie beide Pause-Tasten und nehmen Sie auf, bis Sie exakt am gewünschten Sequenzende den Heimrecorder und dann den Camcorder mit Pause stoppen.
4. Betrachten Sie am Heimrecorder zur Überprüfung den Schnitt, schalten Sie exakt am Sequenzende auf Aufnahme-Pause. Beginnen Sie mit 2. für den nächsten Schnitt.

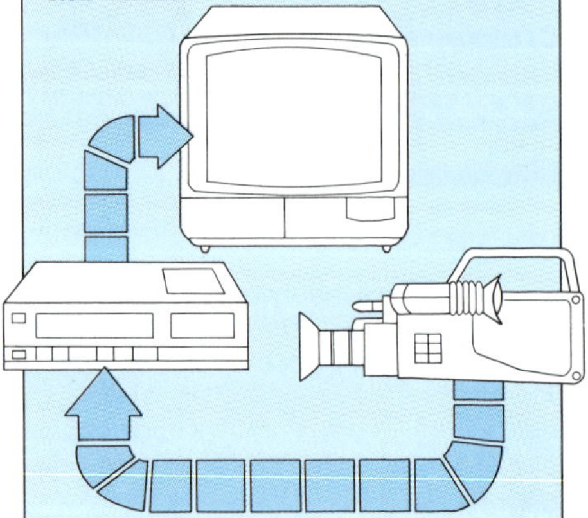

Als Vergleich: Einzelszenen, die für eine Handlung nur geschnitten werden: Vergleichen Sie die ungeschnittenen Aufnahmen (ganz oben) mit den geschnittenen (darunter). Die ungeschnittenen Szenen haben keinen Zusammenhang: Auf was schauen die Kinder? Welche Beziehung besteht zwischen dem Eichhörnchen und den Kindern?

Indem Sie diese 6 Szenen in anderer Reihenfolge im Assembleschnitt überspielen, erhält die Sequenz einen klaren Sinn, und es entsteht eine kurze Handlung.

Indem die Kinder mit den Tieraufnahmen abwechseln baut sich eine Schuß-Gegenschuß-Sequenz auf. Sie brauchen bei ihren Einzel-Aufnahmen keine Ordnung einzuhalten, auch können Sie sich bei der Aufnahme auf jede einzelne Sequenz besser konzentrieren.

VIDEOFILM-HITS

Einige Videofilm-Themen führen die Bestseller-Liste an – in ihrer Häufigkeit und Popularität. Aber gerade deshalb, weil ihr Inhalt eigentlich bekannt und einfach zu verstehen ist, stellen sie eine Herausforderung an den Filmer dar. Dieses Kapitel soll Ihnen Anregungen geben, wie man solchen Themen dramaturgisch gerecht wird, welche Voraussetzungen Sie an die Kapazität Ihrer Ausrüstung und auch an Ihre eigene Kreativität stellen.

KINDER

Video ist ein perfektes Medium, um das Aufwachsen von Kindern mit zu verfolgen. Prägnante Augenblicke im Leben eines jungen Menschen können – als aneinandergereihte Episoden – einen echten Schatz im Videofilmarchiv ausmachen.

Im Lauf der Jahre sammelt sich meist eine Unmenge von Aufnahmematerial an. Datieren Sie die Filmszenen von Anfang an mit Hilfe eines Titelgenerators, bzw. einer Einblendtitel-Einrichtung in Ihrer Kamera. Eine interessante Methode ist es, als Inserts irgendwelche Headlines oder Meldungen aus Tageszeitungen aufzubewahren, die Sie später an den Tag der Handlung erinnern werden, wenn Sie sie in die Szene einschneiden. Das Datum dieses Inserts kann auch als Gedächtnisstütze für andere Szenen dienen, die Sie zu diesem Zeitpunkt aufgenommen haben.

Sehr kleine Kinder, fast noch Babys, die z. B. ihre ersten Gehversuche machen, liefern besonders lebendige Motive.

- Benutzen Sie häufig Totale oder Halbtotale, um die Handlung natürlich zu entwickeln.
- Stellen Sie die Kamerahöhe immer entsprechend der Größe der Kinder ein. Benutzen Sie ein Stativ, oder setzen Sie sich möglichst bequem auf den Boden und stützen Sie Ihren Rücken gegen eine Wand oder einen Baumstamm. Die aufgestellten Knie dienen als Stütze für die Ellbogen, was die ruhige Haltung der Kamera sichert.
- Um irgendwelchen Bewegungen zu folgen, benutzen Sie möglichst die Zoom-Optik, wenn z. B. ein Baby auf die Kamera zukriecht.
- Machen Sie ständig Großaufnahmen, um den unterschiedlichen Gesichtsausdruck der Kinder zu erfassen. Denken Sie auch an Großaufnahmen von den Eltern, für eventuelle Inserts.
- Vergessen Sie den Ton nicht! Das Plappern und Lachen der Kinder machen allen viel Spaß. Benutzen Sie möglichst ein zusätzliches Mikrofon.
- Bei Kunstlichtausleuchtung stellen Sie die Lampen so ein, daß die Kinder davon nicht geblendet werden. Indirekte Beleuchtung auf helle Wände ist ideal (siehe S. 38).

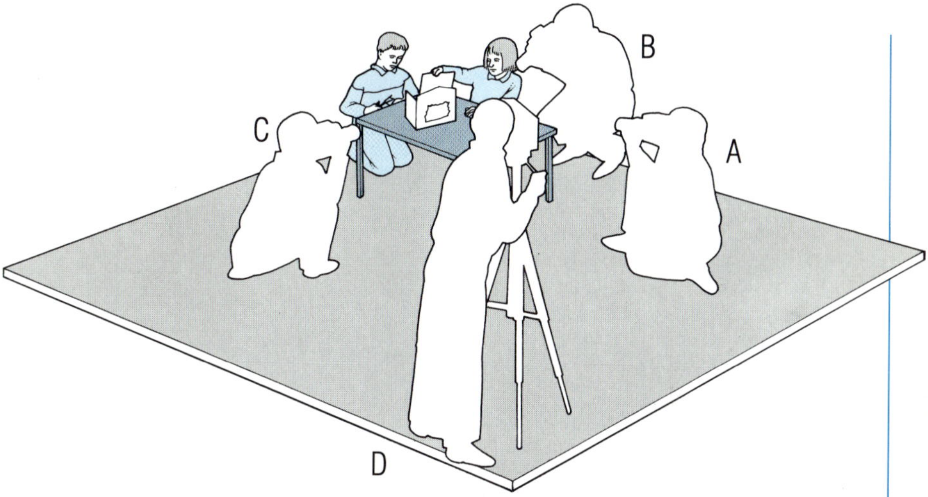

Kinder sind am besten aufzunehmen, wenn sie sich auf das Spiel konzentrieren. Die Bildreihe links zeigt eine Handlung in wenigen Einstellungen - von 4 Kamerapositionen aus (s. Zeichnung oben). Kameraposition A in Kniestellung ergibt eine Nahaufnahme des Jungen (Bild A). Position B eine Großaufnahme in Hockstellung (Bild B). Kamera C ist ein Gegenschuß zu A (Bild C). Position D bildet die ganze Szene ab - vom Stativ aus gemacht als Halbtotale (Bild D). Eine solche Sequenz könnte auch mit D oder B beginnen. Inserts von Erwachsenen ließen sich hier gut einfügen.

BLIND FILMEN

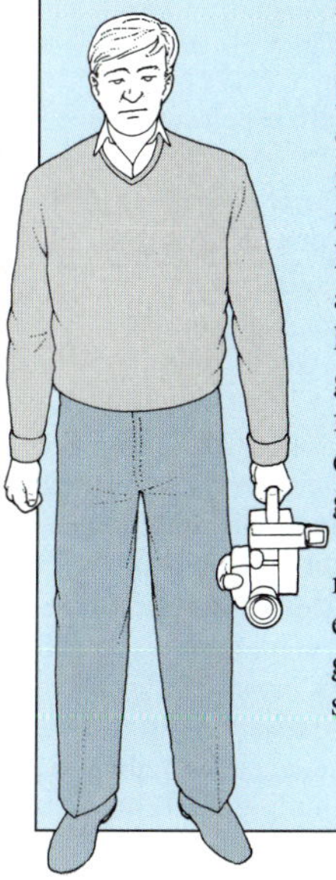

Eine gute Methode, Kinder aufzunehmen, ohne daß sie merken, ist, sie «blind» zu filmen. Halten Sie die Kamera dabei nicht ans Auge, sondern lassen Sie sie am ausgestreckten Arm laufen. So entsteht auch ein für Kinder günstiger Sichtwinkel. Halten Sie die Kamera ruhig, und folgen Sie eventuellen Bewegungen der Kinder langsam nach.

Sie können auch Aufnahmen mit «versteckter Kamera» machen, z. B. in der Telestellung, in schräg gestellte Spiegel, durch ein Oberlicht oder hinter einer Hecke. Sogar «blinde» Aufnahmen sind möglich (siehe Kasten links). Sobald Kinder selbstbewußter werden und sich nicht mehr ganz natürlich benehmen, nehmen Sie einfach ihre neuen schauspielhaften Allüren und ihre Grimassen mit auf. Fahren Sie dann das Bildband zurück, (wenn Sie diese Aufnahmen nicht aufbewahren wollen). Sobald die Kinder daran gewöhnt sind, daß eine Kamera in der Nähe ist, werden sie Sie gar nicht mehr beachten und in ihrem Spiel, das stets mehr interessiert, fortfahren. Kinder sind geborene Schauspieler. Lassen sie sich produzieren und ihre Fähigkeiten vorführen. Auch an der Videoarbeit zeigen Kinder schon Interesse und helfen gern beim Aufstellen der Geräte usw. mit. Registrieren Sie auch ihren Applaus am Ende einer Sequenz, wenn diese besonders gelungen ist.

IMPROVISIERTE FEIERN

Ein Videofilm von einer nicht geplanten Party, kann durchaus einen Sinn und eine Handlung für den Zuschauer bekommen und die Atmosphäre wiederspiegeln.

Das bedingt freihändige Aufnahmen mit der Kamera, weil Sie ungehindert herumgehen müssen, um die speziellen Aufnahmesituationen ausnützen zu können. Bevorzugen Sie Halbteleeinstellungen damit Sie die Bewegungsfreiheit der Partygäste nicht einschränken. Versuchen Sie, sich irgendwo anzulehnen, da Sie ja meistens freihändig arbeiten.

Versuchen Sie, Ihre Aufnahmen schon vorher zu planen. Denken Sie an den jeweiligen Kamerawinkel ebenso wie an Totale und Halbtotale, damit Sie auch größere Gruppen in einer einzigen Bildeinstellung erfassen können.

Die tiefgestellte Kamera, ist günstig für sitzende Gäste. Das kalte Büffet und die Getränke liefern Zwischenschnitte und wirken gut als Vordergrund in einer bewegten Partyszene.

Tonaufnahmen haben einen hohen allgemeinen Geräuschpegel zu verarbeiten. Plazieren Sie das Kabelmikrofon an der günstigsten Stelle (siehe S. 33).

Um die Kamera und zugleich auch ein frei bewegliches Mikrofon zu bedienen, suchen Sie sich einen Tonassistenten, der als Interviewer arbeitet, also mit dem Mikrofon in der Menge herumgeht und einzelne Unterhaltungen aufnimmt. Dabei sollte das Mikro stets in Brusthöhe so gehalten werden, daß es zwischen dem Interviewer und dem Interviewten in einem Winkel demjenigen zugeneigt ist, der gerade spricht.

Folgen Sie diesem Mikrofon mit der stillgesetzten Kamera (d. h. in Pausenstellung) und warten Sie auf den günstigsten Moment zu filmen.

Falls Sie die Vorteile eines Ansteckmikrofons ausnützen, empfiehlt es sich, die Aufnahmen mit einem Kopfhörer zu machen, damit Sie als Kameramann auch der Unterhaltung Wort für Wort folgen können.

- Machen Sie bei solchen Interviews lieber eine Nah- anstatt einer Großaufnahme, damit Sie auch die anderen Gäste miteinfangen können.

Konversationen auf Partys registrieren Sie am besten mit Hilfe eines Assistenten der mit einem Kabelmikrofon aus dem richtigen Abstand den Ton aufnimmt. Verwenden Sie Naheinstellungen bei kleinen Gruppen. Bei ungenügender Ausleuchtung benutzen Sie einen Akkuscheinwerfer.

Bei einer Party im Freien (z. B. einem Grillfest) machen Sie Ihre Aufnahmen am besten von einem höheren Standpunkt aus in größerem Sichtwinkel. Beobachten Sie dabei die Helligkeitskontraste und die tiefen Schatten besonders während der Mittagszeit (siehe Bild).

- Falls Sie zu mehreren Bildeinstellungen übergehen, machen Sie sich klar, wer von den Anwesenden als nächster sprechen wird, so sind Sie für einen eventuellen Schwenk dieser Person vorbereitet.
- Halten Sie möglichst Ihre beiden Augen offen; das eine beobachtet den elektrischen Sucher mit dem anderen studieren Sie die Geschehnisse in der weiteren Umgebung.
- Im allgemeinen sollten Sie Ihre Kamera auf den Sprecher richten. Doch auch die mimische Reaktion eines Zuhörers lohnt sich. Wenn Sie so etwas auf Schnitt drehen, werden Sie stets den Ton verlieren, während Sie eine gegensätzliche Kameraeinstellung wählen, um vom Sprecher auf den Zuschauer umzuschalten. Um diesen Tonverlust zu vermeiden, ist es oft besser, sorgfältig von dem einen zum anderen hinzuschwenken. Oder machen Sie die Aufnahme aus weiterem Abstand, dann haben Sie den Sprecher und den Zuhörer im Bild.

Auch eine improvisierte Party sollte im Film eine Geschichte erzählen. Der Anfang und der mittlere Teil dieser Handlung ist nicht schwer zu bewerkstelligen, Probleme macht eher ein guter Schluß. Winkende Gäste als Abschlußszene einer Party sind nicht besonders originell. Ein Vorschlag für eine kreativere Lösung: Führen Sie Ihren Gästen den abgedrehten Videofilm gleich vor und filmen Sie dabei ihre Reaktion. Und diese Aufnahmen fügen Sie später als Schlußsequenz hinzu.

● Wenn Sie Ihre Szene später schneiden, konzentrieren Sie sich jeweils zunächst auf die Aufnahme mit dem Sprecher. Fügen Sie Inserts später ein.
● Vergessen Sie nicht die Komposition. Ordnen Sie die Szenen so, daß genügend Raum zur Orientierung bleibt.
● Das Zeitgefühl für die Handlung können Sie dem Zuschauer dadurch verdeutlichen, daß Sie gelegentlich Zwischenschnitte einfügen (Gläser, Teller, Flaschen werden leerer usw.). Kehren Sie auch mehrmals zur Eingangsszene zurück, so sieht man den Fortlauf der Party - und zwar immer von demselben Kamerastandpunkt aus.
● Falls Sie Innenaufnahmen in kleinen Räumen machen, dann schalten Sie ein zusätzliches Weitwinkelobjektiv vor die Optik (siehe S. 26).

Hintergrundmusik kann die Tonaufnahme stören. Warten Sie auf eine Pause oder schalten Sie sie ab, wenn Sie Dialoge aufzeichnen wollen.

Tanzende Leute zu filmen, macht Spaß. Variieren Sie Höhe und Winkel der Kamera. Drehen Sie auf Schnitt und wechseln Sie rasch von einem Paar zum anderen. Vergessen Sie dabei nicht, daß Sie bei geschnittenen Aufnahmen gleichzeitig auch den Ton schneiden. Mit der gleichen Musik sollten Sie deshalb später noch synchronisieren.

Über zusätzliche Ausleuchtung lesen Sie mehr auf S. 74. Verwenden Sie möglichst indirektes Licht, um hohe Helligkeitskontraste und Schatten zu vermeiden. Durch indirekte Anstrahlung heller Wände mit Scheinwerfern erhalten Sie gleichmäßiges und diffuses Licht. Die Scheinwerfer können Sie auch mit farbigen Filtern versehen, um warmes Licht zu erzielen. Eine akkubetriebene oder mit Kabel angeschlossene Scheinwerferkombination bewährt sich für Lichteffekte.

FAMILIENAUSFLÜGE · 1

Ein Tagesausflug zu einem historischen Ort, in einen Park oder zu einer anderen Sehenswürdigkeit ist eine ideale Gelegenheit für einen Videofilm. Versuchen Sie, sich Szenenfolgen auszudenken, die charakteristisch für die Atmosphäre des Ortes sind. Planen Sie einen solchen Film, so weit es geht, im voraus. Notieren Sie sich eventuell Motive und Szeneneinstellungen mit Hilfe von Fotos, die Ihnen wie ein Storyboard (s. Seite 60 / 61) bei der Realisierung Ihres Filmes helfen.

Die Einleitung muß Interesse wecken. ☞

Ein anderer Blick auf das Schloß. ☞

Halbtotale der Familienmitglieder. ☞

Eine Großaufnahme des Jungen. ☞

Ein Detail des Schlosses von unten. ☞

Eine Weitwinkelaufnahme in der Totale. ☞

Gegenschuß auf die Familie. ☞

Die Familie kommt näher. ☞

Eine Halbtotale mit Vordergrund. ☞

Totale der zurückgehenden Personen. ☞

Der Schluß korrespondiert mit dem Anfang.

FAMILIENAUSFLUG · 2

Die auf Schnitt gedrehte Sequenz des Familienausflugs auf den beiden letzten Seiten soll hier noch einmal erläutert werden. Selbst, wenn Sie sich mit Hilfe von Fotos eine Art Storyboard und damit den roten Faden des Films erarbeitet haben, ist nicht immer alles genau im Voraus zu berechnen. Um wirklich einen optischen Zusammenhang zu gewährleisten, arbeiten Sie mit Zwischenschnitten und entgegengesetzten Aufnahmewinkeln. Der kurze Film soll den ganzen Familienausflug wiederspiegeln.

Die Eröffnungsfilmszene braucht nicht den ganzen Inhalt des Filmes bereits darzustellen. Viel wichtiger ist eine schöne, reizvolle Szenenkomposition, die eine Atmosphäre herstellt und den Zuschauer erwartungsvoll stimmt.

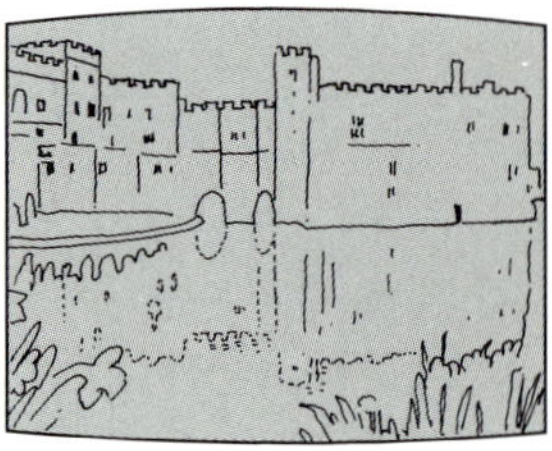

Ein kurzer Senkrechtschwenk aufwärts, eine langsame Zoom-Rückfahrt in die Weitwinkelstellung. Folgen Sie der Spur des Schwanes. Lassen Sie zwei hart aneinander geschnittene Einzelszenen folgen.

Rahmen Sie die herankommenden Familienmitglieder durch den Blick durch einen Torbogen ein. Lassen Sie die Kamera lange genug laufen, bis die Personen rechts und links an der Kamera vorbeigegangen sind und damit aus dem Bild. Eine logische Folge der letzten Szene.

Eine Nahaufnahme in Weitwinkelstellung. Die Figuren im Vordergrund schaffen Tiefeneindruck, der Sehwinkel unterstreicht die Wirkung des Schlosses, und der Szeneninhalt konzentriert sich auf die Richtung.

Großaufnahmen sind besonders wirksam. Warten Sie ab, bis die Person eine charakteristische Bewegung macht, dann können Sie ganz natürlich das anschließen, was der Knabe in der nächsten Szene von seinem Standpunkt aus sieht.

Die Atmosphäre und ein natürliches Fortschreiten von Ereignis zu Ereignis müssen fließend aneinandergereiht werden.

Die Anfangsszene eines Film ist von Bedeutung, weil sie den Stimmungsverlauf des ganzen Films andeutet. Ein neues Gegenstandsdedail oder ein dort nicht vermuteter Ortsbereich kann als einführende Überraschung gezeigt werden.

Auch Szenen, die aus der totalen Unschärfe langsam in die Schärfe hineingezogen werden, bilden interessante Szenenanfänge.

Sequenzen, die sich durch viele interessante Einzelheiten selbst erklären, sind immer geeignet für die Einführung einer Handlung. Sie können z. B. nach einer Totale auf einen Wasserfall in die Weitwinkelstellung zurückzoomen und im harten Schnitt auf eine Person in Nahaufnahme übergehen. Dann können Sie im Gegenschuß auf einen Gesprächspartner lenken. Mit einer solchen Szenenfolge sind der Handlungsschauplatz sowohl als auch die dort befindlichen Personen skizziert.

Bei Froschsprung-Einstellungen (siehe Bild oben rechts) können Sie besonders gut spontane Aktionen der herankommenden Familienmitglieder erfassen. Lassen Sie solche Einzelszenen bis zum Schluß des Schneidens

Ein Gegenschuß in Nahaufnahme, der die Familie einführt. Lassen Sie die Szene möglichst lange stehen, denken Sie an spätere, mündliche Kommentare, ebenso wie an Zwischenschnitte, die Reaktionen und den wechselnden Gesichtsausdruck zeigen.

Die natürliche Folge des Handlungsablaufs: Eine Totale zeigt, auf was der Blick der Familie gerichtet ist. Das Schloß wird hier aus einem anderen Winkel gezeigt. Lassen Sie die Kameras so lange stehen, bis die Familie aus dem Bildschirm gegangen ist.

Die Kamera in «Froschsprungstellung» unmittelbar vor den auf Sie zukommenden Personen. So kann der Ausdruck eines jeden gut erfaßt werden. Zoomen Sie dann sanft in die Weitwinkelstellung, und beziehen Sie die Pflanzen - als Brücke zum letzten Bild - mit ein.

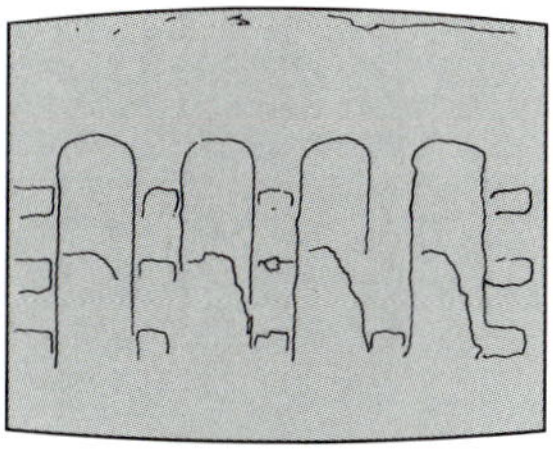

Die Augenlinieneinstellung zeigt nun worauf der Knabe in der vorigen Szene gezeigt hat. Von hier aus können Sie das Thema noch ausweiten und andere Details des Schlosses in die Szene miteinbeziehen.

Suchen Sie möglichst nach gut eingliederbaren Totalen oder Halbtotalen, wenn Sie eine Sequenz abschließen wollen. Diese Aufnahme können Sie mit der Reflexion im Wasser beginnen, schwenken Sie dann zur Böschung und am Ufer entlang.

Finden Sie eine Schlußszene für den gesamten Film. Hier eignet sich gut eine Großaufnahme der Ente in ihrem Nest. Sie erinnert an die Eingangsszene mit dem Schwan. Diese Szene symbolisiert auch den Eindruck des Nachhausegehens für den Zuschauer.

übrig. Sie wirken am Ende des Films wie eine Zusammenfassung.

Der in derartigen Filmszenen auftretende Originalton ist nicht immer günstig, weil Sie eventuell nachträglich Ihre eigenen Worte als Kommentare und auch Musik und Geräusche einsynchronisieren wollen (siehe S. 124). Doch hat es Vorteile, während der Aufnahme Hinweiskommentare, Tatsachen, historische Daten usw. mitaufzunehmen. Sie können dazu das in die Kamera eingebaute Mikrofon benutzen. Sicherer ist es natürlich, wenn Sie einem Familienmitglied ein separates Kabelanschlußmikrofon in die Hand geben und ihn bitten, Ihre Kommentare aufzunehmen. Wenn Sie dann später die einzelnen Szenen im Assemble- oder Insertschnitt neu ordnen, sollten Sie vorher Ihre über das Kameramikrofon aufgenommenen Bemerkungen zu einzelnen Szenen schriftlich herausschreiben und zu ordentlich abgestimmten Kommentaren zusammenstellen. Auf diese Weise vergessen Sie keine wichtigen Fakten oder andere Angaben. (siehe S. 122)

BESONDERE ANLÄSSE · 1

Es macht Spaß, eine vollständige Reportage über ein Familientreffen zu machen. Überlegen Sie vorher genau, was sich da ereignen könnte, damit Sie alles filmgerecht erfassen können. (Überreichung von Geschenken, die Präsentation des Geburtstagskuchens mit den auszublasenden Kerzen ect.).

Für alle am Abend stattfindenden Ereignisse ist die Ausleuchtungsfrage von größter Bedeutung. Denken Sie über das folgende rechtzeitig nach:

- Stellen Sie einen einfachen Ausleuchtungsplan auf und testen Sie das Ergebnis.
- In kleinen oder mit vielen Personen gefüllten Räumen stellen Sie irgendwelche Lampen oder Scheinwerfer möglichst nah an den Wänden auf.
- Ordnen Sie die Lampen und Scheinwerfer bogenförmig an, und zwar stets hinter der Kamerastellung.
- Ein einziges helles Führungslicht über einem Tisch oder über der Mitte des Raumes ist wichtig.
- Bloßes Kerzenlicht wird mit Sicherheit nicht genug Licht für eine gute Aufnahme liefern.
- Farbige Filter vor der Optik der Kamera können die aufgenommene Szene wärmer erscheinen lassen.

Aufnahmetips für Innenaufnahmen:

- Die Sprachlaute, der um einen Tisch herumsitzenden Personen sind so wichtig, wie die Gesichter selbst. Deshalb benutzen Sie ein separates Kabelmikrofon.
- Selbstverständlich müssen Sie vorher mit mehreren Angehörigen eine Probe machen.
- Sorgen Sie dafür, daß Sie stets voll aufgeladene Akkus in Ihrer Videokamera haben.
- Vergessen Sie nicht, sich selbst auch in den Videofilm mit einzuschließen. Unterrichten Sie einen Assistenten vorher, daß er die Kamera übernehmen kann und plazieren Sie sich selbst dann in Ruhe im Bild.

Stellen Sie einen Beleuchtungsplan auf, bevor Sie beginnen die Aufnahmen zu machen. Zusätzliches Aufhellicht erhalten Sie durch Reflexlicht von hellen Wänden oder Decken. Mikrofone sollten nach Möglichkeit versteckt aufgestellt werden, so daß sie im Bild nicht sichtbar sind. Versuchen Sie dabei aber auch unerwünschte Nebengeräusche auszuschalten, indem Sie das Mikrofon aufrecht aufstellen und einen Windschutz vorschalten.

Das Rücklicht wird hier von links her eingestrahlt. Seine Aufgabe ist es, die Personen voneinander zu trennen. Dieses Licht modelliert den Helligkeitskontrast.

Seien Sie vorsichtig mit Spitzlichtern, da sie ausgefressen wiedergegeben werden können. Sorgen Sie für diffuse Beleuchtung besonders bei Großaufnahmen. Evtl. die Haut vorher pudern!

Das Aufhellicht wird oberhalb der Kamera eingesetzt. Es hat die Aufgabe, das Führungslicht zu variieren, tiefe Schatten aufzuhellen und Kontraste zu mildern.

Brillengläser ergeben Reflexe, die die ganze Aufnahme stören können. Ein Tip: Stellen Sie nie Lampen in gleicher Augenhöhe mit dem Brillenträger auf!

Das Führungslicht kommt von oben und stellt das Hauptlicht für die ganze Aufnahme dar. Als einzige Lichtquelle würde es tiefe Schatten verursachen sowie starke Spitzlichter auf blasser Haut und hellen Kleidern. Es muß also mit Aufhell-Lichtern kombiniert werden.

Ein Cardiodid-Mikrofon - in der Mitte des Tisches versteckt - eignet sich ideal für die Aufnahme der gesamten Unterhaltung. Achten Sie auf Nebengeräusche, also daß kein Geschirr klirrt oder jemand an den Tisch stößt.

BESONDERE ANLÄSSE · 2

Die kreativen, dramaturgischen Vorbereitungen für einen Videofilm zu besonderen Anlässen sind ebenso wichtig wie die technische Arbeit. Skizzieren Sie die voraussichtlich wichtigsten Ereignisse schriftlich.

Planen Sie genügend Zeit für Veränderungen der Kamerapositionen ein, um sicher zu sein, daß Sie auch jedes dieser Ereignisse ohne Überhastung mit der Kamera erfassen können. Das gilt ganz besonders für die sogenannten «kleinen Überraschungen» während des Festes. Auch Sorgen Sie in den Vorentwürfen dafür, daß und wie die Umstellung der einzelnen Kamerapositionen vor sich gehen kann. Ziehen Sie die Vorhänge zu und stellen Sie gegebenenfalls Dekorationsstücke auf, um größere nackte Wandflächen zu unterbrechen.

Solche speziellen Anlässe – wie hier eine Familienfeier – laufen meist nach einem bestimmten Schema ab. Beginnen Sie mit einer Szene, die eine Übersicht über den Gesamtanlaß zeigt.

Wenn alle Gäste gekommen sind, machen Sie eine Übersicht über die Anwesenden in der Reihenfolge, in der Sie um den Festtisch gruppiert sind, in Nah- und Großaufnahmen. Berücksichtigen Sie besonders Einzelszenen die den Anlaß des Festes deutlich machen. Filmen Sie z. B. ein aufgeregtes Kind in Großaufnahme, das versucht, die Kerzen auszublasen.

Wenn Sie gelegentlich Einzelszenen langsam aus- oder aufblenden, bewirken Sie, daß sich der Zuschauer der schon vergangenen Zeit bewußt wird.

So können Sie wiederholt in der gleichen Einstellung eine brennende Kerze aufnehmen, die, analog zur realen Zeitdauer des Festes, immer ein Stück weiter herabgebrannt ist. Diese Einstellung muß so deutlich kombiniert sein, daß der Zuschauer sich sofort daran erinnert, sie bereits früher einmal gesehen zu haben. Damit kommt ihm die schon vergangene Zeit zum Bewußtsein.

Nützen Sie auch die Verabschiedung und die Umarmungen der Gäste dazu aus, Ihrem Videofilm eine persönliche Schlußszene anzufügen.

Legen Sie schon vorher die Kamerapositionen für Großaufnahmen fest.

Im Bogen der Kameras A, B und C werden alle Personen am Tisch erfaßt. Der Sichtwinkel kann erhöht werden, wenn man während der Aufnahme auf einen Stuhl steigt.

Mit der in Weitwinkel gemachten Halbtotalen A, die mit der Kamera auf einem Stativ durchgeführt wird, erhalten Sie eine ideale Übersichtsaufnahme. Sobald einer der Erwachsenen sich auf seinen Stuhl setzt, können Sie von ihm abwärts schwenken und Details des gedeckten Tisches im Vordergrund erfassen. Achten Sie dabei auf den Erhalt der Schärfeeinstellung.

1 Beginnen sie die Halbtotale mit einer Zoomfahrt der Kamera **in Position A,** die auf den Gesichtern des Großvaters und Enkels endet.

2 Die Position A in Teleeinstellung ergibt auch eine Großaufnahme der Großmutter.

1

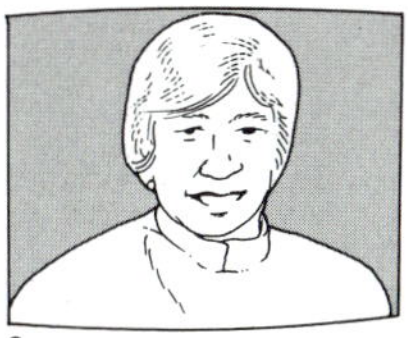

2

3

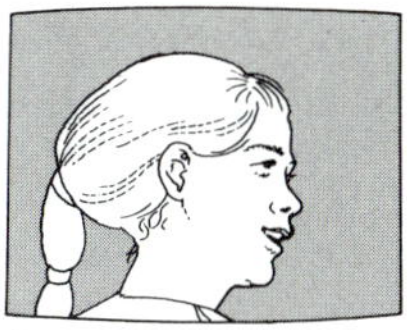

4

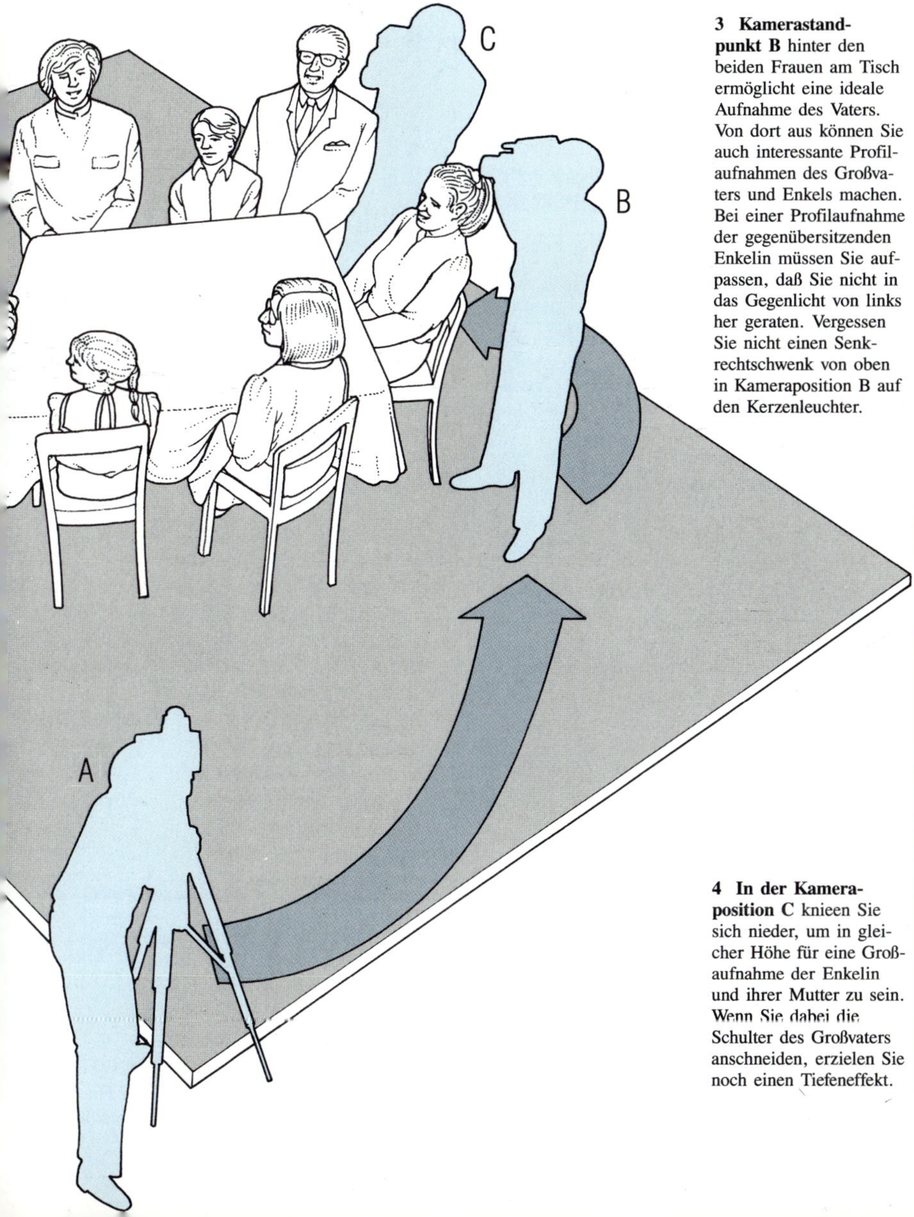

3 Kamerastandpunkt B hinter den beiden Frauen am Tisch ermöglicht eine ideale Aufnahme des Vaters. Von dort aus können Sie auch interessante Profilaufnahmen des Großvaters und Enkels machen. Bei einer Profilaufnahme der gegenübersitzenden Enkelin müssen Sie aufpassen, daß Sie nicht in das Gegenlicht von links her geraten. Vergessen Sie nicht einen Senkrechtschwenk von oben in Kameraposition B auf den Kerzenleuchter.

4 In der Kameraposition C knieen Sie sich nieder, um in gleicher Höhe für eine Großaufnahme der Enkelin und ihrer Mutter zu sein. Wenn Sie dabei die Schulter des Großvaters anschneiden, erzielen Sie noch einen Tiefeneffekt.

HOCHZEITEN UND ANDERE ZEREMONIEN · 1

Hochzeiten, Taufen, Preisverleihungen, Pensionärfeiern und festliche Essen aus besonderem Anlaß geben Ihnen die Gelegenheit, als Kameramann und Regisseur zu arbeiten.

Eine komplette und eindrucksvolle Szenenfolge der Hochzeit erfordert wiederum die sorgfältige Vorausplanung. Insbesonders gilt dies für die verschiedenen Kamerapositionen. Für die kirchliche Zeremonie sollten Sie sich vergewissern, daß Ihnen auch erlaubt wird, wärenddessen zu filmen.

Überzeugen Sie sich, daß stets genügend Ausleuchtung bei nicht zu starken Lichtkontrasten vorhanden ist. Drehen Sie womöglich vorher einen Testfilm.

Das in die Kirche oder andere Gebäude einfallende Tageslicht ist ebenfalls wichtig. Falls Sie zusätzliches Licht benötigen, setzen Sie auch akkubetriebene Filmleuchten ein. Meistens wird es sogar möglich sein, daß Sie versteckt aufgestellte Scheinwerfer aus irgendwelchen Ecken zur zusätzlichen Aufhellung mitwirken lassen können. Versuchen Sie zusätzliche Lichtquellen (z. B. auf dem Altarbereich) so zu konzentrieren, daß Sie kein direktes, sondern gestreutes Licht verbreiten. Dadurch vermeiden Sie auch die Entstehung tieferer Schattenpartien.

Die Akustik in Kirchen ist sehr oft mit erheblichem Hall belastet, weshalb Sie dafür sorgen müssen, daß Ihre Mikrofone möglichst nahe bei den sprechenden Personen angebracht sind. Ideal sind Kabelmikrofone, die zwischen den Brautleuten und dem Geistlichen aufgestellt sind. Wenn möglich, schalten Sie auch ein durch einen Assistenten bedientes Kabelmikrofon an die Kamera an. Häufig wird die Kirche selbst ihre eigenen Mikrofone und eine Verstärkeranlage besitzen, so daß Sie mit Hilfe dieser durch Anschluß an Ihre Videokamera auch den vollkommen einwandfrei ausgesteuerten Ton auf Ihr Band bringen können.

Wenn es Ihnen nicht erlaubt ist, in der Kirche zu filmen, können Sie vielleicht eine Tonaufnahme des Vorgangs machen. Da fast immer von Fotografen in der Kirche Aufnahmen gemacht werden, können Sie später Fotos in

Nach dem Hochzeitsempfang können Sie noch ein paar «Schüsse mit versteckter Kamera» versuchen. So eine Aufnahme des neuvermählten Paares (rechts). Filmen Sie in Telestellung und denken Sie immer an Zwischenschnitte. Dazu eignen sich Kinderaufnahmen während der Zeremonie besonders gut.

Ein Hochzeitsfilm verlangt besonders umfassende und sorgfältige Vorausplanung, damit Sie auch wirklich alle wichtigen Augenblicke mit der Kamera erfassen können. Legen Sie also auf jeden Fall einen stichwortartigen Drehplan an. Vergessen Sie nie, daß Sie die wichtigsten Ereignisse kein zweites Mal aufnehmen können.

Erfassen Sie auch die Vorbereitungen der Zeremonie. Filmen Sie die Braut vorher beim Friseur (links). Und gehen Sie rechtzeitig in die Kirche, um die Ankunft der Braut festzuhalten (Bild Mitte). Öffnen Sie die Wagentür (so werden Reflexe vermieden) um das Kleid zu zeigen.

Ihren Film durch die Aufnahme und Reproduktion über Ihre Videokamera mit einschneiden. Auch über solche Szenen kann dann der in der Kirche aufgenommene Ton nachträglich synchronisiert werden.

Selbstverständlich filmen Sie in der Nähe der Kirchentür und neben dem Altar (siehe S. 80). Die Ausstattung des Kircheninnenraums erfassen Sie vom Balkon aus oder von der Orgelempore her.

Meistens wird auch in der Kirche eine Probe vor der Hochzeitszeremonie veranstaltet, die Sie für Vorarbeiten ausnutzen können. Entwerfen Sie, wenn nötig, eine Skizzenfolge. Sie sollten auch schon Tage vorher alle Vorbereitungen für den großen Tag im Hause des Bräutigams und im Hause der Braut als Inserts machen und aufheben.

Wenn die Gäste vor der Kirche eintreffen, haben Sie sicher eine Kameraposition gefunden, die Ihnen erlaubt, mit den sich nähernden Gästegruppen jeweils mitzuschwenken. Bis Sie im harten Schnitt die nächste herankommende Gruppe erfassen. Solche Szenenfolgen ergeben dann im richtig geführten Assembleschnitt für den Zuschauer einen ganz natürlichen, folgerichtigen Ablauf der Vorgänge. Schneiden Sie dazwischen Einzelszenen, die zeigen, wie die Brautjungfern warten und wie die männlichen Beteiligten einschließlich dem Bräutigam andauernd auf die Uhr schauen. Machen Sie gegebenenfalls auch Zwischenschnitte von Armbanduhren in Großeinstellung und vergessen Sie nicht, auch gelegentlich Ihre Kamera auf die Kirchenglocke und die Kirchturmuhr zu richten. Schneiden Sie das später so, daß sich eine gewisse Spannung - ein Zeitwettlauf hinsichtlich des pünktlichen Beginns - einstellt.

HOCHZEITEN UND FESTE · 2

Am besten machen Sie diese Aufnahmen im Team, denn Sie können nicht alles allein bewältigen. Lassen Sie sich möglichst von zwei oder mehr Assistenten mit Kameras helfen, damit Sie später das Material aus den verschiedenen Kameras zusammenschneiden können (siehe S. 136).

Beginnen Sie mit der Aufnahme der Ankunft der Brautkutsche in Teleeinstellung und zoomen Sie dann zur Weitwinkeleinstellung zurück.

Erfassen Sie dann das aussteigende Brautpaar und filmen Sie es wenige Augenblicke später vor dem Eingangsportal der Kirche. Schließen Sie diese Szenen damit ab, daß Sie das Bild und den Ton gleichzeitig abblenden.

Stellen Sie sich in einer Linie mit dem Geistlichen auf. Von dort aus können Sie die Braut leicht im Dreiviertelprofil erfassen; ebenso die übrigen Zeugen. Sorgen Sie schon vorher dafür, daß der Brautvater und der Trauzeuge nicht dem Brautpaar zu nah stehen.

Machen Sie auf jeden Fall vorher einen Weißabgleich, dann können Sie alles mit derselben Weißabgleichstellung filmen. Beginnen Sie mit einer Weitwinkeltotalen aller Anwesenden, während das erste Lied gesungen wird. Dazwischen schneiden Sie jeweils Großaufnahmen von der Braut, dem Bräutigam und den Zeugen. Diese Großaufnahmen sollten immer wieder durch Halbtotale und Einzelausschnitten der übrigen Anwesenden unterbrochen werden. Schwenken Sie sehr langsam von Gesicht zu Gesicht. Um den Zusammenhang bei den Tönen und Geräuschen zu bewahren, sollten Sie dafür sorgen, daß ein separates Tonbandgerät durchgehend den gesamten Ton des Ablaufs aufnimmt, das Sie später durch Nachsynchronisierung benutzen können.

Alle Personen, die gerade sprechen müssen, sollten mit dem Richtmikrofon angespielt werden, damit ihre Worte deutlich auf das Video-Band kommen.

Als Abschluß kann ein langer Schwenk und Zoom zurück auf alle Anwesenden in den Kirchenbänken gemacht werden, während sich die Neuvermählten den üblichen Kuß geben.

Kameraeinstellungen weit genug vor dem Kirchenportal, um Schwenks von der Ankunft der Gäste und deren Näherkommen machen zu können. Eine Kameraposition direkt dem Portal gegenüber ist selbstverständlich ideal für Aufnahmen am Schluß der Zeremonie.

Ein Kamerastandpunkt im Kirchenportal selbst, von dem aus die Ankunft der Braut und die auf die Kirche zugehende Braut und ihrer Begleitung erfaßt werden. Das gleiche gilt, nachdem die kirchliche Trauung beendet ist.

Nutzen Sie ebenfalls, was der bestellte Fotograf arrangiert, indem Sie einen Kamerastandpunkt wählen, von dem aus Sie leicht von der aufzunehmenden Gruppe auf den Fotografen schwenken.

Die entscheidenen Phasen der Trauung lassen sich von einem Standort seitlich hinter dem Altar aufzeichnen. Hier darf man sich jedoch nur dann aufbauen, wenn man zuvor eine offizielle Erlaubnis eingeholt hat.

Während dieser Insertaufnahmen sollten Sie vorher geregelt haben, daß einer Ihrer Assistenten das Stativ an die Kirchentür bringt, damit Sie von dort aus Aufnahmen von dem Abgang der Neuvermählten und der Gäste machen können. Beginnen Sie diese Szenenfolge mit einer Aufblende und achten Sie darauf, daß Sie die Musik, die während des Abgangs erklingt, auch mit dem Mikrofon erfassen. Eine andere Möglichkeit besteht darin, eventuell mit einer zweiten Videokamera außerhalb der Kirche die aus dem Kirchenportal herauskommenden Personen aus etwas größerer Entfernung auch ins Bild zu bekommen. Fast jede Hochzeit wird außerdem noch durch einen offiziellen Fotografen aufgenommen, was für den Videofilmer eine große zusätzliche Hilfe bedeuten kann. Denn diese fotografischen Aufnahmen sind stets mit gewissen Vorbereitungen verbunden. Das gibt Ihnen Gelegenheit, freihändige Aufnahmen einzelner Gruppen zu machen, die sich für die Fotoaufnahmen zusammenfinden. Schwenken Sie von einer aufzunehmenden Gruppe, auch einmal auf den Fotografen. Mit Hilfe solcher entstehenden Insert-Schüsse können Sie später einzelne Szenen, durch Nachaufnahmen leichter überbrücken. Veranlassen Sie dazu Ihren Assistenten mit dem Mikrofon am Kabel und einem tragbaren Tonaufnahmegerät, zwischen den Leuten herumzugehen, um Tonausschnitte und Geräusche, aufzunehmen. Sicherlich werden Sie die Szenenfolge um die Kirche herum so beenden, daß Sie ins Bild bekommen, wie die Brautleute ihr Fahrzeug besteigen und abfahren. Blenden Sie die letzte Szenen eventuell aus der Telestellung in die Weitwinkelstellung zurück und blenden dann langsam ab.

HOCHZEITEN UND ANDERE ZEREMONIEN · 3

Zur Hochzeit gehören ebenso der Gästeempfang, die Ansprachen und die Präsentation der Hochzeitstorte.

Dafür sollte man unbedingt die Möglichkeiten der Beleuchtung vorher nachprüfen. Als Beleuchtungsausstattung sei empfohlen: etwa zwei oder drei 500-Watt-Halogen- oder Fotoleuchten.

Dann ohne Zeitverschwendung die Ankunft und die Begrüßung der Gäste so aufnehmen, daß die zum Empfang aufgestellten Personen in diagonaler Reihung erfaßt werden. Das Brautpaar im Vordergrund. Nun einzelne Großaufnahmen besonders wichtiger Gäste. Vielleicht können Sie den Schleier der Braut dazu nutzen, den Vordergrund weichgezeichnet wiederzugeben.

- Setzen Sie Ihre Kamera auf ein Stativ, in einem 45-Grad-Winkel zu den wichtigsten Gästen. Ein zusätzliches Kabelmikrofon ist nützlich. Der Assistent soll dieses Mikrofon halten.
- Beginnen Sie mit einer Großaufnahme auf den Brautführer. Dann ein Ranzoomen auf das Brautpaar. Nehmen Sie den Kopf des Bräutigams groß auf, um seine Antwort auf die Rede des Brautführers zu dokumentieren.
- Verwenden Sie ein separates Tonbandgerät für die Reden und Ansprachen.
- Während die Hochzeitstorte angeschnitten wird, erzeugt ein hochgestelltes Gegenlicht, Spitzlichter auf der Hochzeitstorte. Ein tiefer Kamerastandpunkt ist gut, wenn die Torte angeschnitten wird. Schwenken Sie vorsichtig nach oben, um zu erfassen, wenn sich die Neuvermählten küssen.
- Achten Sie auf alle Gesichter und interessanten Ereignisse während der Festlichkeit. Auch Kinder, die herumtollen, sind abwechslungsreich. Ein bewegliches Mikrofon ist nötig. Nehmen Sie auch spontane Gespräche auf.

Wenn die Neuvermählten auf die Hochzeitsreise gehen, gehört auch die Verabschiedung in den Hochzeitsfilm. Auch wenn vielleicht das Brautbuket in die Menge geworfen wird, ist die Kamera dabei. Die Schlußszene sollte sicher eine Aufnahme auf das sich vom Hause entfernende Auto sein. Ausblenden.

Eine religiöse Zeremonie erfordert Takt und Zurückhaltung. Arbeiten Sie nur mit Zooms und Schwenks. Am besten nehmen Sie die sich bietenden Motive in loser Folge auf, um sie als Inserts später in den Film einzufügen.

Religiöse Zeremonien wie Taufen schränken naturgemäß beliebige Kamerapositionen stark ein. Machen Sie deshalb vorher Ausleuchtungspläne.

Bei einer Taufe sollten Sie nahe bei dem Täufling stehen. Nach einem Weitwinkelschwenk zoomen Sie auf den Täufling, sobald er getauft wird. Dann die Gesichter der Beteiligten in Großaufnahme. Etwaiges Schreien des getauften Babys mit dem Mikrofon aufnehmen!

Die am Beispiel der Hochzeitsfeierlichkeiten entwickelten Grundregeln gelten in ähnlicher Weise ganz selbstverständlich auch für Kommunionen, Firmungen, Konfirmationen, Betriebsfestlichkeiten, Promotionsfeiern, Jubiläen, «Null-Geburtstage» und dergleichen.

Wichtig ist, daß sowohl ein Plan für die Kamerapositionen als auch für die Beleuchtung rechtzeitig, bevor die Feier losgeht, aufgestellt wird.

Aber eine grundsätzliche Überlegung sollte

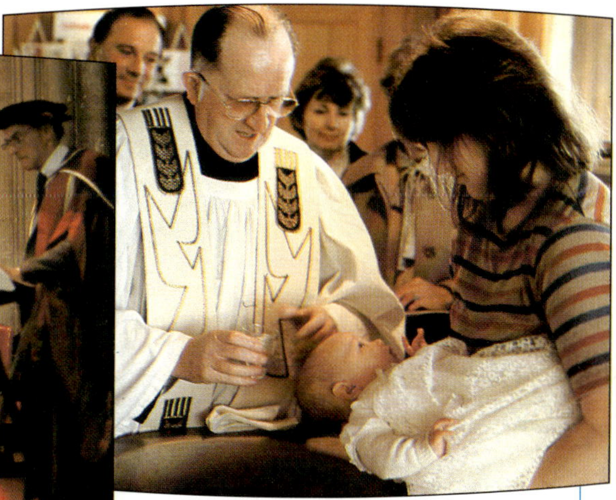

Bei Urkundenüberreichungen filmen Sie den Empfänger von vorn. Verändern Sie nicht die Kameraposition, folgen Sie mit einem Schwenk, um dann unmittelbar den nächsten Ausgezeichneten filmen zu können.

Während einer Taufe stellen Sie die Kamera gegenüber dem Pfarrer auf. Benutzen Sie ein Stativ, und filmen Sie in Großaufnahme und Teleeinstellung die Reaktionen des Kindes. Beachten Sie das Reflexlicht!

man sich doch noch durch den Kopf gehen lassen: Die bisherigen Ausführungen in diesem Buch gehen davon aus, daß man die Gesamtfeierlichkeiten einschließlich der Vorbereitungen mit aneinandergereihten Einstellungen abdeckt.

Zwischen den Einstellungen liegen Schnitte. Die sind schon deshalb nötig, weil ja der Film kürzer sein muß als das Ereignis. Andernfalls wäre er so lang, daß niemand die Geduld hätte, ihn sich anzuschauen.

Man kann aber etwas anderes machen - und die europäischen Video-Filmer experimentieren auch schon damit - man kann nämlich nur das Hauptereignis so etwa eine halbe Stunde lang ohne Unterbrechung aufzeichnen und alles was davor und danach liegt, unter den Tisch fallen lassen. Das bietet den Vorteil, daß auch der Ton durchgehend aufgenommen wird.

Natürlich bleibt einem nichts anderes übrig, als mit eingeschalteter Kamera langsam sich von einer Position in die andere zu begeben und den gewünschten Motivausschnitt durch Zoomfahrten heranzuholen. Auch erfaßt die Kamera dann und wann einen Motivausschnitt unscharf, und es dauert ein paar Sekunden, bis die Auto-Scharfeinstellung das in Ordnung gebracht hat. Aber wenn man diese Methode übt, sich ganz langsam mit der Kamera in der Hand bewegt und auch die Schwenks eher zu vorsichtig als zu schnell vollzieht, so sind auch mit dieser Methode sehr interessante Ergebnisse zu erzielen!

Vorausplanung kann allerdings auch in so einem Falle nichts schaden!

REISEFILME · 1

Ob Sie zuhause bleiben oder verreisen – in den Ferien begegnen Ihnen viele neue Situationen. Sie haben auch einmal genügend Zeit, um sich auf die Motive zu konzentrieren.

Die meisten Szenen spielen sich im Freien ab. Das Tageslicht hat unterschiedliche Charakteristiken. Die Tageszeit, die Wetterbedingungen, der Sonnenstand, reflektierende Oberflächen, Sand, Wasser und weiße Wände, vorüberziehende Wolken – alles das ändert die Helligkeit, und vor allem die Farbtemperatur.

Übersichten werden am besten frontal von vorne beleuchtet – also mit der Sonne im Rücken des Filmenden aufgenommen. Großaufnahmen von Köpfen in direktem Sonnenlicht sind besser zu vermeiden, da die Betroffenen dann ihre Augen zukneifen oder Sonnenbrillen tragen.

Kräftiges Sonnenlicht ergibt starke Helligkeitskontraste (siehe Seite 16) insbesondere bei Auto-Belichtungssteuerung. Die manuelle Blendeneinstellung ist hier vorzuziehen. Achten Sie dennoch auf Spitzlichter, die im Bild «ausgefressen» wirken.

Wählen Sie die Bildausschnitte so, daß Helligkeitskontraste im Motiv nicht mehr sichtbar sind. Am besten wählen Sie einen möglichst kleinen Motivausschnitt, und zwar, daß störende Reflexe außerhalb des Bildes liegen.

Ein Dunstschleier über an sich hellem Himmel liefert eine geradezu ideale Video-Beleuchtung. Dieses milde Licht sorgt für eine natürliche Wiedergabe des Hauttones. Groß- und Nahaufnahmen von Gesichtern fallen bei derart weichem oder gedämpftem Licht besonders attraktiv aus.

Ist der Himmel jedoch dicht mit Wolken verhangen, wirken die Motivfarben kraftlos und flau. Halten Sie sich bei einer solchen Wetterlage an großaufgefaßte Motive mit leuchtenten warmen Eigenfarben.

Im übrigen ist die Belichtung auch Objekt-

SCHÜTZEN SIE IHRE AUSRÜSTUNG

- Schützen Sie Ihre Kamera vor starker Erwärmung und Feuchtigkeit! Lassen Sie sie z. B. nie in der Sonne liegen!
- Kondensationswasser entsteht, wenn die Außentemperaturen extrem schwanken!
- Vermeiden Sie, daß Sand oder Wasser in die Kamera hineinkommen. Die Kamera mit einem verschließbaren Plastiksack, in den ein Loch geschnitten ist, einpacken!
- Stöße und länger dauernde Erschütterungen vermeiden! Selbst im Transportkoffer ist die Kamera nicht voll geschützt!
- Schalten Sie stets ein Ultraviolettfilter vor das Objektiv und stecken Sie nach jeder Aufnahme die Objektivkappe wieder auf!

«Leuchtet die Sonne, ziehen die Wolken . . .» so eine Wetterlage ist das Wunschwetter für jeden Video-Filmer. Zwar wirken sich Wolken, die plötzlich die Sonne verdecken, auf die Blendensteuerung aus (wodurch sich die Schärfentiefe verändern kann), dennoch ist ein heller Tag mit blauem Himmel und so ein paar richtig malerischen Wolken davor, für Landschafts-Videos geradezu ideal. Das helle Licht sorgt für eine kräftige Abblendung, was insbesondere für Groß- und Detailaufnahmen günstig ist.

abhängig! Wenn Sie etwa einen Skifahrer in dramatischer Schußfahrt richtig beleuchten, macht es kaum etwas aus, wenn irgendwelche anderen nebensächlichen Motivdetails dunkel zugehen. Und wenn Sie einen Angler im Gegenlicht aufnehmen, ist es Ihre Entscheidung, ob sie ihn als stimmungsvolle Silhouette aufzeichnen oder per Gegenlichtkompensationsschalter aufhellen (und damit die Landschaft darum herum etwas überbelichten!).

Je heller das Licht ist, desto ausgedehnter ist auch die Tiefenschärfe im Motiv. Im kräftigen Sonnenlicht und der Zoomeinstellung auf äußerstem Weitwinkel werden alle Motivdetails, die weiter als einen Meter von der Kamera entfernt sind, ganz scharf wiedergegeben, selbst wenn sich die Kamera bei der Aufnahme bewegt. Nutzen Sie eine solche in intensivem Licht liegende Tiefenstaffelung der Objekte aus!

Ein Polfilter unterdrückt, richtig angewandt, Reflexe, kann unter günstigen Bedingungen auch eine Wasseroberfläche «entspiegeln», so daß die Kamera in die Tiefe spähen kann.

Anstatt eines Filters können Sie auch eine Polarisationsbrille vors Objektiv halten.

Ein Graufilter vor dem Objektiv sorgt bei extrem hellen Motiven dafür, daß Überbelichtungen vermieden werden. Ansonsten bewirkt es eine zusätzliche Öffnung der Blende. Dadurch nimmt die Schärfentiefe ab und man kann sein scharf aufgezeichnetes Hauptobjekt sich besser vom Hintergrund abheben lassen. Der wird nämlich unschärfer wiedergegeben.

Zu hohe Kontraste für eine Video-Aufzeichnung mag das obige Motiv aufweisen. Allerdings sorgen sonnenbeschienene, das Licht weich zurückstrahlende Oberflächen wie Sand, ausgebreitete helle Badelaken und dergleichen für eine wirksame Aufhellung der Schatten.

Bitte vergessen Sie nicht die kostbare Frontlinse Ihres Objektives durch ein vorgesetztes UV-Sperr-Filter vor Sand und Salzwasserspritzern zu schützen. Das Filter ist auch ein bewährtes Hilfsmittel gegen Dunst und vor allem gegen den gefürchteten Blausstich, der gerne bei hochstehender Sonne auftritt.

REISEFILME · 2

Wahre Fundgruben für Video-Motive sind Vergnügungsparks wie etwa Disneyland oder Legoland. Greifen Sie mit der Kamera einfach hinein ins volle Menschenleben. Lassen Sie sich von den farbenfrohen Impressionen mitreißen! Richtig zusammengeschnitten werden die spontan aufgenommenen Einstellungen hinterher – und zu guter Letzt mit mitreißender Musik unterlegt!

Auf Reisen können Sie Ihre schöpferischen bildgestalterischen Neigungen so richtig austoben lassen. Nehmen Sie ausreichend Aufnahmematerial mit und zeichnen Sie alles auf, was Ihnen ins Auge fällt! Machen Sie möglichst viele Nah- und Detailaufnahmen – auch von Kleinigkeiten am Wegesrand – das liefert die Atmosphäre.

Sie können gar nicht genug Groß- und Nahaufnahmen von lachenden und aufgeregten Gesichtern aufzeichnen. Doch vergessen Sie nicht bei aller Liebe zum Detail, daß Sie Ihren Zuschauern auch Orientierungshilfen gebe müssen. Übersichts- und Halbtotalaufnahme beispielsweise vom Eingang des Parkes un von den wichtigsten Bauten sind einfac unverzichtbar. Und wenn Sie die Gelegenhei haben, einen Überblick von oben über Ihr Rei seziel aufzunehmen, sollten Sie diese Mög lichkeit nutzen. Denken Sie auch an Motiv für den Filmanfang und den Abschluß.

Die beiden Einstellungen sollen sowoh etwas Gemeinsames haben als sich auch von einander unterscheiden:

Der Ton macht die Musik! Wenn die Bildfolge Ihres Video-Filmes schlüssig zeigt, um was es sich handelt und was da vorgeht, brauchen Sie beim Nachvertonen nur Musik unter den fertig zusammengeschnittenen Film zu legen. Erklärt jedoch die Abfolge der Einstellungen den Filminhalt nicht ganz eindeutig, dann müssen Sie einen Kommentar aufs Band aufsprechen!

- Das Gemeinsame: Wählen Sie für die einführende und für die abschließende Einstellung das gleiche Motiv – beispielsweise ein Burgmodell! Dadurch wirkt Ihr Video-Film abgerundet und in sich geschlossen.
- Der Unterschied: Zeichnen Sie es zu unterschiedlichen Zeiten auf – einmal etwa am frühen Morgen oder hohem Mittag im hellen Sonnenlicht, und dann nochmals am Abend, wenn es dämmrig ist und die Fenster bereits erleuchtet. Das bringt Spannung in den Film.

Einen Reisefilm dieser Art können Sie nur dann «auf Schnitt» aufzeichnen, wenn Sie das Reiseziel bereits gut kennen und daher auch in der Lage sind, zuvor ein ausgefeiltes Drehbuch zu erstellen. In der Regel werden Sie die Einstellungen nachträglich zusammenmontieren (siehe S. 62).

Während Sie selbst video-filmen, sollte nach Möglichkeit ein Bekannter oder ein Familienmitglied mit einem Kassettenrecorder ein paar charakteristische Geräusche aufnehmen, die nachträglich in den Film eingefügt werden können.

Die Aufnahme von Teilen eines bildwichtigen Motivteils kann interessanter sein als eine einfache statische Gesamtübersicht (Siehe Bildreihe).
Filmen Sie deshalb zunächst einzelne Details in Großaufnahme. Zum Schluß erst zeigen Sie die ganze Statue. Das gleiche können Sie auch bei Gebäuden oder Maschinen machen.

VORBEREITUNGEN ZUHAUSE

Denken Sie vor Ihrer Reise an diese Punkte:

- Vergewissern Sie sich, daß Ihre Kamera, das Stativ und andere Ausrüstungsgegenstände wirklich einwandfrei funktionieren.
- Vergessen Sie nicht den Staubpinsel und auch ein gutes, sauberes Antistatiktuch mitzunehmen.
- Prüfen Sie, ob Ihre Akkus aufgeladen sind. Ein Akkugürtel ist sehr nützlich.
- Nehmen Sie auch möglichst das Ladegerät für die Akkus mit und einen Adapter für den Autoanschluß.
- Vergessen Sie auch nicht, eine Akkuleuchte mit möglichst verstellbaren Lichtklappen.
- Auch ein anschließbares Zweitmikrofon und ein Kopfhörer sind nützlich.
- Ein leicht zu transportierender Kassettenrecorder für Ton- und Geräuschaufnahmen liefert weiteres Tonmaterial.
- Nehmen Sie Ihre AV-Überspielleitung mit; evtl. können Sie Ihr Material irgendwo auf einem Fernsehempfänger sichten.
- Vergessen Sie nie die Ersatzkassetten! Sie werden Ihr System nicht überall kaufen können.
- Packen Sie auch eine Auswahl von Filtern ein: Neutralfilter, Ultraviolettfilter und Polfilter!

Bevor Sie abreisen, ist das Studium von Karten und Reisebüchern immer nützlich. Planen Sie Ihren Film also analog zu Ihrer Reiseroute. Disponieren Sie auch Zwischenschnitt-Szenen, die später zur Überbrückung dienen können, ein (siehe S. 62).

Wenn Sie einen ungefähren Ablauf für den Aufbau Ihres Films vorausplanen, können Sie auch an Ort und Stelle leichter drehen. Hinweisschilder, Meilensteine, Verkehrsschilder, ja sogar Großaufnahmen von Kartenreproduktionen sollten Sie als Inserts verwenden.

Fahraufnahmen, die Sie aus Zügen, Wagen oder Booten machen, sind gleichfalls sehr nützlich. Kommentare und Musik können Sie nachsychronisieren, wenn Sie zuhause sind.

Für jedes Portrait einer Stadt läßt sich ein selbständiger kleiner Handlungsrahmen herstellen, z. B. in der Verfolgung der stilistisch historischen Aussage seiner Gebäude. Totale von Kirchtürmen oder nahegelegenen Hügeln aus sind immer gut zu gebrauchen.

Wenn Sie die Häuser, Denkmäler und Marktplätze aufnehmen, sollten Sie stets die beste Tageszeit abwarten. Starkes Streifenlicht

ist oft von großer Wirkung. Vermeiden Sie Aufnahmen um die Mittagszeit, ebenso wie in diesiger Atmosphäre: Flaue Abbildungen in stumpfen Farben sind die Folge. Wenn es diesig ist, sollten Sie ein Polarisationsfilter benutzen (siehe S. 85).

Gebäude-Aufnahmen gliedern Sie möglichst in mehrere Einzelszenen auf – aus verschiedenen Kamerastandpunkten und Sichtwinkeln. Beginnen Sie möglichst mit einer Totalen, die eine Gesamtübersicht gibt und gehen Sie dann zu einzelnen Details über. Manchmal kann es aber auch besser sein, mit gegensätzlicher Szenenfolge zu beginnen. Fangen Sie dann mit Detailaufnahmen an wie z. B. Steinornamenten, ziehen Sie aus der Teleeinstellung in die Weitwinkeleinstellung, um schrittweise die ganze Fassade zu entblättern. Sie können aber auch mit einer Großaufnahme eines Gesichtes, eines Menschen, der aus der Tür des Gebäudes herauskommt beginnen und dann in die Weitwinkelstellung langsam zurückzoomen, um die Fassade zu erfassen. Auch die unmittelbare Umgebung des Gebäudes sollte nicht vergessen werden.

WAS SIE UNTERWEGS BRAUCHEN

Verfahren Sie wie folgt:

- Versichern Sie Ihre Ausrüstung für die gesamte Reisezeit und auch für eventuelle Verlängerungen.
- Zöllner sind besonders mißtrauisch gegenüber Videoausrüstungen. Nehmen Sie alle Rechnungen über Ihr Material und Ihre Geräte mit. Das kann besonders bei der Rückkehr wichtig sein.
- Die Röntgenanlagen auf den Flughäfen sind normalerweise harmlos für Videobänder.
- Nehmen Sie stets Ihre Videokamera als Handgepäck mit. In Flughäfen oder auf Schiffen wird das Gepäck oft geworfen.
- Zum Wiederaufladen Ihrer Akkus benötigen Sie evtl. einen Spannungswandler, der die örtliche in die erforderliche Spannung umwandelt.
- Auch Steckkontakte werden Sie oft mit einem Adapter überbrücken müssen. Es gibt Universal-Adapter, die für sämtliche Steckerarten in allen Erdteilen kompatibel sind.
- Es kann auch vorkommen, daß Sie wegen der unterschiedlichen Fernsehnorm Ihre Videobänder nicht auf örtlichen Fernsehempfängern sichten können, weil dort ein anderes System benutzt wird (siehe S. 214).

REISEFILME · 4

Paraden, Umzüge, Märkte, Straßen und Nachtleben gehören zu den interessantesten Motiven. Verkaufsstände auf Märkten und in Straßen liefern stets sehr lebendige und interessante Szenen. Konzentrieren Sie sich mit dem Zoom in Nah- und Großeinstellungen auf Aktivitäten zwischen den Käufern und Verkäufern. Zoomen Sie in Telestellung und machen Sie Aufnahmen der Ware und des Handelns.

Auf einem lebendigen Marktbetrieb können Sie, oft auch unbeobachtet, filmen. Wenn Sie ein Straßencafé in Nahaufnahme erfassen wollen, werden Sie manchmal mit «versteckter» oder «blinder» Kamera aufnehmen müssen.

Setzen Sie sich unter die Leute, stellen die Kamera, die Sie vorher eingerichtet haben, auf den Tisch. Dann schauen Sie wie unbeteiligt herum und bedienen den Auslöser. Seien Sie geduldig und warten Sie, ob sich irgendetwas besonderes ereignet. So werden Sie häufig sehr interessante Szenen einfangen können.

Videokameras mit elektronischem Sucher lassen sich für Blindaufnahme leichter vorher einrichten.

Wenn Sie eine Szenenfolge einer örtlichen Festlichkeit filmen wollen, dann suchen Sie sich einen besonders günstigen Kamerastandpunkt, möglichst erhöht. Je mehr sich z. B. eine Parade Ihrem Kamerastandpunkt nähert, desto besser können Sie mit Hilfe der Zoom-Einstellung dann zu Nah- und gegebenfalls sogar Großaufnahmen übergehen. Ideale Standpunkte sind Balkons oder auch Straßenecken.

Vergessen Sie nicht, eine ununterbrochene Tonaufnahme von der Musik zu machen. Bei längeren Einzelszenenaufnahmen sollten Sie versuchen, das Szenenende auf eine sich bildende Lücke im Fluß der Parade zu legen.

Paraden oder auch Prozessionen ergeben besonders interessante Einstellungen. Von einem Balkon oder Fenster aus mit Sichtwinkel abwärts, können Totale wie auch Teleschnappschüsse gemacht werden. Wenn Sie auf Schnitt drehen, sollten Sie sich stets die spätere Vorführung vorstellen. Lassen Sie die Prozession oder Parade aus dem Bildfeld hinausmarschieren in den nächsten Schuß.

Ein Feuerwerk ist ein besonders malerisches und beeindruckendes Motiv. Benutzen Sie immer ein Stativ, und blenden Sie voll auf! Fahren Sie in die Weitwinkeleinstellung zurück und lassen Sie die Kamera laufen, schneiden können Sie später. Vergessen Sie nicht, daß das Feuerwerk das Motiv zusätzlich beleuchtet.

Auch hier bilden sich zahlreiche Motive für Zwischenschnitte, nehmen Sie die Gesichter der Zuschauer auf, Kinder, die auf den Schultern der Erwachsenen sitzen und deren Reaktionen, und noch weiter oben: Leute, die aus ihren Fenstern oder von Balkons herab das Ereignis beobachten.

Viele Örtlichkeiten werden erst durch die nächtliche Beleuchtung, eventuell durch Feuerwerk, zu besonders interessantem Leben erweckt. Ein Feuerwerk läßt sich am wirkungsvollsten dadurch erfassen, daß Sie bei auf Stativ festgestellter Kamera die Augenblicke zu erfassen versuchen, in denen ein lichtsprühender Feuerwerkskörper hochschnellt. Sie können das Feuerwerk beim Schnitt zusammenziehen, indem Sie die dunklen Pausen weglassen. Das ergibt sehr wirkunsvolle Szenen, die Sie dann ohne Zwischenschnitte einschalten zu müssen, laufend vorführen können. Das gleiche gilt für die Aufnahme der Geräusche, die Sie auch bei abgedeckter Optik mit dem Kamera-Mikrofon einfangen können. In diesem Fall könnten Sie sogar selbst das externe Kabelmikrofon bedienen, da Sie, nachdem Sie die Kamera einmal eingeschaltet haben, sie nicht mehr bedienen müssen. Musik und persönliche Kommentare fügen Sie später ein.

Plötzliche Helligkeitsschwankungen können der Blendenautomatik Schwierigkeiten bereiten. Ideal wäre es, wenn Sie die Blende manuell auf einen nicht zu dunklen Bildbereich einstellen (wie auf unserem Beispielfoto das beleuchtete Gebäude).

Marktplätze sind vor allem Orte, wo lebhafte Bewegungen und Dialoge erfaßt werden können. Stellen Sie sich möglichst so auf, daß die im Bild befindlichen Personen die Aufnahme nicht bemerken. Filmen Sie in Teleeinstellung Kunden, die sich von der Güte der Waren, etwa durch Betrachten oder Betasten überzeugen. Marktszenen sind auch besonders dankbare Motive für Gegenschüsse.

SPORT UND BEWEGUNG · 1

Es gibt eine Menge von Videoszenen, in denen starke Bewegungen dominieren. Sie können sie mit der Videokamera leicht einfangen. Besonders beim Sport können Sie aufregende Momente erfassen. Obwohl die Sportarten ständig wechseln, ähneln sich aber doch die Ereignisse im allgemeinen. Sie können dadurch brauchbare Vorausplanungen anstellen.

- Beschaffen Sie sich die Programme der Sportveranstaltungen und entwerfen Sie im voraus ihre Kameraeinstellungen.
- Versuchen Sie vor Beginn die örtlichen Verhältnisse auszukundschaften: den Startplatz, eine interessante Stelle irgendwo auf der Rennstrecke und natürlich das Ziel.
- Es lohnt sich, wenn möglich schon vor dem Beginn der Ereignisse Testaufnahmen durchzuführen. Sie können dabei oft schon das Training der Sportler beobachten. Sie haben es dabei oft mit sehr schnellen Bewegungen zu tun, die Sie womöglich in Telestellung filmen müssen. Üben Sie vorher die Schwenks.
- Fangen Sie Ihre Szenenfolge möglichst mit einer Totalen in Weitwinkelstellung von einem erhöhten Standpunkt aus an. Gehen Sie dann erst auf nähere Einzeleinstellungen über.
- Ein Stativ ist auf jeden Fall notwendig, ganz besonders, wenn Sie den Bewegungen in Schwenks folgen müssen.
- Filmen Sie die Höhepunkte des Ereignisses ebenso wie die Erlebnisse am Rand, für die Sie längere Einstellungen brauchen. Machen Sie Weitwinkel- und Nahaufnahmen im richtigen Moment - auch wenn sie noch keinen Zusammenhang haben. Sie können in der Nacharbeitung diese verschiedenen Schnappschüsse in Einklang bringen.
- Vergessen Sie nicht, die Kamera auf die Zuschauer zu richten. Als Zwischenschnitte können Ihnen diese Aufnahmen später zu einem inhaltlichen Zusammenhang des Films verhelfen.
- Sichern Sie sich einen hilfreichen Assistenten, der mit dem externen Mikrofon die Geräusche aufnimmt. (Das Mikrofon sollte immer so nah wie möglich bei den entsprechenden Tonquellen aufgestellt sein). Mit ihm können Sie sich auf Sichtweite durch Zeichen verständigen, damit er weiß, welches Motiv Sie als nächstes in Angriff nehmen wollen.

Ski-Slalomfahrer können während der Abfahrt in einer einzigen Position vom Ziel aus ideal erfaßt werden. Von hier aus haben Sie - in Weitwinkelstellung - einen optimalen Überblick über die ganze Abfahrt. Oder starten Sie in Teleeinstellung, und zoomen Sie zurück.

Sportereignisse, die auf einem vorbestimmten Kurs ablaufen, wie Auto-, Ski- und Pferderennen, haben für den Videofilmer den Nachteil, daß der Sportler immer nur ganz kurz und in Zeitabständen ins Blickfeld kommt. Stellen Sie Ihre Kamera also möglichst etwas entfernt auf (siehe S. 93), um die Szene (wie hier) gleich 3 mal ins Bild zu bekommen.

Wenn Sie aus einer Kurve herausfilmen, sind die Sportler zunächst noch nicht zu sehen. So ist es wichtig, sich mit einem Freund über ein Signal zu verständigen. Dadurch, daß

Die Aufnahme aus der Kurve ist die ideale Position, um rasche Motive möglichst lange zu verfolgen. Von hier aus haben Sie drei Möglichkeiten: die Teleeinstellung auf das sich nähernde Auto, die langsamere Kurvendurchfahrt im 90°-Winkel und zum Schluß die Beschleunigung im Davonsausen.

Sie vorgewarnt werden, können Sie rechtzeitig mit der Aufnahme beginnen und haben die Möglichkeit, von Anfang an auf Schnitt zu drehen (siehe S. 57).

Ihr Assistent sollte sich währenddessen weiter von der Rennstrecke entfernt aufhalten, etwas oberhalb von Ihnen. Sobald sich ein Sportler nähert, sollte er das Signal geben, dann freilich nicht mit im Bild sein.

AUFNAHMEN IM SCHNEE

Wenn Sie Aufnahmen in verschneiten Gebieten machen, müssen Sie sich entsprechend anziehen. Locker getragene Jacken erlauben Ihnen, sich zu bewegen und zu schwitzen. Kapuzen sollten so weiträumig sein, daß sie unter ihnen gleichzeitig Kopfhörer tragen können. Ziehen Sie einen dicken Anorak an, der tiefe gut verschließbare Klappentaschen hat, damit Sie Ersatzkassetten, Filter, Reinigungstücher leicht mit sich führen können. Handschuhe sollten Löcher und Öffnungen haben, durch die Sie Ihre Finger frei hindurchstecken können. Den Batteriegürtel sollten Sie unter dem Anorak tragen.

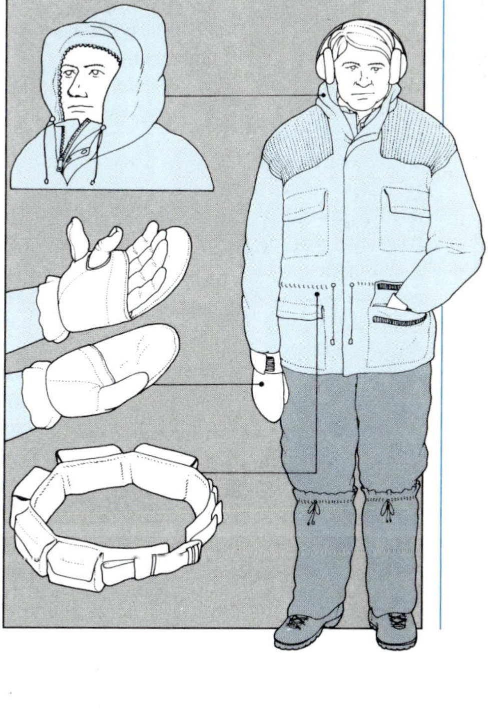

SPORT UND BEWEGUNG · 2

TIEFGESTELLTE KAMERA

Aufnahmen mit tiefgestellter Kamera und aufwärts gerichtetem Objektiv ergeben ideale Sportszenen. Eine solche Kameraeinstellung erhöht die Dramatik, die noch durch die Aufnahme der dabei entstehenden Geräusche erhöht werden kann. Sie sollten sich nicht auf das eingebaute Kameramikrofon verlassen, sondern einen Assistenten mit einem Zweitmikrofon einsetzen. Die Tonaufnahme wird dadurch weitaus natürlicher. Bei schnellen Bewegungsabläufen ist es am besten, die Schärfeeinstellung manuell zu steuern. Richten Sie die manuelle Scharfeinstellung probeweise auf denjenigen Szenenteil, an dem die sportlichen Höhepunkte stattfinden werden (siehe S. 20). Bei einem Skisprung über die Kamera hinweg, verabreden Sie mit Ihrem Assistenten ein Signalsystem, damit Sie dann genau abschätzen können, wann der Springer in Ihrem Bildausschnitt tatsächlich erscheinen wird.

Filmaufnahmen auf Schneefeldern verlangen besonders sorgfältige Schutzmaßnahmen (siehe Kasten S. 93). Da Schneefelder stets stark reflektieren, stellen Sie sich darauf ein, auch die Blendeneinstellung manuell zu bedienen. Manchmal werden Sie, jedenfalls bei klarem Himmel, ein Neutral-Graufilter vor das Objektiv geben müssen.

BEWEGUNGSVERDICHTUNG

Wenn Sie auf die Kamera sich zubewegende Sportler aufnehmen wollen, dann tun Sie das in der Teleeinstellung, weil dann, wie Sie wissen, die einander folgenden Personen für den Zuschauer in einem viel geringerem Abstand hintereinander gestaffelt erscheinen als sie tatsächlich sind.

Gleichgerichtete Bewegungsvorgänge treten bei Auto-, Motorrad-, Rad-, Bootsrennen auf. Da jede, auch die geringste Kamerabewegung in der Teleeinstellung leicht verrissen werden kann, ist ein Dreibeinstativ unerläßlich. Je ruhiger der Bildstand, umso eindrucksvoller wird die Bewegung im Bildrahmen.

Auf jeden Fall sollten Sie die Anfangs- und die Endstellung des Zoom-Objektivs hinsichtlich der erfaßten Bildausschnitte durch mehrere vorhergegangene Proben während des endgültigen Aufnahmeablaufs fest im Gedächtnis haben (siehe S. 145).

Direkte Bewegungen auf die Kamera lassen sich besonders durch Aufnahmen in Telestellung dramatisieren. Zum Beispiel wenn Sie Ihre Kamera neben einer Achterbahn so aufgestellt haben, daß Sie die herankommende Wagenschlange auf den Gleisen erfassen. Nehmen Sie diese Frontalbewegung dann durch vorsichtige Änderung der Teleeinstellung in die Weitwinkeleinstellung während des Ereignisses auf, so wird die Dynamik gesteigert.

ANDAUERNDE BEWEGUNGEN

Rodeovorführungen oder Pferdedressuren zeigen in einem begrenzten Raum ständige Bewegung. Solche Ereignisse können Sie am günstigsten von einem hoch gelegenen Kamerastandpunkt mit Neigung nach unten erfassen. Überraschenden Bewegungen im Bildfeld ständig mit der Kamera präzise zu folgen, erfordert lange Filmszenen. Weiche, gleichmäßige Kamerabewegungen sind wichtig. Beginnen Sie mit totalen Übersichtsaufnahmen in der Weitwinkelstellung. Am wirkungsvollsten erfassen Sie die Vorführungen zwar in Nah- und Großaufnahmen, was aber natürlich nicht leicht ist.

Übertreiben Sie jedoch Ihre Schwenks nicht. Denken Sie daran, daß eine statische Einstellung, die einen etwas größeren Bildrahmen hat, die Vorführungen auch genauso wirkungsvoll zeigen kann wie eine nähere Teleaufnahme. Nutzen Sie die stets eintretenden Pausen zwischen den einzelnen Vorführungen zu Probeaufnahmen und Übungen. Vor allen Dingen die Teleeinstellung verlangt unbedingt vorherige Tests. Für die Tonaufnahme sollten Sie auch hier wieder einen Assistenten haben, der sich frei bewegen kann. Verständigen Sie sich mit diesem durch Handzeichen, damit er die Tonaufnahme, von der Sie die Bewegungsabläufe gerade im Bild haben, gezielt einrichtet.

RASCHE SCHWENKS

Rasche Schwenks von gleichgerichteten Bewegungen können dann synchron erfolgen, wenn Sie das Hauptobjekt scharf in der Einstellungsmitte festhalten. Daß dabei der Hintergrund verwischt aufgenommen wird, unterstreicht nur die Geschwindigkeit.

Schnelle Schwenks werden am besten aus einer Kameraposition aufgenommen, die eine ungehinderte Sicht auf das Objekt ermöglicht. Wenn die Objekte einen Rundkurs durchlaufen, dann ist diese Stellung der Kamera im «Drehpunkt» (siehe Zeichnung S. 93).

Auch bei diesen Aufnahmen sollten Sie wieder zweiäugig arbeiten. Ein Auge am elektrischen Sucher, das andere daneben beobachtet gleichzeitig die Umgebung.

Die Dauer des Schwenks ist ebenfalls von Bedeutung. Beginnen Sie die Schwenkbewegungen sanft und vorsichtig. Am Ende des Schwenks stellen Sie die Kamera bewegungslos ruhig. Ein solches Schwenkverfahren etwa in der Telestellung kann schwierig sein, weil man leicht «verreißen» kann.

Haben Sie Bewegungen aufzunehmen, die gerade von rechts oder links seitwärts in das Bildfeld hineinführen, dann beginnen Sie mit dem Schwenk bereits kurz bevor die bewegten Objekte den Bildraum erreicht haben Mit dieser Methode verhindern Sie Schwenksprünge (siehe S. 57).

SPORT UND BEWEGUNG · 3

Vielleicht haben Sie einmal die Gelegenheit, sich als «Sportreporter» zu betätigen. Legen Sie als Video-Amateur keine Profimaßstäbe an; denn die technischen Voraussetzungen des Fernsehens sind natürlich nicht vorhanden (wie Scheinwerfer, Wiederholungen in Zeitlupe usw.).

Auf jeden Fall können auch Sie durch sorgfältige Grundüberlegungen zu guten Resultaten kommen. Dazu gehören primär die Auswahl des Kamerastandpunktes und ein genauer Plan. Es kommt auch darauf an, ob Sie eine Sportveranstaltung als Ganzes aufnehmen wollen oder nur einzelne Szenen, oder ob Sie das Sportereignis nur dokumentieren, um nachträgliche Analysen und Bewertungen zu machen (siehe S. 98).

Jede Sportart hat ihre eigenen Gesetze. Aber es gibt auch ein paar Regeln:

- Die Beleuchtung wird bei Aufnahmen im Freien kein Problem darstellen. Nachts sind viele Sportanlagen mit Flutlicht ausgeleuchtet. Nutzen Sie bei Veranstaltungen in Hallen (Basketball, Bowling, Squash usw.) die Scheinwerfer des Profi-Fernsehens mit aus.
- Richten Sie die Kamera auch auf Details außerhalb der Wettkämpfe. Beispielsweise auf Anzeigetafeln mit Stoppuhren, auf den Startschuß (im Moment des Abfeuerns) und die beleuchteten Hinweistafeln, die über die Namen der Sportler und den jeweiligen Spielstand unterrichten.
- Achten Sie darauf, immer ausreichend Filmmaterial in der Kamera zu haben. Reserve-Kassetten und genügend Ersatzbatterien gehören selbstverständlich immer zum Invetar einer mobilen Videoausrüstung.

Mannschaftsspiele: Sie können einfache Aufzeichnungen von Fußball- oder Hockeyspielen mit einer einzigen Kamera durchführen, wenn Sie von einem erhöhten Standpunkt aus aufnehmen. Schwenken und Zoomen Sie manuell, denn hier läßt sich nichts vorausberechnen. Diese Aufnahmen eignen sich für eine spätere Analyse der Mannschaftsstrategie.

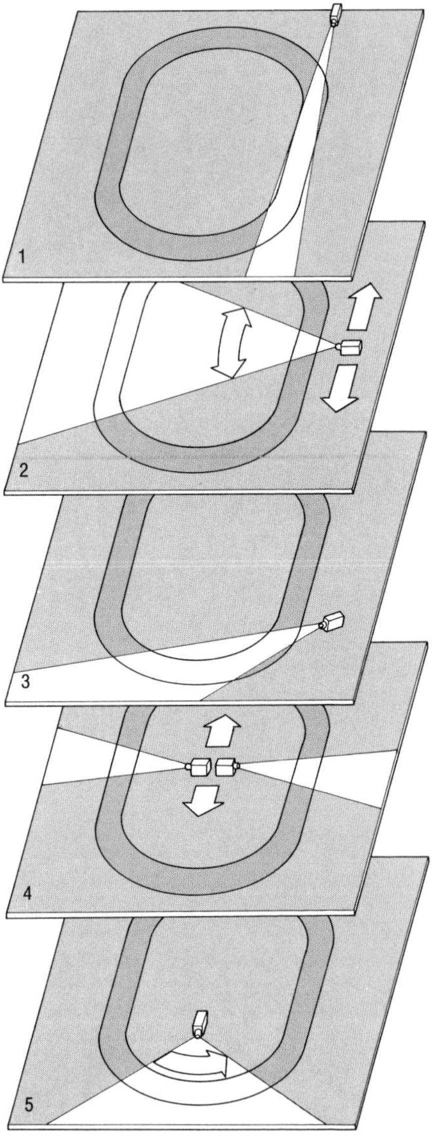

Eine Rennstrecke kann von verschiedenen Standpunkten aus gefilmt werden. Einem Läufer kann die Kamera kontinuierlich folgen (**2, 3**).

Inmitten der Strecke filmen Sie, wie in Zeichnung **4** und **5** angegeben und machen ein neutrales Bild (ohne Laufrichtung).

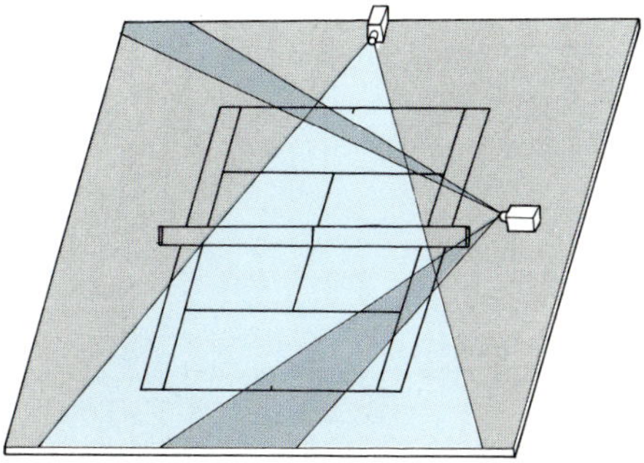

Ein Tennismatch nehmen Sie am besten von oben entlang der Mittellinie - mit der Sonne im Rücken - auf. Richten Sie die Kamera auf einen der Spieler, und versuchen Sie ihn so gut wie möglich im Bildrahmen zu halten. Aber folgen Sie niemals dem Ball im Horizontalschwenk! Und nehmen Sie immer wieder - für nachträgliche Einschnitte - die Zuschauer in Telestellung auf, wenn Sie mit ihren Blicken den Ball verfolgen.

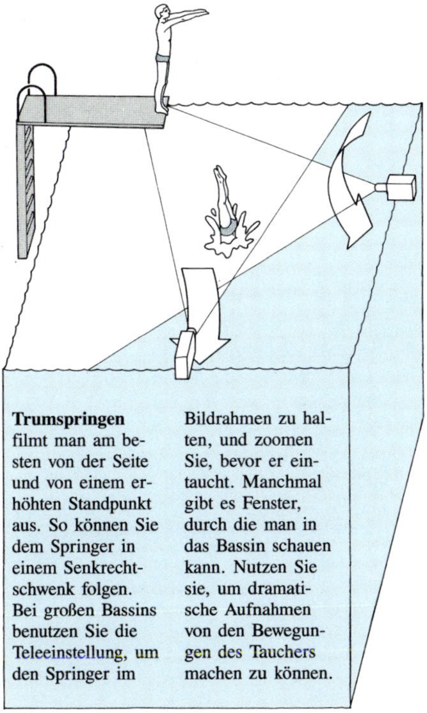

Trumspringen filmt man am besten von der Seite und von einem erhöhten Standpunkt aus. So können Sie dem Springer in einem Senkrechtschwenk folgen. Bei großen Bassins benutzen Sie die Teleeinstellung, um den Springer im Bildrahmen zu halten, und zoomen Sie, bevor er eintaucht. Manchmal gibt es Fenster, durch die man in das Bassin schauen kann. Nutzen Sie sie, um dramatische Aufnahmen von den Bewegungen des Tauchers machen zu können.

Bei einem Fußballspiel beginnen Sie mit der Ankunft der Spieler im Spielfeld. Dann können Sie mit der Teleeinstellung von einem erhöhten Standpunkt aus das ganze Spielfeld aufnehmen.

Wenn Sie das Spielfeld aufnehmen, denken Sie aber daran, stets dieselbe Richtung einzuhalten (das gilt speziell für spätere Montagen), um den Zuschauer nicht zu verwirren (siehe S. 48).

Wenn Sie sich in die Nähe des Ziels stellen, können Sie Ihrem Film noch mehr Dramatik geben dadurch, daß Sie den Ablauf des Spiels vorher einschätzen; um ihn geschickt auszunutzen.

Geben Sie Ihrem Film einen Zusammenhang dadurch, daß Sie sich einen Spieler aussuchen, dem Sie mit der Kamera ständig folgen. Wie immer: Lenken Sie die Kamera auf die Menge für Zwischenschnitte! Wenn Sie Glück haben, finden Sie einen Experten (vielleicht auch einen Freund, der Bescheid weiß), der mit Hilfe eines Handmikrofons Kommentare einsprechen kann.

Rennen: Ein Rennen über eine kurze Strecke von ungefähr 100 m erfassen Sie von einem Kamerastandpunk, der etwa in der Mitte der Strecke liegt. Suchen Sie nach einer Einstellung von oben! Sind Sie mit Ihrer Kamera seitwärts von der Laufstrecke weit genug entfernt, so erfassen Sie die im Ziel ankommenden Läufer auch noch im Halbprofil von hinten.

Bei Langstreckenläufen haben Sie die Gelegenheit, Ihren Kamerastandpunkt verschiedentlich zu ändern (siehe S. 96).

Einzeldisziplinen: Diese können Sie nach und nach als eine fortlaufende Handlung von einem einzigen Kamerastandpunkt aus mit Hilfe der Zoom-Optik erfassen.

Mit tiefgestellter Kamera und Zoomfahrten erreichen Sie auch einen Sprung im Aufwärtsschwenk. Einen Weitsprung sollten Sie aus einem geringen Kameraabstand aufnehmen. Auch hier ist der Bildsichtwinkel von unten nach oben der weitaus wirksamere.

Analysieren Sie Ihre eigene sportliche Bewegungstechnik. In der privaten Atmosphäre Ihrer Wohnung können Sie die Kamera auf sich selbst gerichtet laufen lassen, während Sie sich in der Szene bewegen. Yoga und Fitnessübungen, Tanz - alles das ist für die spätere Analyse geeignet. Die Aufnahmestellung ist einfach: Die Kamera auf einem Stativ feststellen, eine Bildfeldeinstellung, die groß genug ist und den vorteilhaftesten Sichtwinkel wählen. Suchen Sie mit Hilfe eines Assistenten einen geeigneten Standpunkt, so daß Sie nicht auf gut Glück einstellen müssen. Überprüfen Sie alles durch eine Testaufnahme auf dem Bildschirm des Fernsehempfängers. Wählen Sie einen gleichmäßig beleuchteten, ruhigen Hintergrund aus (siehe Bild rechts). Dann plazieren Sie sich selbst in der Szene, während die Kamera läuft.

Video ist ein ideales Medium, um Sportveranstaltungen zu analysieren, oder um sich alles noch einmal genau und in Ruhe anzuschauen. Die einfache Methode, das aufgenommene Material sofort zurückspielen zu können, um die Aufnahmen zu beurteilen, stellen eine große Hilfe für Trainer und Sportfan dar.

Die meisten Recorder verfügen über eine Pausentaste, die erlaubt, das Bild stehen zu lassen, um es im Detail nochmals genau zu überprüfen. Manche, noch besser ausgestattete Geräte ermöglichen ein sofortiges Playback der Szenen, um die Team-Strategie und die verschiedenen Plazierungen der Spieler während des Spiels zu überprüfen. Die langsame Rückspulung gibt Ihnen die Möglichkeit einer noch genaueren Analyse.

Durch Vor- und Rücklauf und genaue Überprüfung des Einzelbildes haben Sie Gelegenheit, besonders die einzelnen Bewegungen bei Golf- und Tennisschlägen zu beobachten; das gleiche gilt auch für Sequenzen in Tanz- und Gymnastikübungen.

Diese Tests, die sich auf die hier beschriebenen Sportarten beschränken, setzen Kritik und Sorgfalt voraus, die Sie jedoch auch für Ihre ganze Videoarbeit benutzen sollten.

Beachten Sie vor und während der Aufnahmen vor allem diese Punkte:

- Folgen Sie immer den Hinweisen eines Trainers oder Lehrers, der am besten beurteilen kann, welche Aufnahmetechnik und Einstellung für die spätere Analyse gemacht werden können.
- Nehmen Sie immer von einem Stativ auf! Das versteht sich schon von selbst, wenn Sie, um besser Details zu kontrollieren, die Aufnahmen zoomen.
- Seien Sie besonders sorgfältig in der Ausrichtung der Personen; sorgen Sie für glatte und klare Hintergründe.
- Wo es angebracht ist, wählen Sie die Weitwinkeleinstellung, um fortlaufende Handlungen zu zeigen.
- Falls Sie einen tragbaren Monitor besitzen, dann können Sie gleich an Ort und Stelle Ihre Aufnahmen analysieren. So kann der Sportler eventuelle Fehler feststellen, um sie zu korrigieren und eventuell zu wiederholen.
- Benutzen Sie immer nur erstklassige Videobänder, die auch durch wiederholte Vorführung nicht leiden.

Tennis und Golf lassen sich ideal analysieren bei Zeitlupeneinstellung. Stellen Sie die Kamera vor dem Sportler auf und wählen Sie einen Bild- und Kamerawinkel, der groß genug ist, die Bewegungen und möglichst noch das Umfeld im Bild zu haben.

Die Sportler sollten von vorne mit Frontlicht beleuchtet sein – vor einem möglichst ruhigen Hintergrund. In Großaufnahme können Sie die Handstellung des Golfers am Schlägergriff genau beobachten. Benutzen Sie die Teleeinstellung, damit Sie den Spieler nicht durch Ihre zu nahe Anwesenheit irritieren.

NATURAUFNAHMEN · 1

Erfinden Sie eine einfache Geschichte über die Gewohnheiten Ihres Haustieres. Da Sie seine Eigenarten kennen, sind Sie imstande, sein Verhalten weitgehend vorauszusagen.

Mit etwas Geduld werden Sie die Verhaltensweisen des Tieres mit der Kamera erfassen, da Sie auch das tägliche Routineverhalten kennen. Sie können die Aufnahmen von einem sehr tiefen Kamerastandpunkt aus vorbereiten.

Beobachten Sie mit Ihrer Kamera einen Hund, ohne daß er Ihre Nähe wahrnimmt. Nehmen Sie Katzen auf, wenn sie durch langes Gras wandern oder wie sie auf einer Mauer entlangschleichen, wie sie mit Nachbars Katzen zusammentreffen und auf schmalen Firsten balancieren. Überlegen Sie sich, wie Sie eine Handlung in den Film bringen können (siehe S. 48 bis 51).

Kätzchen und junge Hunde können ganz leicht dazu veranlaßt werden, herumzuspielen. Ihr Assistent soll einer Katze ein an einer Schnur hängendes Spielzeug anbieten. Fangen Sie das in Nah- oder Großaufnahme ein, lassen Sie die Kamera ruhig länger laufen. Sie können ja später schneiden.

Das Spiel eines Hundes können Sie auf einen kleinen Bereich beschränken, (wenn Sie den an einer Schnur befindlichen Ball in kurzer Entfernung an einem Stuhlbein befestigen, so wird die Kameraaufnahme und die Scharfeinstellung erheblich erleichtert). Probieren Sie es aus.

Wenn Ihre Katze in lebhafter Bewegung von einem Tisch auf einen anderen springt oder eine Treppe hinaufrennt, um das Futter als Belohnung zu erreichen, müssen Sie zuvor den richtigen Kamerastandpunkt ermitteln.

Arrangieren Sie diese Art Aufnahmen sorgfältig im Vorhinein, und legen Sie insbesondere den Schärfentiefenbereich, in dem sich alles abspielen soll, mit Überlegung fest. Lassen Sie den Recorder oder die Kamera rechtzeitig anlaufen (wegen des erforderlichen Bandrücklaufs - siehe S. 57), bevor Sie Ihren Tiervideo-Report beginnen.

SEHR TIEFER KAMERASTANDPUNK

Wenn Sie Kleintiere aufnehmen, ist es fast immer nötig, die Kamera so niedrig wie möglich aufzustellen (siehe S. 50/51). Legen Sie sich für diese Aufnahmen einfach auf den Boden, so wie es die Abbildung unten zeigt. Wenn möglich, benutzen Sie ein Stativ mit möglichst gespreizten Füßen. Sie können dann den Stativkopf für Schwenks etc. ausnützen. Auf diese Weise lassen sich scharfe Nah- und Großaufnahmen leicht herstellen. Die Tiere sind, wenn sie von niedrigem Standpunkt aus aufgenommen werden, ganz groß im Bild.

Durch die tiefgestellte Kamera erreichen Sie einen dramatischen Effekt, besonders, wenn Sie spielende oder kämpfende Hunde aufnehmen.

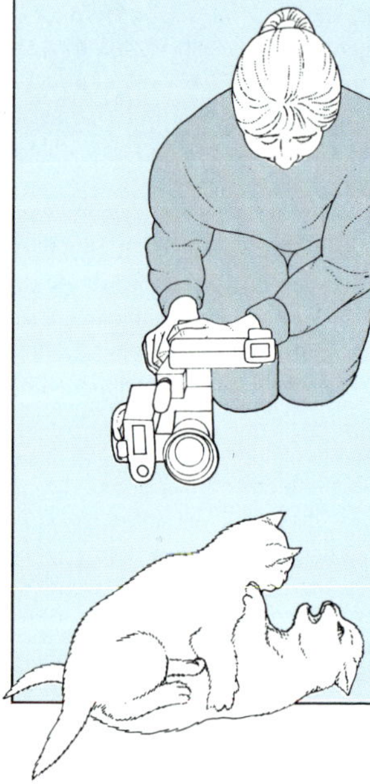

MACRO-AUFNAHMEN

Die Zoom-Optik an den meisten Kameras kann auf Macro-Ausschnitt eingestellt werden, wenn Sie den Entfernungseinstellring der Zoom-Optik über die Weitwinkelstellung hinaus bewegen. In dieser Stellung können Sie ganz kleine Objekte, Dinge und Tiere bei sehr geringer Schärfentiefe groß im Bildfeld erfassen; Tautropfen auf Grashalmen, Schnecken, Käfer, usw. (siehe Bild rechts).

Zoomfahrten sind nicht möglich, den Zoom- und Autofocus-Funktionen sind in dieser Einstellung ausgeschaltet. Wenn Sie lebende Objekte aufnehmen, dann wandern diese sehr leicht und schnell aus der jeweiligen Schärfeebene heraus. Selbstverständlich gelingen auch diese Aufnahmen nur, wenn Sie die Kamera auf ein Stativ stellen. Die Ausleuchtung macht einige Umstände. Es fällt leicht ein Schatten der Objektivfassung in das Nahmotiv. Überzeugen Sie sich, daß die Ausleuchtung richtig und ausreichend ist. Das Licht sollte ungehindert von rückwärts oder seitwärts einfallen können.

Die besten Augenblicke für Großaufnahmen ergeben sich, wenn die Tiere gefüttert werden oder sich putzen. Wenn Sie Zusatzlicht benötigen (Kaninchen, Meerschweinchen etc. in Käfigen) benutzen Sie besser indirektes Reflex-Licht, nicht zuletzt wegen der austrahlenden Wärme. Vorsicht aber vor dunklen Hintergründen, die zuviel Licht absorbieren. Grelles Licht wiederum kann die Tiere sehr irritieren.

Mit Hunden ist oft sehr viel leichter umzugehen als mit Katzen, weil Hunde Kommandos befolgen. Ein Hund apportiert einen geworfenen Stock beliebig oft, wobei Sie sein Näherkommen vom Stativ durch Mitschwenken und Zoomen erfassen können. Wenn ein Hund ein Hindernis überspringt, wählen Sie möglichst einen tiefen Kamerastandpunkt. Schwenken Sie mit, wenn der Hund auf das Hindernis zurennt. Den Sprung selbst sollten Sie so nah wie möglich erfassen. Besonders dramatisch wirkt es, wenn Sie den Hund veranlassen, über Sie selbst hinwegzuspringen, während Sie mit der Kamera auf dem Boden liegen. Gelingt eine solche Aufnahme aber, dann ist sie sehr wirkungsvoll, und Ihre Zuschauer werden
begeistert sein.

Vögel oder wilde Tiere, die Sie mit Futter in Ihren Garten gelockt haben, können Sie vom Stativ unbemerkt aus dem offenen Fenster filmen. Für Großaufnahmen benutzen Sie ggfs. einen Tele-Konverter. Vermeiden Sie jede Kamerabewegung: Nehmen Sie nur den Futterbereich in ihr Bild und warten Sie darauf, daß die Objekte in Ihr Bild kommen.

Aufnahmen mit Intervall-Timer lassen faszinierende Zeitraffer-Aufnahmen z.B. von sich öffnenden Blüten entstehen. Ein auf Stativ montierter Camcorder macht in regelmäßigen Abständen ein paar Bilder und so wird eine große Zeitspanne in einen kurzen Film komprimiert. Normalerweise «unsichtbar» langsame Vorgänge werden so bei ganz normaler Wiedergabe am Bildschirm als Bewegung nachvollziehbar sichtbar gemacht.

NATURAUFNAHMEN · 2

Viel Geduld müssen Sie bei Aufnahmen in freier Wildbahn aufbringen. Studieren Sie das Leben des Tieres so eingehend wie möglich, dann werden Sie bei der Suche nach den Aufnahmeplätzen, viel Zeit sparen. Dennoch sind Tiere niemals berechenbar. Also müssen Sie oft improvisieren.

Die meisten Aufnahmen werden Sie wohl aus größerer Entfernung in der Teleeinstellung mit Hilfe des Zoom-Objektivs machen. Hier müssen Sie wirklich einige Übungsaufnahmen praktizieren. Suchen Sie sich zuvor günstige Verstecke für Ihre Kamera!

Ein transportables Versteck ist ein Zelt, das Sie mit Ästen tarnen. Achten Sie übrigens auf die Windrichtung! Es sollte auch immer genügend Platz für die Kamera auf dem Stativ **und** für Sie selbst da sein!

In der Wand könnte nur ein Loch für das Objektiv und ein Beobachtungsfenster sein. Die Kamera sollte auch durch Fernbedienung auslösbar sein. Dann können Sie selbst einen günstigeren Beobachtungsplatz wählen. Mit dieser Fernbedienungsmethode können Sie Ihre Kamera z. B. auf einen Wildwechsel einrichten. Die kleine Kamera ist leicht aufzustellen und zu tarnen. Das gilt auch für das Mikrofon, welches leichter in der Nähe der Tiere plaziert werden kann. Legen Sie evtl. auch Lockfutter aus.

Safaris oder Expeditionen in ferne Länder ermöglichen aufregende Videoaufnahmen von der dort lebenden Tierwelt. Es gibt dort einige allgemeine Regeln:

- Folgen Sie stets den Ratschlägen der dort wohnenden Wildbetreuer zur Auswahl der Aufnahmeplätze.
- Die beste Zeit für Aufnahmen in freier Wildbahn, ist der frühe Morgen oder der späte Abend.
- Richten Sie Ihre Kamera möglichst in der Nähe von Plätzen ein, die von verschiedenen Tierarten besucht werden, also an Wasserlöchern oder Flußufern.
- Setzen Sie sich auf den Anstand und halten Sie Ihre Finger ständig auf dem Zoomhebel und dem Schärfering. Arretieren Sie den Schwenkhebel Ihres Stativs nicht oder nur ganz leicht, um unerwarteten Bewegungen von Tieren durch Schwenks zu folgen.
- Es ist fast unmöglich, aus einem Fahrzeug, das über unwegsames Gelände fährt, erfolgreiche Videoaufnahmen zu machen. Wenn das Fahrzeug aber anhält, versuchen Sie sofort, vom Dach des Autos aus aufzuzeichnen. Von einem hohen Standpunkt aus können Sie immer die besten Aufnahmen machen.
- Wenn Sie aus Sicherheitsgründen aus einem geschlossenen Wagen filmen müssen, halten Sie Ihr Objektiv ganz nah an das

TIEREXPEDITIONEN

- Sie brauchen auf jeden Fall ein besonders robustes Stativ für sanfte Schwenks. Empfehlenswert sind Stative mit Stahlspitzen für unebenen Boden. Einbeinstative sind zwar leichter, aber sie sind unstabil und können Schwankungen nicht verhindern.
- Vergessen Sie eine Tele-Vorsatzlinse nicht. Achten Sie auf die Scharfeinstellung, da die Schärfenebene gering ist.
- Eine elektrische Fernsteuerung ist vorteilhaft, wenn Sie Vogelnester aufnehmen wollen. Vor allem für Vögel, die vor Menschen flüchten, brauchen Sie eine Fernauslösung.
- Ein großer Sonnenschirm für Kamera und Ausrüstung (gilt auch für Sie) sollte nicht fehlen, das gilt für Extremaufnahmen in Wüste und Steppe.
- Vergessen Sie nicht eine wasserdichte Decke als Unterlage für Aufnahmen aus tiefem Sichtwinkel.
- **Wichtig:** Lassen Sie niemals Ihre Ausrüstung in einem geschlossenen, sonnenbeschienenen Wagen zurück! Denken Sie immer zuvor an ausreichende Ersatzakkus und Videokassetten! Und schließlich: das oftmals erwähnte UV-Filter vor der Linse ist unersetzbar.

Es lohnt sich, eine Televorsatzlinse zu kaufen. Hier ein Beispiel (Foto). Die Scharfeinstellung kann kritisch sein wegen der geringen Schärfentiefe. Das gilt besonders für sich rasch bewegende Tiere. In der unteren Aufnahme können Sie jedes einzelne Schnurrbarthaar des Eichhörnchens unterscheiden. Der unscharfe Hintergrund unterstreicht das Motiv.

saubere Glas. Während der Aufnahme müssen Sie ruhig sitzen, die Ellbogen auf die Knie aufstützen.

- Bereiten Sie sich darauf vor, die Aufnahme bei irgendeiner ernsthaften Gefahr sofort abzubrechen. Seien Sie niemals leichtsinnig.

„Behandeln Sie die Natur mit Respekt, Geduld und Verständnis. Versuchen Sie alles über Einwohner und Tierwelt zu erfahren. Sammeln Sie vorher Erfahrung, z. B. in Ihrem Garten. Ich habe mein ganzes Leben lang das Filmen in Wildgehegen als ein besonderes Privileg empfunden."

Maurice Tibbles, Tierfilmer, Kameramann;
Die Reise von Charles Darwin, Spielfilm.

Bewegungsaufnahmen eines Delphinkopfes (oben) vom höheren Kamerastandpunkt aus: Durch Zoomrückfahrt können Sie auch die Umgebung des Wasserbeckens erfassen. Delphinsprünge filmen Sie am besten in Weitwinkelstellung. Dann den Delphinkopf hineinzoomen. Großaufnahmen von zuschauenden Kindern sind besonders dankbar (unten).

Tiergehege und wilde Tiere in Zoos sind beliebte Motive. Die Tiere sind leicht an ihren Ruhe- oder Freßplätzen zu erfassen. Moderne Zooanlagen legen Wert auf eine natürliche Umgebung, die derjenigen, in der die freilebenden Tiere sich aufhalten, weitgehend ähneln.

Wenn Sie durch Maschendraht oder Glasscheiben filmen, gehen Sie möglichst nahe an diese Absperrungen heran. (siehe Bildvergleich S. 105 oben).

Bevor Sie mit Ihren Aufnahmen beginnen, wandern Sie erst einmal den Zoo weitgehend ab. Daß Verhalten von Tieren hier ist meist abschätzbar.

Nehmen Sie mehr Einzelszenen auf, als Sie später zusammenschneiden. Auch in der Gefangenschaft haben Tiere ihre regelmäßig eingehaltenen Gewohnheiten. Viele werden, kurz bevor sie gefüttert werden, besonders aktiv.

Wenn große Katzen, Bären oder Wölfe aktiv werden, pflegen sie in einem gewissen Rhythmus hin- und herzulaufen. Deshalb können Sie eine Bildeinstellung wählen, innerhalb der sich das Tier bewegen wird. Vergessen Sie auch nicht, an Insert-Schnitte zu denken, z. B. wenn ein Löwe gerade heftig gähnt.

Tierherden, z. B. Zebras und Hirsche, zeigen gelegentlich nervöses Verhalten und laufen ganz plötzlich davon: warten Sie – in Weitwinkeleinstellung – ab, bis sich diese Tiere wieder beruhigt haben und in ihren Bewegungen langsamer werden. Vergessen Sie nicht, Großaufnahmen zu machen!

Schimpansen, Gibbons und Lemuren sind noch weniger kalkulierbar, besonders, als Jungtiere. Deshalb sind hier Großaufnahmen schwierig. Sie haben meist einen bestimmten Aufenthaltsbereich im Käfig; warten Sie ab, bis sie dort auftauchen, um sie aufzunehmen.

Seien Sie immer da, wenn die Affen gefüttert werden!

Rhinozerosse, Elefanten, Flußpferde und Kamele – je größer die Tiere sind, umso langsamer bewegen sie sich und stehen auch oft bewegungslos auf der gleichen Stelle. Andere wie etwa Pandas, Orang Utans und Gorillas haben gleichfalls die Gewohnheit, lange auf der gleichen Stelle zu bleiben. Solche, sich wenig bewegende Tiere geben Ihnen Gelegenheit zu kreativen Aufnahmen. Sie können dadurch Serien von gut komponierten Einzelszenen machen.

Fangen Sie z. B. mit einer Detailaufnahme (etwa den Augen eines Gorillas oder der Hände) an, zoomen Sie dann langsam in die Weitwinkelstellung zurück, um den ganzen Körper zu erfassen, oder versuchen Sie langsam von einem Tier auf das andere zu schwenken. Vergleichen Sie damit das individuelle Verhalten.

Behalten Sie im Auge, daß dunkle Bezirke oder Hautfarben besondere Kontrastprobleme aufwerfen. Deshalb warten Sie ab bis ein

DRAHTGITTERAUFNAHMEN

Die automatische Schärfeeinstellung wird manchmal gestört, wenn sich zwischen dem bildwichtigsten Objekt des Motivs und Ihrer Kamera ein Drahtnetz, eine Glasscheibe oder Netzmaschen befinden (siehe linkes Bild). Gehen Sie mit der Kamera an dieses dazwischen liegende Netz so dicht wie möglich heran, dann wird es in der Unschärfe verschwinden (siehe rechtes Bild).

Filmen Sie bei Aquarienaufnahmen stets in einem Winkel zur Glasscheibe hinein, um Reflexe zu vermeiden.

Schalten Sie ein Polarisationsfilter vor. Die Schärfeeinstellung auf die verschiedenen Aquariumbereiche justieren Sie manuell.

Gorilla oder ein Elefant in das volle Sonnenlicht hinausgeht, um den Gesamtbildeindruck zu bekommen. Besondere Schwierigkeiten kann Ihnen eine Giraffe machen, die Sie von einem tieferen Bildwinkel aus gegen den Himmel gestellt aufnehmen.

Der Gesichtsausdruck von Leuten, die vor den Käfigen stehen, und ihre Reaktionen sind ebenso interessant für Groß- und Nahaufnahmen wie die Tiere selbst. Stellen Sie sich mit der Kamera so auf, daß Sie leicht sowohl die Tiere als auch in anderem Blickwinkel die Gesichter der Zuschauer erfassen können. Versuchen Sie, den Augenblick zu erfassen, wenn sich irgendwelche Zuschauer den Gittern der Käfige nähern, damit Sie Ihren ersten Eindruck, den Sie von dem Verhalten der Tiere haben, auch mit der Kamera einfangen.

Wenn Sie Parallelen zwischen Menschen und Tieren ganz unabhängig voneinander aufgenommen haben, können Sie sehr humoristisch wirkende Sequenzen erzielen, indem Sie solche Szenen unmittelbar aufeinander folgen lassen: eine Affenmutter mit ihrem Baby, dann eine Mutter, die ihr Kind mit einer Süßigkeit belohnt, usw. . . . .

Viele Tiere kreischen oder äußern sich laut und anhaltend. So ist das Gebrüll des Löwen ebenso wie das Heulen eines Gibbons laut genug, auch von weit her mit dem Mikrofon Ihrer Kamera erfaßt zu werden.

ABENTEUER

Als Experte im Tieftauchen, Fallschirmspringen oder Drachenfliegen können Sie Ihre Abenteuer Ihren Zuschauern durch Video vermitteln.

Zu solchen Aufnahmen gehören allerdings Vorsicht und etliche Übung, denn die Mitnahme einer Kamera erhöht die Gefahr in schwierigen Situationen.

Tauchabenteuer, Segeln, Kanufahren, Rudern, Wasserski, Windsurfen und Aufnahmen am Strand - das alles ist nicht schwierig, falls Sie ein wasserdichtes Gehäuse besitzen (siehe Kasten).

Alle Bewegungsaufnahmen, die den Wasserskisport betreffen, sollen möglichst vom Schleppboot aus erfolgen. Auch die Aufnahmen eines Surfers machen Sie vom Boot aus. Aufnahmen mit knapp über der Wasserfläche tief gestellter Kamera filmen Sie vom Ufer aus.

Mit der Kamera im wasserdichten Gehäuse dringen Sie in eine ganz neue Welt ein (siehe Kasten). Ein guter Schwimmer kann im offenen Meer sowie in einem See - mit Hilfe eines Unterwassergehäuses - eine neue Welt aufnehmen und damit ganz phantastische Bildfolgen erzielen.

Im exotischen Meer finden Sie schon in geringer Tiefe großartige Motive. Das beste Aufnahmelicht und oft auch das vielfältigste Leben im Wasser ist innerhalb der ersten zehn Meter unter der Oberfläche. Diesen Bereich können Sie im allgemeinen schon ausreichend mit Hilfe eines Schnorchels erfassen. Ist der Meeresgrund nur einigermaßen glatt und sandig, dann reflektiert er das von oben einfallende Sonnenlicht sogar so gut, daß Sie keinerlei zusätzliche Ausleuchtung benötigen.

Die ganze wundervolle Welt des Meereslebens erschließt sich natürlich dem Tieftaucher, der mit einer Tieftauchkamera einschließlich Kamerascheinwerfer mit Akku-Betrieb ausgerüstet ist.

● Tauchen Sie niemals allein. Das Videografieren nimmt Ihre Aufmerksamkeit so sehr in Anspruch, daß Sie leicht alles andere um sich herum vergessen. Eben deshalb müssen Sie streng darauf achten, daß Sie immer einen Assistenten in der Nähe haben.

UNTER WASSER

Wenn die Kamera in einem speziell geprüften wasserfesten Gehäuse steckt, sind Sie mit ihr unter Wasser ebenso ungebunden wie an Land. Orientieren Sie sich, welches Gehäuse für Ihre Kamera geeignet ist.

Mit wasserdichtem Sony-Gehäuse und ebenso geschützten Unterwasser-Scheinwerfern können Sie Aufnahmen bis zu Tiefen von 40 Metern machen. Die Brennweite Ihres Objektivs, die Scharfeinstellung und den Weißabgleich müssen Sie vorher einstellen. Sie haben ein eingebautes Mikrofon im Gehäuse und einen Hilfsucher. Mit Hilfe des fest montierten Kamerascheinwerfers erreichen Sie, daß die angestrahlten Meerestiere oder -pflanzen in relativ natürlichen Farbwirkungen erfaßt werden.

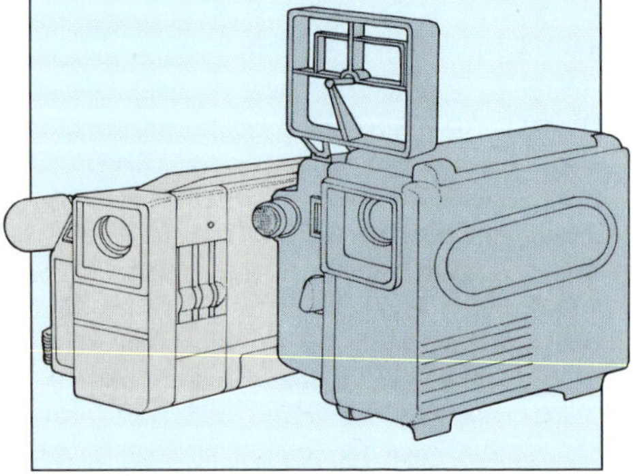

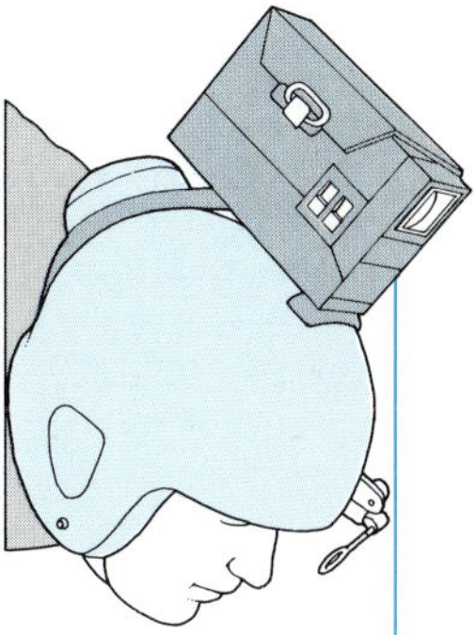

Eine Kompaktkamera, die auf dem Helm fest angebracht ist, erlaubt sensationelle Aufnahmen beim Drachenfliegen, Fallschirmspringen usw.

● Machen Sie unkomplizierte Aufnahmen ohne rasche Bewegungen.

● Schwimmen Sie möglichst ruhig in eine Richtung, um lange Sequenzen einzufangen.

● Bei Unterwasseraufnahmen können Sie nicht zoomen. Nah- und Großaufnahmen sind nur durch Annäherungen möglich.

● Das von oben einfallende Tageslicht wird vom Wasser zerstreut und sehr schnell absorbiert. Unterwasseraufnahmen, erscheinen deshalb in grünen und bläulichen Farbtönen. Wenn Sie aber einen Kamerascheinwerfer benutzen, erscheinen die angestrahlten Objekte in ihren Eigenfarben.

Luftaufnahmen: Die aufregendsten Aufnahmen in der Luft werden aus Sportflugzeugen oder Hubschraubern gemacht. Wegen des Motorlärms sollten Sie den Piloten, bevor Sie starten, darüber aufklären, welche Art von Aufnahmen Sie machen wollen. Die beste Aufnahmezeit ist etwa zwei Stunden nach Sonnenaufgang oder vor Sonnenuntergang. Wegen der plastischen, langen Schatten, die stärker konturieren. Auch der Schatten der Maschine, am Boden ist ein wirkungsvolles Videomotiv.

Vermeiden Sie die Flügel mitanzuschneiden, da die Maschine oft vibriert. In einem Jumbo-Jet können Sie das eher riskieren, benutzen Sie dann die Weitwinkelstellung.

Die Bewegung des Flugzeugs ermöglicht die Wiedergabe der Landschaft. Halten Sie das Objektiv niemals direkt in die Sonne. Bedienen Sie die Blende von Hand falls möglich und schließen Sie sie um eine Stufe. Benutzen Sie unbedingt ein Polarisationsfilter. Es ermöglicht weitaus klarere Aufnahmen.

Wenn Sie mit einem Heißluftballon aufsteigen, können Sie schon in der Nähe des Erdbodens anfangen, Aufnahmen zu machen. Über einer Tierweide sollten Sie Herden von Gnus und Zebras filmen – möglichst gleich von der Luft aus und Tieraufnahmen als Groß- und Nahaufnahmen zoomen. Eine andere Art, wirksame Luftaufnahmen zu machen, ist, wenn Sie die Kamera mit einem Drachenflieger oder Gleitschirm mitfliegen lassen. (siehe Foto rechts). Der Kopf des fliegenden Menschen dient hier als Halterung. Die Kamera kann in diesem Fall nicht bedient werden, muß also vor dem Start eingeschaltet werden.

WIRKUNGSVOLLE VORFÜHRUNG

Verwenden Sie kreative Ideen und Einfälle auf die Nachbereitung Ihrer Videos. Bringen Sie unterhaltende Elemente in Ihr Programm. «Wirkungsvolle Vorführung» – dieses Kapitel verrät Ihnen eine ganze Reihe von nützlichen Kniffen und wird Ihren Videos etwas Professionelles geben.
Wie gestaltet man Vorspann und Titel, wie erfindet und macht man optische und akustische Effekte?
Die Möglichkeiten der kreativen Nachbearbeitung von Videoaufnahmen bereichern die Skala Ihrer eigenen Videoproduktion ernorm.

TITELHERSTELLUNG · 1

Gut gezeichnete Titel, eine eingeblendete Liste der Mitwirkenden samt anderer Texteinblendungen verleihen Ihrem Videofilm ein professionelleres Aussehen. Der Text sollte in attraktiver Schrift, in jedem Fall gut lesbar zusammengestellt sein und vor allen Dingen lang genug aufgenommen werden. Es ist ratsam, eine einmal gefundene passende Schrifttype für alle weiteren Titel zu verwenden.

Das Bequemste für Sie ist, wenn Ihre Kamera über einen eingebauten Titelgenerator verfügt. Die elektronische Einrichtung in der Videokamera blendet den Titel zusätzlich in die Szenen ein. Sie können auch unbelichtete Filmszenen betiteln, wodurch Sie einen gleichmäßigen Hintergrund erhalten.

Manche Camcorder besitzen einen digitalen Titelspeicher («Superimposer»). Eine konstrastreiche (z.B. SW) Schriftvorlage wird im Voraus gefilmt und gespeichert. Erst beim Filmen oder später wird sie eingeblendet. Farb- und Freistellungseffekte sind evtl. möglich.

Außer Titeln und der Liste der Mitwirkenden am Schluß können Sie an beliebigen Stellen Zwischentitel hinzufügen. Beispiel: Die mitten in den Ereignissen erfolgende namentliche Benennung auftretender Personen, Sportler, Festredner usw. Daten von Familienfesten, von Hochzeiten, Geburten usw.

Um Titel während der Aufnahme einzufügen muß man sich sofort auf die genaue Stelle festlegen. Alternativ können Titel an beliebiger Stelle aufgenommen und erst später als Insert beim Schnitt eingefügt werden.

Ein Titel sollte in einer Szene nur dann erscheinen, wenn die Szene so lange sichtbar ist, daß man den Titel vollständig lesen kann. Entwerfen Sie immer im Vornhinein eine Textzusammenstellung von Informationen, die Sie in den Szenenbildern wünschen, und stimmen Sie sie hinsichtlich ihrer Länge, Wortanzahl und Verständlichkeit der benutzten Ausdrücke sorgfältig ab. Am besten machen Sie eine Skizze der Typografie (siehe S. 111). Wenn Sie diese Regeln befolgen, kommen Sie zu guten Ergebnissen. Die technischen Verfahren, finden Sie auf den Seiten 112 und 113 dargestellt.

Einzeilige Titel sollten knapp unter der Mittellinie durch das Bildfeld gehen.

Fügen Sie 2- oder 3-zeilige Titel in einem in Bildmitte ausgewogenen Block ein.

Auch linksbündig können Titel gesetzt werden, vermeiden Sie jedoch zu viele kurze Worte!

Ein rechtsbündiger Titel, zwei Zeilen sind um die Mittellinie plaziert.

Titeleinblendungen in Landschaften (oben) ,etzen voraus, daß sich lie Worte gut vom Hinergrund abheben. Sie ehen rechts 4 Beispiele, vobei sich 3 Titel gut n den Himmel einfügen. Beim Titel links unten 'erschwindet die letzte Zeile des vierzeiligen Titels im dunklen Horizont. Vermeiden Sie also unruhige Bild-Hintergründe und benutzen Sie kontrastierende Farben für die Buchstaben, so daß sie sich deutlich abheben.

Ein externer Titelgenerator (rechts) liefert Buchstaben in verschieenen Größen und Faren, die in mehreren Zeilen beliebig positioiert werden können. Manche Modelle können ie Titel im Bild raufnd runterrollen oder sie us einem kleinen Punkt eraus zu voller Größe oomen.

Venn Sie Letraset-Titel, . h. mit aufzuklebenden Buchstaben und Buchtabenfolgen verwenden inks) sollten Sie den chrifttyp jeweils sorgiltig auswählen. Die uchstabenform spielt eie große Rolle. Die ypen sollten möglichst nodern, klar und gut lesbar wirken. Benutzen Sie nicht als Umriß gezeichnete Hohlbuchstaben. Vermeiden Sie auch Schriften, die aus haarfeinen Linien ganz oder teilweise bestehen, weil wenn diese Worte im Szenenbild erscheinen, oft einfach unleserlich sind.

TITELAUFNAHMEN · 2

Statt eingebaute oder externe Titelgeräte mit ihren z.T. recht «unschönen» Schrifttypen zu benutzen, können Sie auch in handwerklicher Grafik ihre eigenen Vorlagen schaffen. So haben Sie mehr Freiheit in Stil und Design. Ihr «Kunstwerk» können Sie mit einer «Trickkamera» (siehe S. 114) filmen und beim Schnitts in den Film einfügen.

Einzelbuchstaben: Es gibt verschiedene Methoden, durch die Sie attraktive Titel machen können:

● Die einfachste Art ist, einen Titel direkt handschriftlich auf eine schwach getönte Karte zu schreiben (eine weiße Karte blendet leicht). Benutzen Sie einen breitschreibenden Filzstift, einen Pinsel o. a., um klare, eindeutige Druckbuchstaben zu erzeugen.

Benutzen Sie Schablonenbuchstaben oder plastisch aufzuklebende Buchstaben, wie man sie für Anschlagbretter verwendet.

Letraset-Buchstaben sind sehr vielseitig und machen einen professionellen Eindruck. Große Buchstaben, die etwas größer sind als 1 cm, sind ideal. Die Reihung der Buchstaben hängt von ihrem Augenmaß ab. Ein paar Grundbedingungen sollten Sie beachten: Bringen Sie die Buchstaben auf farbigem Papier über schwach gezogene Linien an, die Sie später wieder ausradieren können. Halten Sie Abstände zwischen diesen Linien so ein, daß sie unterhalb der Höhe der Großbuchstaben sind und schätzen Sie dann die Abstände zwischen den Buchstaben durch Augenmaß. Für die Einteilung der Worte beginnen Sie mit dem mittelsten Buchstaben und arbeiten sich von dort nach rechts und links. Zwischen den Worten sollten Sie den Abstand wählen, den der Großbuchstabe «M» einnimmt.

● Eine Liste der Mitwirkenden kann direkt auf getöntes Papier mit Schreibmaschine geschrieben werden; da die Buchstaben klein sind, werden Sie, um sie aufzunehmen, eine Vorsatzvergrößerungslinse benötigen.

● Schwarze Buchstaben sind am besten auf getönten Karten zu lesen. Weiße Buchstaben auf schwarzen Karten oder dunklen Farben sind wirkungsvoller.

● Letraset-Buchstaben können auf Azetatfilm aufgebracht werden, der dann über einen strukturierten Untergrund, Fotografien oder gezeichnete Bilder gelegt wird.

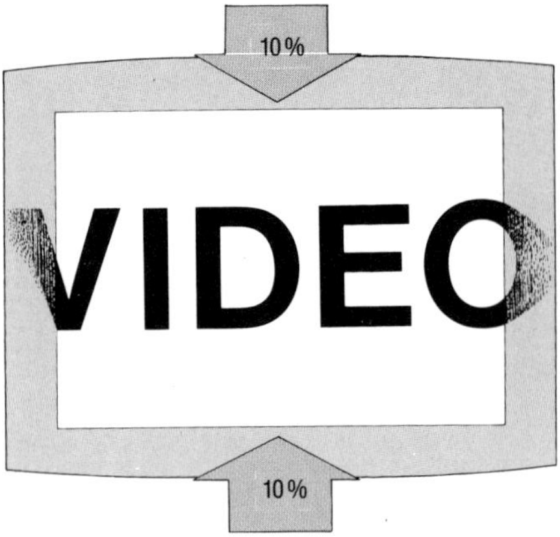

Bringen Sie die Buchstaben des Titels so an, daß sie in den Fernsehbildschirm hineinpassen. Lassen Sie einen Sicherheitsabstand von 10 % vom Rahmenbereich. In den Ecken treten oft Verzerrungen auf. Deshalb sollten Sie die Buchstaben sorgfältig ausmessen. Schauen Sie durch den Sucher, und berücksichtigen Sie genügend Abstände.

● Ein neuer Weg, um einen Titel anzubringen, ist, Letraset-Buchstaben auf einer Glasscheibe anzubringen. Halten Sie diese Glasscheiben nahe genug vor Ihr Kameraobjektiv, bevor Sie die erste Szene aufnehmen. Stellen Sie in der Teleeinstellung hinter dem Glas scharf ein, und dann zoomen Sie rasch zurück, um den Titel deutlich zu machen.

Layout und Design: Wenn Sie die Titel vorbereiten, sollten Sie eine Anzahl wichtiger Faktoren berücksichtigen.

● Obwohl Fernsehschirme in ihrer Größe verschieden sind, haben sie doch alle das gleiche Bildrahmenverhältnis von 3 vertikal : 4 horizontal. Deshalb können Sie beliebig große Titelkarten vorbereiten, solange sie in dieses Rahmenverhältnis eingepaßt werden. Die Profis bevorzugen 22,5 x 30 cm als Format. Kalkulieren Sie einen Sicherheitsabstand um den Rahmenbereich ein (siehe Zeichnung oben).

● Sie können eine gefärbte Karte benutzen, um den Fernsehbildrahmen horizontal oder vertikal zu unterteilen.

Mit Klappkarten oder einem Ringbuch, auf eine Staffelei oder einen Tisch gelegt, lassen sich einfach Titel aufnehmen. Filmen Sie die Karten so, wie sie nacheinander heruntergeklappt werden, um Bewegung in die Titel zu bringen. Benutzen Sie gleiche Buchstaben für jede Karte, um zu verhindern, daß die Titel im Bild «springen».

- Titel sollten einfach, klar und deutlich und sinnvoll in den Bildrahmen eingepaßt sein. Einige Beispiele sehen Sie auf Seite 111.
- Wählen Sie die Schrifttype sorgfältig aus, da sich einige Schriftarten manchmal nicht gut wiedergeben lassen (siehe S. 110).
- Wenn Sie keinen Rolltitel verwenden, sollten Sie die Anzahl der Zeilen beschränken. Es sollten nicht mehr als sieben sein, die Buchstaben könnten zu klein zum Lesen sein.
- Sorgen Sie dafür, daß die Buchstaben oder Worte nicht zu eng beieinander stehen. Auch etwaige Hintergrundabbildungen könnten Sie dadurch unleserlich machen.
- Haupttitel können aus Versalien bestehen. Wenn Sie viele Zeilen haben, sollten Sie verschiedenhohe Buchstaben verwenden.
- Vermischen Sie nicht Drucktypen mitein ander. Das wirkt unruhig und kann zur Unleserlichkeit führen. Besser ist es, von Fall zu Fall die Typengrößen zu ändern.

Schaffen Sie spezielle Titel, indem Sie sie an entsprechenden Aufnahmeorten aufnehmen und auf Schnitt drehen. Ein Film über Ferien auf Hawaii kann dadurch eingeleitet werden, daß Sie die Worte in den Sand einzeichnen oder mit Steinen oder Muscheln die Buchstaben entwerfen. Wenn Sie einen solchen Titel am Strand herstellen, der von Wogen überrollt wird, können Sie einen natürlichen Wischeffekt erzeugen. Auch Münzen oder Streichhölzer sind verwendbar. Landschaftsfilme können dadurch eingeleitet werden, daß die Buchstaben aus Zweigen oder Blättern geformt sind. Kinderzeichnungen und Worte sind ideale Eröffnungstitel für Familienfilme.

VIDEO-REPRO-PRAXIS

Video-Reproduktion gestattet es Ihnen, alle möglichen Aufzeichnungen von flächigen Vorlagen - Fotos, Gemälde, Zeitungsausschnitte, alte Dokumente, Prospekte und, nicht zu vergessen, Landkarten - zu machen und in einen Film einzumontieren.

Noch interessanter ist es aber, einen ganzen Dokumentarfilm aufzunehmen, der sich ausschließlich aus Reproduktionen zusammensetzt. In dieser Weise läßt sich beispielsweise ein Fotoalbum oder auch ein Bildband «ausschlachten». Aufnahmetricks, Kommentare und Musik machen das Ganze lebendig.

Wie das alles von der Technik her zu bewältigen ist, das demonstriert die Zeichnung rechts. Die Schemata zeigen auch Aufnahmeleuchten. Die sind allerdings nur dann erforderlich, wenn nicht genügend Tageslicht zur Verfügung steht. Ob Sie die Aufnahmeachse vertikal oder horizontal ausrichten, das hängt von den jeweiligen Gegebenheiten ab.

So kann man auf ein auf einem Tisch liegendes Bild plastische Buchstaben auflegen.

Wichtig ist die gleichmäßige Ausleuchtung des Motives. Einerseits darf es nicht von der Kamera beschattet werden, andererseits soll es auch keine Lichtreflexe in Richtung Kamera-Objektiv zurückwerfen. Wenn Sie Kunstlicht benutzen, dann lassen Sie die Leuchten von der Seite her einstrahlen. Frontales Licht von Vorne verursacht so gut wie immer Reflexe.

Repro-Videos werden Sie in der Regel zu Hause machen. Das ermöglicht Ihnen - wenn Sie die Kamera ans TV-Gerät anschließen - eine optimale Kontrolle Ihrer Aufzeichnungen über den Bildschirm.

Reproduktionen von Titeln, Bildunterschriften, Namenslisten von Mitwirkenden:

- Vor dem Aufnehmen unbedingt die Dauer der einzelnen Einstellungen festlegen. Lesen Sie die Bildunterschriften laut vor und stoppen Sie die Zeit. Um sehr langsam Lesenden die Chance zu geben, die Untertitel auch wirklich zu verstehen, verlängern Sie die Standzeit des Textes gegenüber der von Ihnen gestoppten Lesezeit um 50 %. Faustregel für wichtige Titel und Zwischentitel: Standzeit des Textes = Lesezeit x 3.

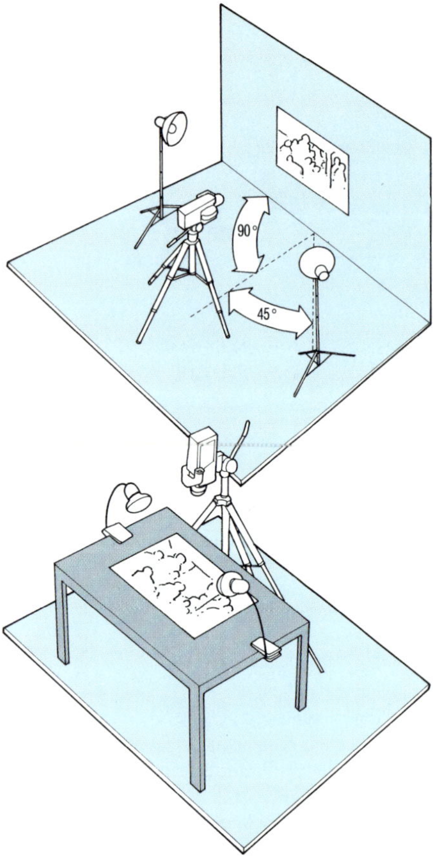

Die ideale Aufnahmeanlage für Reproduktionen von Bild, Text und dokumentarischem Material ist Befestigung der Vorlage an einer senkrechten Wand, (siehe Bild oben). Die Ausleuchtung sollte wegen der Reflexiongefahr stets von schräg seitlich erfolgen. Achten Sie auf eine gleichmäßige Ausleuchtung. Wenn die Lampen ungeschickt aufgestellt werden, kann es sein, daß ein Teil der Vorlage stärker ausgeleuchtet ist als der andere. Das menschliche Auge ist unzuverlässig. Deshalb schauen Sie stets durch den elektronischen Sucher. Solche Vorlagen können Sie dann auch von Ihrem Kamerastandpunkt aus nicht nur abschwenken, sondern auch bis zur Detailgroßaufnahme abzoomen, von der Weitwinkelaufnahme bis zur Telestellung. Dabei bleibt die Schärfeneinstellung, auch bis in die Weitwinkelstellung zurück vollkommen erhalten.

Erwecken Sie ein Bild zum Leben, indem Sie ihm eine Handlung geben - durch ganz verschiedene Bildeinstellungen. Benutzen Sie die Bildvorlage wie ein lebendiges Motiv, zoomen Sie horizontal und vertikal innerhalb des Bildrahmens. Aber proben Sie diese Aufnahmen mehrmals. Eine Sequenz dieses Bildes könnte etwa so aussehen: Eine Großaufnahme des Mannes beim Fenster, dann eine Überleitung zur Gruppe am Kamin, ein Schwenk abwärts zur Dame, die nach rechts zu den Eintretenden schaut und zum Schluß erfassen Sie die ganze Szene.

● Wenn mehrere Texte einander folgen, so müssen sie unbedingt immer an der gleichen Stelle im Bildfeld angeordnet sein. Sorgen Sie mit Hilfe eines Liniensystems für eine exakte Ausrichtung!

Fotografien und Gemälde:

● Vermeiden Sie Reflexe im Bild, die durch die Kamera oder durch Sie selbst auf glänzenden Oberflächen von Gemälden und anderen Bildern entstehen können. Gehen Sie behutsam bei Senkrechtschwenks um, das heißt, die Kamera sollte nie genau parallel zum Objekt stehen. Oder benutzen Sie Polarisationsfilter.

● Versuchen Sie, möglichst bei den Vorlagen das Seitenverhältnis 3 (Höhe) zu 4 (Breite) einzuhalten.

● Natürlich gibt es Vorlagen, die sich in dieses Seitenverhältnis nicht einpassen lassen. Sie können dann einfach den Rahmen in das Bild miteinbeziehen.

● Eine andere Möglichkeit, im Format komplizierte Vorlagen dennoch in den Bildrahmen einzufügen, besteht darin, die Vorlage in Ausschnitten aufzunehmen. Sie können Originalaufnahmen in der Art zusammensetzen, daß Sie Serien von Originalfotos oder alten Bildern kombinieren und eine passende Musik hinzufügen.

● Videos für Kinder stellen Sie her, indem Sie zum Beispiel Kinderzeichnungen verwenden. Schneiden Sie die Bilder zusammen und ergänzen Sie sie mit einer persönlichen Kindergeschichte.

Zeitungen, Dokumente, Landkarten:

● Dokumentar- oder Reisefilme kann man oft mit Detailgroßaufnahmen von Landkarten oder Stadtplänen anreichern. Benutzen Sie die Vorsatzlinse oder die Makroeinstellung, die Ihnen ermöglicht, das Motiv in Naheinstellung abzubilden.

Sie können die Wirkung Ihrer Video-Filme durch optische Effekte verstärken. Bereits durch eine schwarze Karte, die Sie ganz nah vor das Objektiv halten und dann während der Aufnahme langsam wegziehen, können Sie eine originelle Wirkung erzielen.

Experimentieren Sie mit Phantasie, aber vermeiden Sie Effekte, die nicht zum Thema passen. Ein optischer Filmeffekt sollte die Wirkung des Inhaltes erhöhen, statt von ihm abzulenken.

Aus- und Aufblenden:

Beim Ausblenden wird das Bild langsam dunkler, bis es völlig im Schwarz verschwindet. Die Aufblendung ist genau umgekehrt, d. h. die Szene ist zunächst dunkel, wird dann immer heller, bis sie schließlich in der richtigen Belichtung erscheint.

Blenden sind einfach einzusetzen und erweisen sich ganz besonders als kreatives Medium wenn:

- Sie Übergänge von einer zur anderen Handlung einbringen wollen.
- Haupttitel am Anfang des Films erscheinen oder im Ausspann zum Schluß.
- Wenn Sie zeitliche Übergänge deutlich machen möchten (was sich bei einer längeren Handlung als nützlich erweist) ebenso, wenn Sie Ortsveränderungen erklären (z. B. bei Reisefilmen).

Es ist ganz selbstverständlich, daß Sie vor Beginn der Aufzeichnung festlegen müssen, welche eine Sequenz einleitende Einstellung mit einer Aufblende beginnt, und welche abschließende Einstellung ausgeblendet wird.

Übrigens braucht nicht in jedem Falle einer Ausblende wiederum eine Aufblende folgen. Ein harter Schnitt an eine Ausblende gefügt, mag filmlogisch angewandt, sogar besonders mitreißend wirken. Automatische Auf- und Ausblendungen laufen immer mit der gleichen Geschwindigkeit ab. Manuelle Blend-Manipulationen bei abgeschalteter Belichtungsautomatik erlauben es dagegen, extrem langgedehnte oder aber geraffte Blendvorgänge durchzuführen. Das geht am besten bei etwas gedämpfterem Licht. (Notfalls Grau- oder Polarisationsfilter verwenden!).

Im übrigen gelingen bei sehr hellem Licht effektvolle «Ausblendungen ins Helle». Dazu ist die Blende manuell allmählich bis zum Anschlag zu öffnen. Wenn Zweifel bestehen, ob die Lichtverhältnisse ein manuelles Ausblenden ins Dunkle oder Helle zulassen, dann vorsichtshalber eine Probe machen und über den Suchermonitor kontrollieren, ob es wirklich gelingt alle Bilddetails im Dunkeln oder im Hellen versinken zu lassen.

Wischblenden:

Eine weitere interessante Möglichkeit, Übergänge zwischen Sequenzen zu schaffen und gleichzeitig einen Zeit- oder Ortswechsel deutlich zu markieren, stellt der sogenannte Wischeffekt dar.

Dazu unbedingt Kamera mit abgeschalteter Belichtungsautomatik auf ein Stativ setzen. In dem Augenblick da eine ausblendähnliche Wirkung erzielt werden soll, einfach ein Stück schwarzen Kartons schnell von der Seite her vors Objektiv der eingeschalteten Kamera schieben. Zum Wieder-Aufblenden Karton wegziehen.

In der Regel sind schnelle Wischeffekte am wirkungsvollsten. Gegebenfalls läßt sich die Dunkelpause zwischen dem Verdecken und wieder Freilegen des Objektives beim nachträglichen Schneiden verkürzen oder verlängern.

Von der Vielzahl unterschiedener Wischeffekt-Arten, seien hier nur die folgenden genannt:

- Schieben Sie die Karte von einer Seite vors Objektiv. Das sieht dann etwa so aus, wie wenn ein Vorhang geschlossen wird.
- Verdunkeln Sie das Bild von oben her und lassen Sie den Karton auch wieder nach oben hin aus dem Bild herauswandern.
- Schieben Sie gleichzeitig und mit gleicher Schnelligkeit zwei Karten von beiden Seiten vors Objektiv. Und ziehen Sie dann auch wieder beide nach beiden Seiten hin weg. Das sieht dann so ein bißchen nach sich schließenden und wieder öffnenden Fensterläden aus.
- Probieren Sie auch Wischeffekte kombiniert mit Abblendungen oder mit Schärfenverlagerungen ins Unscharfe aus.

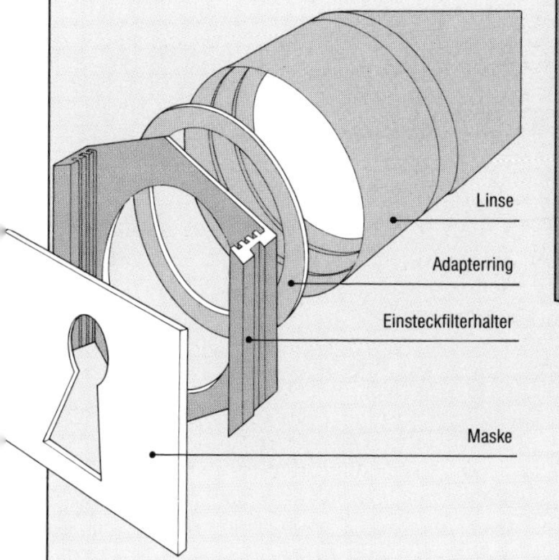

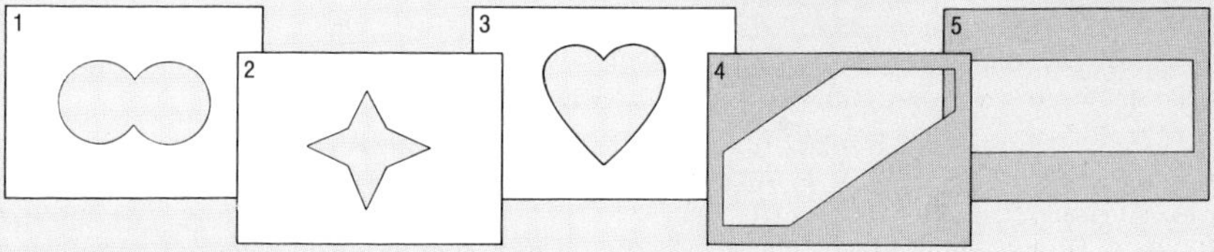

Vignettierende Masken im Filterhalter können romantische Stimmungen unterstreichen (Herz) oder ein Objekt herausheben (oval). Außer Standardmasken (1 bis 3) können Sie auch eigene erfinden wie in den Zeichnungen 4 und 5.

MASKENEFFEKTE

Kaufen Sie sich einen Filterhalter passend zum Objektiv Ihrer Videokamera, dann können Sie in ein neues 3 x 4 Format und eine ganze Reihe von Masken einsetzen. Die Wirkung solcher vignettierender Masken, z. B. den Blick durch ein Schlüsselloch oder Feldstecher, ist sehr wirkungsvoll. Solche Filmszenen sollten Sie nur dann eingliedern, wenn Sie dramaturgisch wirklich gerechtfertigt sind. Die so eingesetzten Masken sind normalerweise nicht scharfrandig abgebildet, sondern ein wenig verschwommen. Die Maskenblendung wird schärfer, wenn das Objektiv auf Weitwinkel eingestellt ist und die aufgenommene Szene hell ausgeleuchtet ist.

- Sie können eine Maskeneinstellung auch mit der Texteinblendungseinrichtung kombinieren.
- Kombinieren Sie z. B. einen schwarzen Wischübergang mit einer Maskenaufnahme und wechselnder Maske, wenn der Wischübergang vollkommen schwarz abgedeckt ist.
- Mit einer elliptischen oder kreisförmigen Maske können Sie in Zoomfahrt das abgebildete Objekt im Zentrum des Rahmens abbilden.

WIE MAN FILTER EINSETZT

Fotografische Filter werden gebraucht, um die Lichtfarbe der Beleuchtung zu korrigieren oder um dramaturgische Farbeffekte zu erzielen. Es gibt Filter in allen Stärken und Ausführungen. Natürlich müssen sie in ihrer Größe stets vor das Objektiv Ihrer Kamera passen und dürfen das Bildfeld nicht einschränken. Manche können direkt in die Objektivfassung eingeschraubt werden, andere brauchen einen Filterhalter. Filterhalter erlauben im allgemeinen auch die Kombination verschiedener Filter miteinander. (siehe Zeichnung S. 117). Dadurch ergeben sich besondere Abbildungswirkungen. (Siehe S. 119 rechte Spalte.)

Korrigierende Standardfilter: Es gibt drei Haupttypen, die für Farbaufnahmen oft unerläßlich sind, um bestimmte außergewöhnliche Lichtverhältnissse zu korrigieren.

● Ein Ultraviolett-Sperrfilter (UV) besteht aus einem klar durchsichtigen Glas, das sehr kurze Lichtwellen absorbiert, also den allgemeinen Blaustich elimentiert, Landschaftsaufnahmen klarer macht.

● Ein neutraler Graufilter, der die zu hohe Gesamthelligkeit bei Tageslichteinstrahlung oder nur die zu hohe Helligkeit des Himmels (Verlauffilter) entsprechend herabdrückt (siehe S. 85). Ein solcher neutraler Graufilter erhöht die plastische Wirkung.

● Der Polarisationsfilter, fast klar durchsichtig, beseitigt Reflexionslichter auf Glas und Wasser. Auch erhöht er die Durchsichtigkeit bei Dunst und Nebel. Polarisationsfilter vertiefen auch den Farbton und erhöhen den Farbkontrast (siehe S. 85).

Farbausgleichsfilter: Diese Filter korrigieren die Farbwiedergabe oder verändern die Farbwiedergabe im Interesse bestimmter spezieller Effekte, wie z. B. scheinbare Nachtaufnahmen, die tatsächlich aber bei Tageslicht gemacht worden sind.

● Ein gelb-orange gefärbter Filter verschluckt alle zu starken Blautöne (Wolken am Himmel). Im ganzen bewirkt dieser Filter auch in Schattenpartien eine wärmere Farbtonwiedergabe. Das gilt besonders für Hauttöne.

● Ein Blaufilter reduziert alle vorherrschenden Rottöne wie sie bei sinkender Sonne oder Sonnenaufgang auftreten.

● Spezielle Violettfilter verhindern, daß von Leuchtstofflampen beleuchtete Motive im Bilde grün erscheinen.

Filter und Objektivvorsätze für spezielle Effekte: Das sind Hilfsmittel, mit denen fast unbegrenzt viele Effekte erzielt werden können. Mancher Filmende – und das ist die Kehrseite der Medaille – ist schon seinem eigenen Spieltrieb erlegen und hat den Einsatz solcher Effekte reichlich überstrapaziert.

Spezialeffekte erreicht man durch Spezialfilter; von links nach rechts: vom Rotfilter bis zum Sternchenfilter reichen die Möglichkeiten!

● Ein strenges Farbfilter – vor allem in Rot, Grün und Blau – färbt das gesamte Bild einheitlich in seiner Eigenfarbe ein. Interessante, auch dramatische Effekte sind zu erzielen – allerdings nur bei Motiven mit hohen Lichtkontrasten.
● Ein Nebelfilter bringt Dunst ins Bild. Um Lichtquellen herum bilden sich charakteristische Lichthöfe. Der Effekt ist umso stärker je weiter sich die Blende öffnet.
● Ein Sternfilter – das ist eine Klarglasscheibe mit eingravierten sich kreuzenden Rillen – sorgt dafür, daß alle Lichtpunkte als Sterne wiedergegeben werden. Wird dieser Vorsatz während der Aufnahme vor dem Objektiv gedreht, dann beginnen die Lichtsterne im Bilde zu rotieren.
● Ein Prismen-Trick-Vorsatz läßt ein in der Mitte des Motivraumes gelegenes Objekt vervielfacht erscheinen. Gute Ergebnisse setzen dunklen Hintergrund voraus und eine möglichst weit geöffnete Blende. Probieren Sie auch aus welche Brennweite besonders günstig ist.

FILTERHINWEISE

● Gehen Sie mit Filtern sehr vorsichtig um. Vermeiden Sie Fingerabdrücke!
● Filterkombinationen erzeugen ungewöhnliche Wirkungen. Kombinieren Sie Farbfilter mit anderen Filtern. Dabei ergeben sich überraschende Effekte.
● Ein Weichzeichnereffekt ist erzielbar, durch Vaseline auf einer durchsichtigen Glasplatte, die vor die Linse gehalten wird.
● Ein alter Hollywood-Trick besteht darin, ein Stückchen Nylonstrumpf vor das Objektiv Ihrer Kamera zu halten. Dadurch ergeben sich auch sternförmige oder diffuse Lichtzerstreuungseffekte (siehe S. 134).
● Um Mondscheinaufnahmen zu simulieren, können Sie einen kräftigen Blaufilter vor das Objektiv schalten und die Szene unterbelichtet aufnehmen.
● Schalten Sie einmal einen Neutralfilter mit gerußtem Glas zusammen!
● Lassen Sie zwei Polarisationsfilter gegeneinander rotieren.
● Experimentieren Sie mit beliebig gefärbten Gläsern, Plexiglas, Prismen, Kaleidoskopen.

ÜBERSPIELEN VON SCHMALFILM UND DIAS AUF VIDEO

Die Überspielung Ihrer 35-mm Kleinbildaufnahmen (Kleinbilddias) oder Ihrer Sammlung von Doppel- oder Supper-8-Filmen auf Videofilme hat etliche Vorteile.

- Video-Material ist leicht zu präsentieren, da Sie weder Projektor noch Leinwand aufbauen müssen.
- Die Dias und die 8-mm-Filme können in Ihre Videofilme hineingeschnitten werden; so sind dramatische Wirkungen durch entsprechende Schnittfolgen zu erzeugen. Auch die Gesamtfarbabstimmung kann durch Überspielen und durch z. B. Maskeneffekte verändert werden. (siehe S. 116). Sie können auch einen neuen Kommentar, ja Musik und ganze Geräuschfolgen hinzufügen und ein Diaarchiv filmisch verlebendigen.
- Ihr Diaarchiv bekommt ebenso wie Ihr Filmarchiv durch die Überspielung eine neue Qualität. Videobildbänder sind sehr viel wiederstandsfähiger und halten eine beliebige Anzahl von Vorführungen aus. (siehe S. 211).

Wie bei jedem Kopierprozeß besteht der Nachteil darin, daß ein Teil des Bildfeldes verloren geht. Doch man kann diesen Verlust gering halten. Auf jeden Fall ist zwischen dem Film oder dem Diafilm und dem Videoband ein Zusatzgerät erforderlich (siehe Kasten S. 121 und die untere Zeichnung Spalte 2). Die einfachste Methode besteht darin, die Dias oder Filmbilder auf eine Projektionsfläche zu projizieren:

- Stellen Sie den Projektor in einem dunklen Raum auf und projizieren Sie die Vorlage auf eine geeignete Projektionsfläche.
- Stellen Sie die Kamera auf einem Stativ so nah wie möglich neben die Projektionseinheit. Je geringer der Abstand zwischen der Projektionseinheit und Ihrem Kameraobjektiv ist, umso weniger wird das projizierte Bild verzeichnet. Justieren Sie das Zoom-Objektiv auf Telestellung.
- Stellen Sie den Weißabgleich auf Kunstlicht, die Optik auf höchste Schärfe ein.
- Schließen Sie Ihre Videokamera an Ihr Fernsehgerät an.
- Lassen Sie den Film, zuerst einmal ganz ablaufen, ohne ihn aufzunehmen.

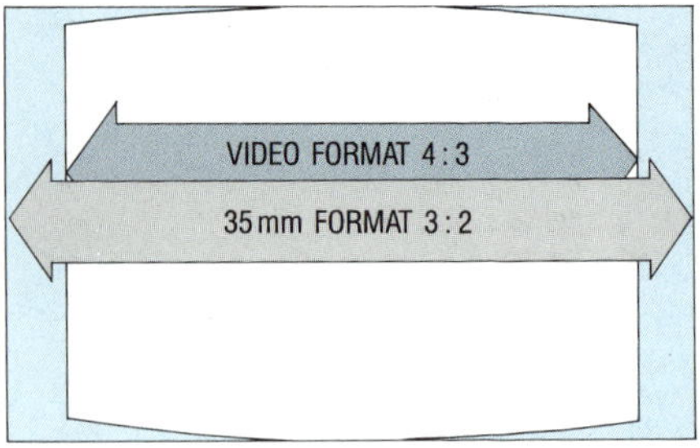

Das 35 mm Kleinbildformat (3 : 2) ist geringfügig breiter als das des Videofilmbandes (4 : 3).

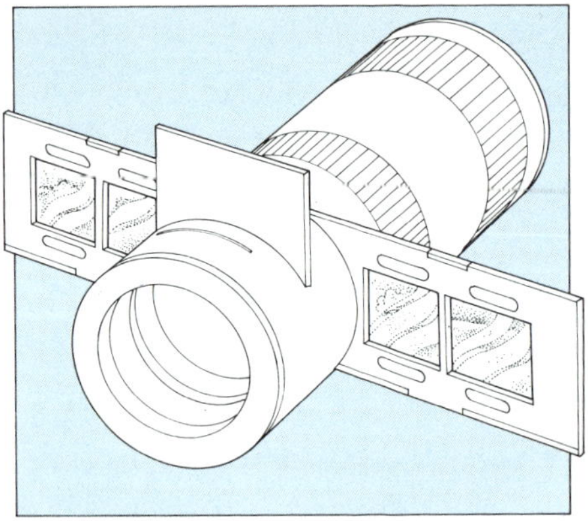

Ein Adapter ist zu kaufen, der es erlaubt, Dias Bild für Bild einzustellen.

- Stellen Sie von Zeit zu Zeit leichte Schärfe- und Helligkeitsschwankungen nach, schalten Sie die Blendenautomatik ein, die die einzelnen Szenen selbständig korrigiert.
- Wenn Sie den Originalton von Film auf Bildband übertragen wollen, können Sie den Tonabnehmeranschluß Ihres Projektors mit dem Audioanschluß Ihrer Kamera direkt verbinden.

Fast immer stellen sich hauptsächlich zwei Probleme dabei ein.

Einige der Filmszenen haben möglicherweise eine für die Übertragung auf Videofilmband zu starken Helligkeitskontrast. Dann gibt es nur die Möglichkeit, die Blendeneinstellung

DIE FILM-AUF-VIDEOBAND-ÜBERTRAGUNG

Einen Film oder Dias auf das Videoband zu übertragen, kann durch Zwischenschaltung einer Anlage durchgeführt werden (siehe Bild unten). Durch den Umlenkspiegel wird das Filmbild seitenrichtig auf das Videoband übertragen. Die Videokamera ist auf Großaufnahmeeinstellung eingestellt. Auf dem Fernsehempfänger können Sie die Qualität selbst überprüfen, ebenso die Tonübertragung, die von dem Tonabnehmer des Projektors mit dem Kabel direkt an den Tonaufnehmer der Videokamera überspielt werden kann.

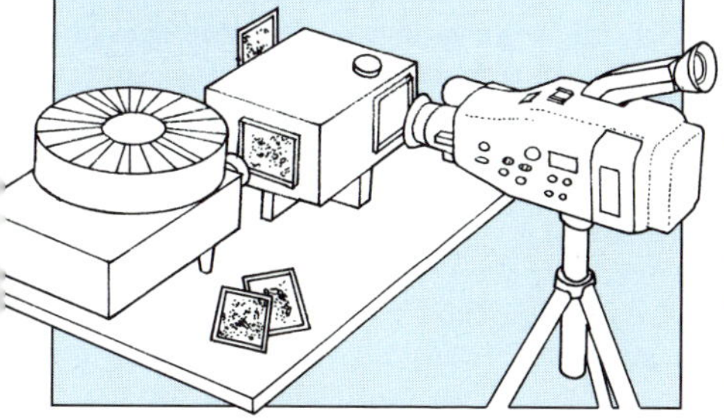

so zu wählen, daß Sie entweder die hellen Motivteile im Filmbild einwandfrei belichtet auf dem Videoband erhalten oder aber die dunklen.

Das zweite Problem, das Sie berücksichtigen müssen, betrifft die raschen, zitternden Helligkeitsschwankungen, die auf dem Bildschirm Ihres Fernsehempfängers während der Übertragung sichtbar werden können. Sie werden verursacht durch die unterschiedliche Bildfolgegeschwindigkeit zwischen dem Filmprojektor und der Aufnahmegeschwindigkeit der Videokamera. Wenn Sie einen 8-mm-Film übertragen, dann wird der Projektor 18 Bilder pro s auf die Projektionsfläche werfen, während die Videokamera diese Bildfolge mit einer Geschwindigkeit von 25 Bildern pro Sekunde aufnimmt.

Eine entsprechende Beschleunigung der Projektionsgeschwindigkeit durch den Filmprojektor kann diese Erscheinung reduzieren. Das aber hat dann zur Folge, daß die Tonübertragung verzerrt wird. Wenn Sie mit einer derartigen Anlage arbeiten, müssen Sie die qualitativ beste Übertragungsmöglichkeit selbst herausfinden.

Das Bild ist immer wichtiger als der Ton; Sie können erst das Bild übernehmen und den Ton vom Film separat herunterspielen und später nachsynchronisieren. Beides in einer professionellen Kopieranstalt übertragen zu lassen, ist auch sinnvoll.

Die Bildfeldverluste dagegen, die Sie bei der Übertragung von Kleinbildfilm wegen der Verschiedenheit der beiden Formate bekommen, kann auch der Berufsfilmer nicht ausgleichen. In diesen Fällen müssen Sie sich entscheiden, welchen Teil Sie jeweils opfern können. Muß das gesamte Bildfeld der Kleinbildaufnahme übertragen werden, ist der einzige Ausweg, den Kleinbildfilm vorsichtig und langsam durch das Bildfeld der Kamera zu bewegen (siehe Abbildung rechte Spalte, S. 120 unten).

Wenn Sie versuchen, aus einem Kleinbild durch Zoomen in die Makroeinstellung Bildausschnitte zu übertragen, dann berücksichtigen Sie, daß Sie bei fortschreitender Vergrößerung das Korn sichtbar machen.

Auch während dieser Übertragungsvorgänge ist die unaufhörliche Kontrolle der Bildqualität über den Fernsehschirm notwendig. Sie werden auch immer wieder Probleme durch Fremdlichteinstrahlung beobachten können, die nur mühsam auszuschalten sind.

Der besondere Vorteil, gewisse Motivthemen zunächst auf Film aufzunehmen und dann auf das Videoband zu übertragen, besteht darin, daß Sie bei Filmaufnahmen freier sind, echte Zeitlupe und Zeitrafferaufnahmen ebenso wie Einzelbildtrickaufnahmen herzustellen.

SCHNITT UND MONTAGE ALS GESTALTUNGSMITTEL

> *„Schneiden ist eine kritische Sache, z. B. James Stewart schaut auf eine Mutter, die ihr Kind stillt. Sie schneiden vom Kind direkt auf James Stewart. Er lächelt. Ein gütiger alter Herr. Wenn Sie nun ein hübsches Mädchen in einem Bikini stattdessen einschneiden, verwandelt sich James Stewart in einen Lustgreis."*
>
> **Alfred Hitchcock.**

Schneiden heißt: einzelne Szenenaufnahmen voneinander trennen und in neuer Ordnung zusammenfügen. Diese Wirkung erzielen Sie auch dadurch, daß Sie die einzelnen Szenen in bestimmter Weise kürzen und in neuem Rhythmus einander folgen lassen.

Die Schnittgestaltung hängt von Ihrer Phantasie und von den technischen Möglichkeiten ab.

Wenn Sie bereits beim Filmen wissen, daß Sie später schneiden, erweitert sich die Palette Ihrer gestalterischen Möglichkeiten entscheidend. Dazu kommt die Fülle «kreativer» Nachbearbeitungstechniken, mit der Sie Ihre Aufnahmen ergänzen und manipulieren können.

● **Die parallele Handlung:** Wenn Sie Filmszenen von zwei verschiedenen Vorgängen abwechselnd aneinanderschneiden, erwecken Sie den Eindruck, daß diese zusammenhängen. Wenn Sie immer wieder Filmszenen von einem Mann, durch einen Blick auf einen Blumenstrauß etwa in Großaufnahme mit einem Mädchen unterschneiden, das sich für den Abend ankleidet, ergibt sich der zwingende Eindruck, daß der Mann und das Mädchen zueinander in Beziehung stehen.

● **Der Wechselschnitt:** Dieser Schnitt kann die Beziehung zwischen den Einzelszenen noch wesentlich verstärken. Z.B. eine Katze, die Milch trinkt und ein kleines Mädchen, das etwas beobachtet.

● **Nebeneinanderstellen:** Wenn Sie zwischen zwei Einzelszenen hin- und herschneiden, können Sie eine Ideenbeziehung zwischen den zwei Inhalten erzwingen. Z.B. eine getriebene Viehherde und eine Menschenmenge, die in einen Untergrundschacht hineindrängt.

● **Temposteigerung:** Wenn Sie selbständige Szeneninhalte immer kürzer hart aneinanderschneiden, erwecken Sie das Gefühl einer heftigen Temposteigerung.

● **Montage:** Eine Serie von zusammengehörigen Szeneninhalten, richtig hintereinander geschnitten, läßt die Handlungen fortschreiten. Typische Herbstlandschaft zu Winterlandschaft verdeutlicht den Jahresablauf.

● **Spannung:** Durch mehrfache Wiederholung des gleichen Szeneninhalts erwecken Sie Erwartungen, die sich bis zur regelrechten Spannung treiben lassen.

● **Schockwirkungen:** Wenn Sie den gleichen Szeneninhalt abrupt ergänzen, können Sie Schock erzeugen. Ein Beispiel: ein Mensch öffnet langsam eine Tür und hört in den Raum hinein, und plötzlich erscheint von hinten eine Hand, die ihn an der Schulter faßt.

● **Zeitsprungschnitte:** Ein direkter, plötzlicher Übergang von einer Person in eine Szene, wo sie in gleicher Haltung etwas anderes tut, erweckt im Zuschauer den Eindruck, daß Zeit vergangen sein muß. Z.B. ein Mann, der ein

Indem Sie Material von drei verschiedenen Bändern zusammenschneiden (das Kind, die Statue, das Pferd), können Sie eine völlig neue Geschichte entwerfen. Hier ist die Sequenz so zusammengesetzt, daß man meint, die Statue würde für die Kinder lebendig werden.

Essen bestellt, und der in der nächsten Szene in der gleichen Haltung sein Glas austrinkt.

- **Bewegungssprung:** Er erweckt den Eindruck als ob die erfaßte Handlung ganz langsam abliefe. Die Nahaufnahmen von einer Person, wie sie ein gefülltes Glas zum Mund führt, unterschneiden Sie z.B. nach dem Beginn durch eine Szene, die das Glas in Großaufnahme am Mund zeigt.

Einige technische Grundlagen: Bei der Aufnahme eines Videos, werden gleichzeitig unsichtbare Synchronimpulse mitaufgezeichnet, die die Geschwindigkeit und Gleichmäßigkeit bei der Wiedergabe steuern. Beim Assembleschnitt werden die Synchronimpulse mit Bild und Ton mitkopiert. Für störungsfreie Schnitte müssen diese Impulse und das Videosignal an der Schnittstelle genau «in Takt» sein. Dazu dient bei assemble-schnittgeeigneten Recordern die Rücklauf- bzw. Hochlaufautomatik bei Aufnahme-Pause bzw. -Start.

Ist der Assembleschnitt mißlungen, muß in die vorherige Sequenz gegangen und einige Sekunden vor ihrem Ende ein neuer Schnittpunkt festgelegt werden. Wiederholtes Schneiden am gleichen Punkt ist ohne Bildverluste kaum möglich. Ggfs. ist der gesamte Film mit besser getimten Schnittpunkten neu zu schneiden. Der Schnitt wird auch nur dann störungsfrei, wenn er nicht direkt aus der Wiedergabe-Pause (Standbild) des zuspielenden Camcorders gestartet wird. Auch er benötigt zu stabiler Wiedergabe etwas Vorlauf.

Videorecorder mit Insertschnitt-Einrichtung ermöglichen es, in ein fertiges Band Bild und/oder Ton einzufügen. Dazu muß zuerst der genaue Anfangs- und Endpunkt auf dem bespielten Band bestimmt werden. Bei manchen Recordern läßt sich der Zählwerksstand für das Schnittende speichern. Dann wird die Stelle zum Einschneiden aufgesucht, die Insertfunktion gewählt und das Schneiden ähnlich wie beim Assembleschnitt durchgeführt (siehe S. 62). Der Recorder wird am Schnittende durch den Zähler automatisch angehalten. Beim Insertschnitt bleibt (bei VHS) die Kontrollspur mit den Synchronimpulsen durchgehend erhalten. Ein rotierender Löschkopf ist (wie beim Assembleschnitt) für störungsfreien Schnittanfang und -ende unerläßlich.

Mit Insertschnitt können Sie an jedem Punkt Titel oder evtl. auch Grafiken einfügen. Noch wichtiger ist, daß Sie Zwischenschnitte einfügen können, die Sequenzen verbinden und damit einen «logischen» Bildfluß schaffen. Plazierung und Timing sind jedoch kritisch!

Videorecorder mit sog. Jog-Shuttle unterstützen genaues Schneiden, da das Band bequem durchsucht werden kann. Besonders wichtig ist die Einzelbildschaltung vor- und rückwärts! Mit ihr können Schnittpunkte exakt angefahren und die jeweils individuellen Rück- und Hochlauflaufzeiten der Geräte besser aneinander angepaßt werden. Mit guten Recordern und sorgfältigem Austesten können Sie eine Schnittgenauigkeit von ca. ± 1/4 s (± 6 Bildern) erreichen.

Professionellere Schnittsteuerungen eröffnen noch mehr Möglichkeiten (s. S. 148 ff.).

NACHVERTONUNG · 1

Gekonnt eingesetzter Ton, ist ein wichtiger Bestandteil jeden Videos. Der Ton bestimmt die Bildwirkung ganz entscheidend mit. Eine Aufnahme einer Kirche ruft je nachdem, ob Hochzeitsglocken oder Käuzchenruf zu hören ist, andere Empfindungen hervor. Denken Sie an den Ton, wenn Sie Ihre Aufnahmen planen, vor allem bei Spiel- oder Dokumentarfilmen, ist der Lifeton unentbehrlich!

Der Ton wird beim Filmen automatisch mitaufgenommen. Beim Schneiden kann die Tonspur mit den Bildern zusammen neu auf Qualität, Wichtigkeit und Gestaltungswert hin überprüft und ggfs. nachvertont werden. Im einfachsten Fall können Sie zusätzlichen Ton (Geräusche, Musik, Kommentar) direkt beim Schnitt durch Zwischenschalten eines Tonmischpults zum Originalton dazumischen.

Musikbegleitende Kommentare, die Sie hinzufügen wollen, vor allen Dingen auch Geräusche, die eine natürliche Atmosphäre schaffen, können Ihrem Bildinhalt auf diese Weise passend hinzugefügt werden. Es ist im allgemeinen sinnvoller, wenn Sie eine Musik-Sprach-Geräusch-Mischung vorher auf separates Tonband zusammenmischen, weil Sie dann leichter korrigieren können. Auf das Videoband selbst können Sie Musik, Sprache und Geräusche nicht nacheinander aufspielen, indem Sie das Band zurücklaufen lassen, auf dem Sie zunächst z. B. die Musik aufgespielt haben, weil dann durch den Versuch, die Sprache hinzuzufügen, die vorher bereits aufgespielte Musik wieder gelöscht wird. Das macht die Nachsynchronisation sicher ein bißchen kompliziert.

> *„Ich bin wirklich interessiert an den Beziehungen zwischen Musik und Empfindungen . . . Es kommt darauf an, den richtigen Ton passend zum Film zu finden. Bestimmte Beleuchtungsarten lösen Gefühlsstimmungen aus – doch der Ton beeinflußt die Gefühlslage noch stärker!"*
>
> **David Lynch, Regisseur.**

MUSIK

Musikalisches Nachvertonen ist die häufigste Methode. Nutzen Sie niemals Musik einfach als Übergang, wenn ein Filmszeneninhalt ohne Ton von sich aus stark wirkt. Für die Musik, besteht Copyright-Schutz, den Sie vorher abklären sollten. Nur für Ihre persönlichen Vorführungen besteht der Copyright-Schutz nicht.

Sowohl die Auswahl der zu überspielenden Musikstücke als auch Tempo und Rhythmus haben großen Einfluß. Vermeiden Sie, Musik zu überspielen, die weithin bekannte Schlagermelodien und ähnliche Musikthemen enthält, es sei denn es kommt Ihnen gerade darauf an.

- Wählen Sie Musik aus, um eine ganz bestimmte Vervollständigung Ihrer Filmszeneninhalte durch Rhythmus und Klang zu erreichen. Einleitungsmusik unter der Titeleinleitung und die Schlußmusik unter der Aufstellung der Mitwirkenden sollten thematisch aufeinander abgestimmt sein.
- Durch bestimmte Musikszenen lassen sich einzelne Szenenfolgen überbrücken.
- Musik erzeugt stets Atmosphäre.
- Auch Vorgänge und Handlungsabläufe können durch stark rhythmische Musik akzentuiert werden.
- Dramatische Höhepunkte werden musikalisch stärker. Disonanzen bewirken Spannungserhöhung.
- Die Musik kann auch kommentierend wirken.

SPRACHKOMMENTARE

Für viele Ihrer Filme brauchen Sie einen eigenen Wortkommentar. (Siehe S. 160) Bevor Sie die Überspielung vornehmen, sollten Sie mehrfach mit Hilfe einer Stoppuhr die Länge festlegen. Kommentarsätze sollen möglichst kürzer als die ganze Filmszene sein.

- Machen Sie die Sprachaufnahme in einem sehr ruhigen Raum, ohne starken Nachhall (siehe S. 32).
- Lassen Sie das Bild bei runtergedrehtem Ton auf dem Fernsehschirm laufen; so vermeiden Sie Pfeiftöne durch Rückkoppelung (s. S. 211).
- Der Sprecher sollte vor einem schräg gestellten Pult stehen. Jede Kommentarseite sollte in Plastikfolie stecken, damit beim Umblättern keine Raschelgeräusche entstehen, die das Mikrofon mitaufzeichnet.
- Das Mikrofon nicht näher als 30 cm vor den Mund! Machen Sie einen Sprechtest, um die Lautstärke und den Frequenzumfang Ihrer Stimme festzulegen. Zischlaute kann man dämpfen, indem man schräg einspricht.
- Vermindern Sie Ihre Lautstärke am Satzende nicht. Machen Sie niemals zu lange Satzgebilde.
- Falls sich ein Versprecher ereignet, stoppen Sie die Aufnahme sofort. Beginnen Sie neu mit der Wiederholung und damit Vermeidung des Sprechfehlers.

TONEFFEKTE

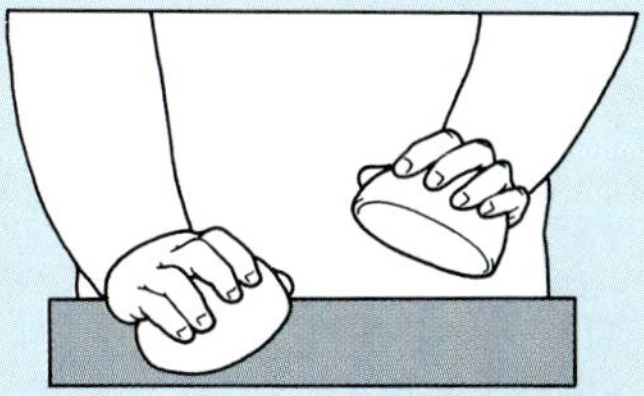

Zusätzliche Toneffekte steigern die Wirkung eines Films. Es gibt Ton- und Geräuschkonserven auf Platten und Kassetten im Handel zu kaufen. Andererseits macht es Spaß, die Geräusche selbst zu fabrizieren, um sie dann in den Film einzubauen. Es gibt da viele Mittel: Kokusnußschalen (galoppierende Pferde), Plätschern in Wasserbecken (Ruderboot), Papier, das zerdrückt wird (knisterndes Feuer), dünne Bleche, die geschüttelt werden (Donner) (siehe S. 127).

- Produzieren Sie zum Bild passende Geräusche – etwa Brandungsgeräusche für Aufnahmen an der Küste, Verkehrslärm für Einstellungen aus einer City.
- Töne von Schallquellen, die nicht zu sehen sind, bereichern die bildliche Darstellung: Glockengeräusche für Aufnahmen von einem Dorf, Gemuhe für Bilder von der Alp.
- Bringen Sie Atmosphärisches ins Bild – mit Geräuschen wie Donner, Heulen des Windes, Prasseln von Regentropfen.
- Der Schlag des Herzens, sich nähernde Schritte, das Ticken einer Uhr – das sind symbolische Geräusche, die ungewöhnlich starke Emotionen auslösen.

Vermeiden Sie alle Geräusche, die sehr exakt einem Ereignis im Bild beigefügt werden müssen – etwa einen Tennisballaufschlag oder den Einschlag eines Blitzes. Es ist zu schwierig, so etwas mit der wünschenswerten Genauigkeit hinzubekommen.

NACHVERTONUNG · 2

Der einfachste Weg, eine Nachvertonung vorzunehmen, besteht darin beispielsweise einen Kommentar zu einem Reisevideo auf eine noch «jungfräuliche» Spur des Videobandes unter Nutzung der Audio-Dup-Einrichtung eines Recorders oder Camcorders aufzuzeichnen. Hat der Recorder zwei Tonspuren, nimmt man den Neuton auf die eine auf, während der O-Ton auf der anderen erhalten bleibt. Da man bei dem Verfahren nicht kontrollieren kann, wie sich die Lautstärken der beiden Aufzeichnungen zueinander verhalten, kommt man ohne Vortests nicht aus.

Haben Sie nur eine Maschine für Einspur-Tonaufzeichnung zur Verfügung, dann können Sie zwar kurze Textabschnitte zwischen den O-Ton setzen. Allerdings wird an den Stellen, die Sie neu besprechen, der Originalton total gelöscht.

Per Audio-Dup läßt sich natürlich auch Musik aus der Konserve - Schallplatte, Kassetten-Recorder, Tonbandgerät - auf die Video-Aufzeichnung übertragen.

Wenn man in einen Camcorder einen neuen Ton einspeist, senkt der automatisch den ursprünglichen Ton ab. Das ist wichtig, damit z. B. aufgesprochener Text nicht zu stark vom Hintergrundgeräusch überlagert wird. Unter Umständen kommt dann aber in den Sprechpausen der Hintergrundton zu stark heraus. Es gilt im jeweiligen Einzelfall auszutesten, ob es günstiger ist, mit der Automatik-Tonaussteuerung zu arbeiten oder den Ton manuell auszusteuern.

ORIGINAL GERÄUSCHE

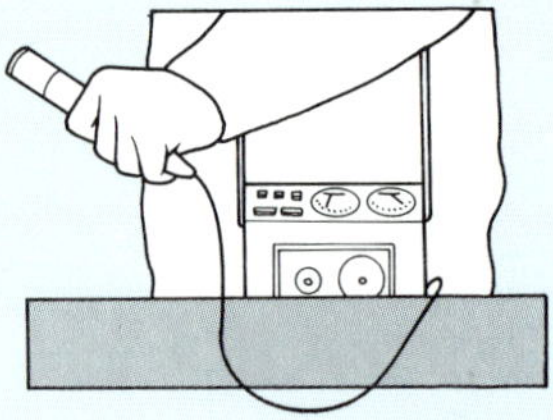

Separate Tonaufnahmen, aufgenommen vor Ort mit einem Kassetten-Recorder oder Tonbandgerät, lassen sich beim Schnittkopieren einspielen und mit anderen Tonereignissen - Musik, Sprache - mischen.

Vielfach ist die zusätzliche Tonaufnahme einfach wichtig - insbesondere dann, wenn Sie etwa Ereignisse mit Musik aufzeichnen - wie Paraden, Prozessionen, Umzüge. Mit der Video-Kamera möchten Sie gerne viele abwechslungsreiche Einstellungen in kurzer Folge herunterdrehen. Dabei wird der Ton natürlich immer wieder unterbrochen - und mit ihm die Musikstücke.

So ein Tonchaos ist schwer zu ertragen. Um die Musikstücke in ganzer Länge zwecks späterer Überspielung aufzuzeichnen benötigen Sie ein eigenes Tonbandgerät - und einen Freund, der Ihnen hilft.

MISCHEN

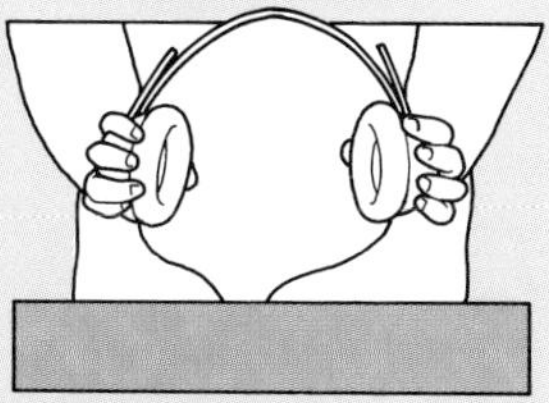

Schon ein ganz einfaches Mischpult erlaubt, mehrere einzelne Tonspuren auf ein gemeinsames Mischband zusammenzuspielen. Machen Sie Vormischbänder auf denen zwei Tonspuren miteinander richtig gemischt überspielt worden sind. Das Tonmischpult kann direkt mit einem Tonaufnahmegerät verbunden und die Töne können getrennt nach Musik, Sprache und Geräuschen auf den parallel laufenden Spuren eines Stereo- oder Vierspurgeräts aufgespielt werden. Die Übereinstimmung der Bewegungen in der Szene mit den einzelnen Tonereignissen kann so besser erreicht werden. Diese Tonvormischung können Sie dann in den Recorder einspielen, Sie müssen dabei sehr sorgfältig verfahren. Besonders heikel können die Lautstärken der Tonergebnisse sein, so z. B. wenn Sie wollen, daß die Hintergrundmusik nur als Begleitung der im Vordergrund sich abspielenden Bild- und Tongeschehnisse empfunden werden sollen. Für Sprachkommentare ist es oft nötig, die Musik vollständig auszublenden. Um solche Mischungen vollkommen durchzuführen, müssen Sie den Originalton vom Bildband erst einmal separiert auf ein eigenes Tonband abspielen, das dann über den Mischer usw. mit den übrigen Tonbändern vereint wird. Erst dann kann alles gemeinsam wieder auf das Videobildband zurückübertragen und ideal wiedergegeben werden.

KREATIV ARBEITEN

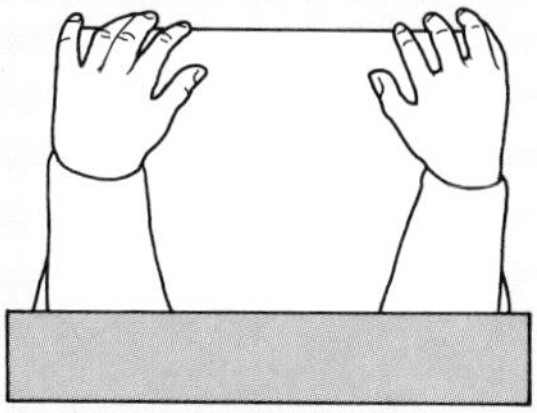

Welche Tonereignisse Sie auch immer auf Bildband übertragen, die Vielfalt der Arbeiten ermöglicht großartige Experimente:

- Beleben Sie Ihre Wortkommentare dadurch, daß Sie mehrere Stimmen für den Vortrag der Kommentare einsetzen: in Familienfilmen etwa nacheinander die Großeltern, Kinder usw. aufnehmen.
- Setzen Sie musikalische Wirkungen auch für humoristische Effekte ein, z. B. können Sie eine Popmusik über ein Sportereignis oder eine romantische Melodie über eine Affengruppe synchronisieren.
- Plappernde Papageien passen zu einer Gruppe sich unterhaltender Menschen. Verkehrsgeräusche zu einem Unterwasserfilm.
- Versuchen Sie Tierstimmen nachzuahmen, auch Blitzeinschlag, Donner und Windheulen. Benutzen Sie dazu Haushaltsgeräte, eine mit Bohnen und Erbsen gefüllte Schüssel, schlagen Sie Eiweiß, schälen Sie eine Kartoffel.
- Sie können sogar eigene Musikthemen komponieren und instrumentieren. Dies geht besonders leicht mit einem Synthesizer, einem elektronischen Gerät, das künstliche Töne erzeugt.

VIDEO-MEISTERSCHAFT

Selbst mit einer kleinen Videoausrüstung können Sie phantasievolle und ideenreiche Videokunststücke machen. Andererseits: je perfektionierter Ihre Geräte sind, desto besser können Sie Ihre Kreativität einsetzen und es vielleicht zur «Meisterschaft» bringen. Dieses Kapitel wird Sie über bestimmte Möglichkeiten informieren, wie Sie die Wirkung Ihrer Filme noch erhöhen können. Nicht immer ist das eine Kostenfrage, oft erfordert es eher Enthusiasmus und die Zusammenarbeit mit anderen Video-Begeisterten.

KREATIVE AUSLEUCHTUNG · 1

Der Hauptzweck der Ausleuchtung besteht darin, durch richtige Belichtung die beste Qualität der Abbildung zu erreichen, d. h. ein Maximum an Schärfe, farbtongesättigten Farben und sinnvolle Helligkeitskontraste. Sie können durch überlegte Ausleuchtung einen Menschen sehr viel interessanter aussehen lassen, wenn Sie z. B. seine Körperkonturen, sein Gesicht oder die Hände akzentuieren. Unruhig wirkende Hintergründe lassen sich durch Lichtschwächung wirksamer und gleichmäßiger darstellen. Räumliche Tiefeneindrücke kann man so verstärken. Das wichtigste aber ist, daß Sie die Atmosphäre und die Stimmung heben oder dämpfen können.

Der Schwierigkeitsgrad einer Ausleuchtungsaufgabe hängt vom jeweiligen Motiv ab. Die meisten Innenaufnahmen werden Sie mit ein oder zwei Lampen bewältigen können. Wenn Sie dagegen Dokumentar- oder Werbefilme machen wollen, wird die einfache Ausleuchtung meistens nicht genügen. Bei der Aufnahme von Spielfilmszenen trägt die Ausleuchtung oft zur Unterstreichung der Handlungsmomente, der Dramatisierung bei.

Im einfachsten Fall genügt eine Lampe oder ein Scheinwerfer, entweder allein oder als Zusatzlicht zum Tageslicht. Selbst wenn die allgemeinen Lichtbedingungen in einem Raum ohnehin ausreichen, kann eine zusätzlich eingesetzte Kunstlichtbeleuchtung die Bildwirkung erheblich steigern. Achten Sie auf die Lichteffekte in den Augen und Pupillen. Starke Schatten sollten aufgehellt oder der Helligkeitskontrast insgesamt gemildert werden. Porträts werden mit der Beleuchtung von nur einer Lampe verflacht wiedergegeben, besonders bei dunklem Hintergrund (s. Bild oben).

Wenn Sie zwei Lampen oder noch mehr zur Verfügung haben, wird die Ausleuchtungswirkung (s. Bilder S. 131) schon dadurch wesentlich erhöht, daß Sie Schattenpartien aufhellen können.

Das Haupt- oder Führungslicht, ist die Hauptlichtquelle für die Allgemeinhelligkeit. Es soll das Motiv von vorn beleuchten aus einem Winkel von 30 bis 45 Grad, über der Augenhöhe. Damit entstehen akzentuierte Schatten in den Augenhöhlen.

Das Aufhellicht, steht gegenüber dem Hauptlicht. Es hellt Augenhöhlen und Nasenschatten auf. Es sollte weicher sein und schwächer wirken oder weiter vom Motiv aufgestellt werden. Achten Sie auf eventuelle Doppelschatten!

Das Rücklicht wird über und hinter dem Hauptobjekt plaziert. Es bewirkt einen Randlichtschimmer auf den Haaren und Schultern. Es soll das Motiv vom Hintergrund abheben und kann hart oder weich wirken, dem Motiv entsprechend.

Das Hintergrundlicht wird benutzt, um den Raum hinter dem Motiv zu beleuchten. In jedem Fall darf es niemals so intensiv sein wie das Licht im Vordergrund. Vor allem in großen Räumen ist eine Hintergrundausleuchtung effektvoll.

Mit Tageslicht allein, das hier durchs Fenster fällt, liegen auf der einen Seite des Gesichts zu starke Schatten (siehe Bild ganz oben). Für eine bessere Ausleuchtung (oben und rechts) benutzen Sie das Tageslicht als Hauptlicht und hellen mit einer einzigen Lampe auf, um einen natürlicheren Eindruck zu erhalten. Um das entstehende Mischlicht zu verwandeln, setzen Sie einen blauen Gelatinefilter vor die Lampe, und stellen den Weißabgleich auf Tageslicht ein.

Mit 3 oder 4 Lampen wird auf den Zeichnungen (links) eine Studioausleuchtung demonstriert. Sie sind variabel, auch mit Tageslicht als Hauptlichtquelle.

Die Beleuchtung hat die Aufgabe, charakteristische Formen Ihres Objektes herauszuarbeiten und eine dem jeweiligen Thema angemessene Stimmung zu erzeugen.

Direktes Licht läßt dramatische Effekte entstehen, d. h. intensive Lichtkontraste, die eine scharfe Modellierung der Konturen bewirken. Die Deutlichkeit solcher Lichtmodulationen ist abhängig von den Entfernungen zwischen den ausgeleuchteten Teilen und den Lampen, auch von der Lichtbündelung und von dem Lichtwinkel. Breit gestreutes Licht ist weniger scharf als gebündeltes.

Indirekte Ausleuchtung: Durch Reflexionslicht bestrahlte Wände und Decken, bewirken eine gleichmäßigere Gesamtausleuchtung (siehe S. 38). Reflektiertes Licht läßt die Sequenzen weicher erscheinen. Je näher die Lampen und Scheinwerfer vor den Wänden stehen, umso intensiver ist die Gesamthelligkeit.

Reflektoren gehören mit zur Videoausrüstung. Gewöhnen Sie sich an das Hilfsmittel der indirekten Beleuchtung, Sie werden mit dem Problem der Schattenaufhellung viel besser fertig!

Diffuses Licht bedeutet, das Licht so zu streuen, daß es gleichmäßiger erscheint und geringere Helligkeitskontraste bewirkt. Dieses Licht wird dadurch erzielt, daß zwischen die Lichtquelle und das angestrahlte Objekt ein lichtdurchlässiges Material (Streuschirme, Streuplatten) geschaltet ist. Die Streuung lohnt sich deshalb, weil auch die Helligkeitskontraste gemildert werden.

Ein hitzefestes Drahtgitter gehört zur Normalausrüstung jeden Scheinwerfers. Als Lichtstreumittel kann man auch Pergamentpapier nehmen. Klemmen Sie dieses Papier in ein bis zwei Lagen mit einer Wäscheklammer an das Lampengehäuse oder die Lichtblenden. In einem größeren Rahmen eingespannt können Sie den Streueffekt noch wesentlich verstärken.

Solche Diffuser erhitzen sich stark und können zu brennen beginnen. Also Vorsicht!

Streuschirme sollen mindestens 7,5 cm vor dem Lampengehäuse angebracht sein, so daß die Luft zirkulieren und kühlen kann. Die beweglichen Schaltbleche dienen dazu, bestimmte Bereiche im Szenenraum abzuschatten. Sie können auch dazu verwandt werden, Licht auf ein bestimmtes Objekt zu lenken.

Licht schafft Atmosphäre: mit nur einer direkten Beleuchtungsquelle entstehen starke Schatten (oben), mit diffusem Streulicht dagegen weiche und natürliche Effekte.

Farbige Gelatinefilter können Farbausleuchtungseffekte erzielen. Farbige Filter setzen aber die Lichtintensität stark herab. Grün- und Rotfilter können mehr Wärme und Atmosphäre bringen. Orange- oder Rotfilterfolien simulieren Kaminfeuer. Schütteln Sie undurchsichtige, lange Papierstreifen gebündelt vor der Lampe. Wenn Sie Innenaufnahmen mit teilweiser Tageslichtausleuchtung aufnehmen, schalten Sie auch eine leicht blaue Filterfolie vor die Lampe (siehe S. 39).

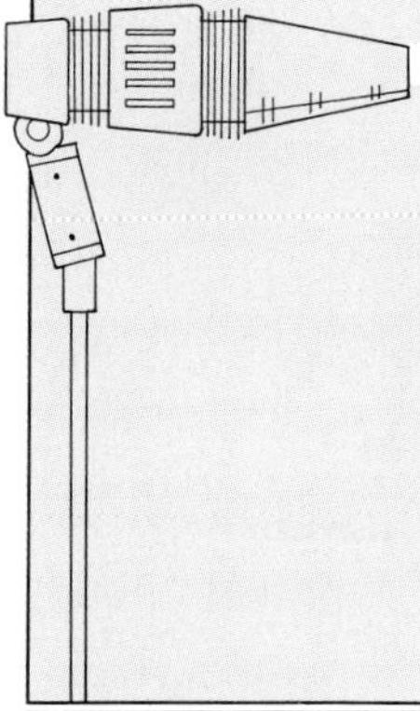

SPOT-TRICHTER

Das sind Trichter aus Karton oder Kunststoff, die, vor die Leuchte gesetzt, dafür sorgen, daß das Licht wie von einem Spotlight scharf gebündelt abgestrahlt wird. Da so ein Vorsatz - wenn man den sich nicht extra aus Metall anfertigen läßt - schnell in Flammen aufgeht, ist es besser, statt dieser unsicheren Konstruktion einen Diaprojektor mit einer Kreismaske in der Diabühne zu benutzen. Durch entsprechende Masken, kann man den Lichtbündel-Querschnitt dann auch oval, quadratisch oder dreieckig halten.

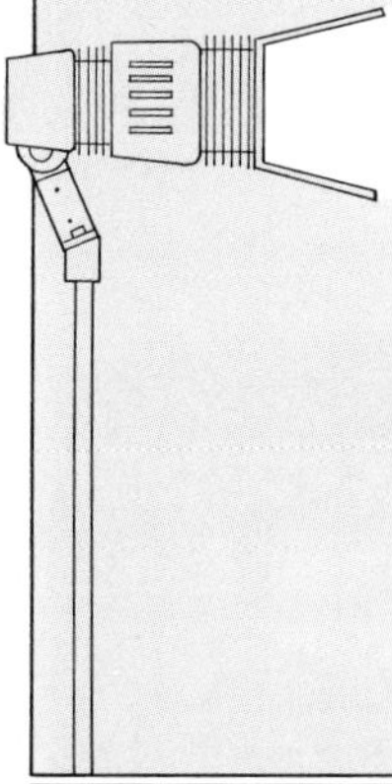

ABSCHATT-BLENDEN

Mit Hilfe geschickt angeordneter Kartons lassen sich scharfe Licht-Schatten-Abgrenzungen erzielen. Es kommt darauf an, den Karton in den Strahl, den eine gerichtetes Licht abstrahlende Leuchte aussendet, einschneiden zu lassen. Die Schattengrenze fällt umso schärfer aus, je näher der Karton - beispielsweise mit Hilfe eines Leuchtenstatives oder Notenständers - am Objekt angeordnet wird. Natürlich darf er nicht selbst mit ins Bild geraten. Übrigens lassen sich mit großen Farbfolien effektvolle Farbabschattungen erzielen.

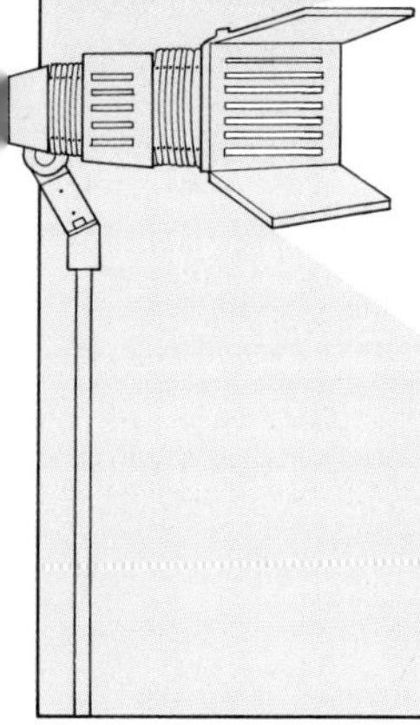

RASTER-PROJEKTION

Mit Hilfe gekaufter oder selbst angefertigter Rastervorsätze lassen sich Schattenraster aufs Motiv projizieren. Weit bessere Ergebnisse sind aber auch in diesem Falle mit einem Diaprojektor zu erzielen, in dessen Diabühne Transparent-Rasterfolien-Stücke gesteckt werden. Man kann aber noch eine zusätzliche Qualitätssteigerung der Raster-Projektion erreichen: Beliebige Raster in beliebigem Maßstab auf Diafilm abfotografieren und die Dias in die Bühne einführen. Nicht vergessen: Sie müssen am Projektor die Scharfeinstellung auf Ihr Objekt abstimmen.

> *Jeder Film braucht eine durchgehende Atmosphäre. Sie kann durch die Ausleuchtung und Lichtführung erzeugt und aufrechterhalten werden. Mehr und mehr neige ich dazu, so wenige Lichtquellen wie möglich zu verwenden. Ich habe auch immer besonders darauf geachtet, Lichteinfall und Lichtquellen auch in Nachtaufnahmen so naturähnlich wie möglich zu gestalten.*
>
> **Nestor Almendros**

Verschiedene Ausleuchtungsarten erzeugen verschiedene Stimmungen. Sehr helle Ausleuchtungen erwecken den Eindruck der Sachlichkeit, Genauigkeit und Selbstverständlichkeit. Schwache Ausleuchtung, schummrige Lichtstimmung mit starken Helligkeitskontrasten erzeugen Spannung und unheimliche Gefühlsstimmungen.

Solche Ausleuchtung hilft, Personen verschiedenartiger Gemütsbewegungen darzustellen. Beleuchtung von unten nach oben verzerrt normale Gesichtszüge zu maskenhafter Starre oder erzeugt Überlegenheit. Eine Hauptbeleuchtung von oben nach unten läßt Personen kleiner, geschrumpfter erscheinen. Sie können diese beiden Eindrücke gleichzeitig erreichen, wenn Sie in einer normal ausgeleuchteten Szene eine einzige weitere Lampeneinstrahlung hinzufügen.

Ein von oben kommendes direktes Hauptlicht mit starkem Weichzeichner auf zwei Personen in Nahaufnahme erzeugt einen Schimmer von Romantik. Nahes Rücklicht mit seinem schimmernden Lichtkranz um Kopf und die Schultern kennen Sie schon, auch die Lampe von vorne unten, für die Lichtpunkte in den Augen.

Bei Innenaufnahmen mit Reflexlicht simulieren Sie Tageslicht, ein weiteres kräftiges Führungslicht von einer Seite erweckt den Eindruck eines Fensters.

Hauptlichtausleuchtung mit sich überkreuzenden Scheinwerfern aus gleichem Abstand erzeugt eine gleichmäßige Helligkeit.

Ein direkt von oben auf Darsteller strömendes Hauptlicht, das durch einen an der Decke aufgehängten Senkrechtstrahler erzeugt wird, kann so eingerichtet werden, daß es einen bestimmten Bereich aus dem übrigen Dunkel heraushebt.

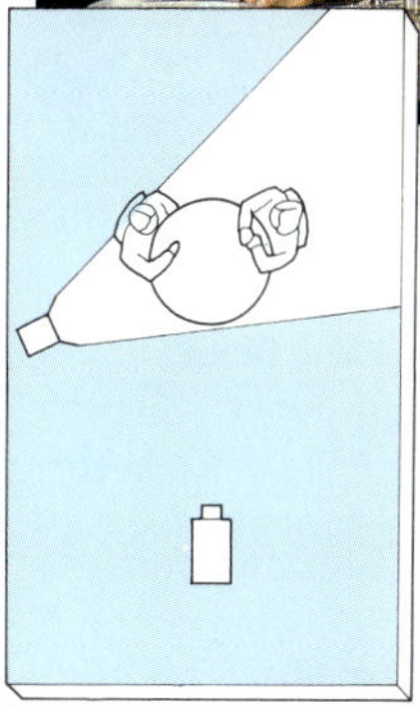

Ausleuchtung durch ein Aufhellicht taucht die unbeleuchtete Seite der Personen in tiefe Schatten. Eine solche Ausleuchtung kann besonders wirkungsvoll sein.

AUSLEUCHTUNGSTIPS

- Sobald Sie die Ausleuchtung ändern, einen neuen Weißabgleich durchführen.
- Unerwünschte Lichtpunkte auf reflektierenden Glas- oder Metallflächen können Sie durch Streulicht verhindern oder die Lampenhöhe ändern. Auch ein Abblendblech muß entsprechend eingestellt werden. Ansprühen mit Mattlack oder Einfetten ist ein weiteres Hilfsmittel.
- Aus Sicherheitsgründen sollten Sie alle Scheinwerfer erst einschalten, wenn deren Stativfüße gesichert sind.
- Das Auge ist unzuverlässig. Die Ausleuchtungsbeurteilung muß trainiert werden. Eine Szene auf dem Fernsehschirm zu überprüfen, ist sicherer.
- Zwei Personen auszuleuchten heißt, die Scheinwerfer so anzuordnen, daß Sie das Hauptlicht für eine Person, das Zusatzlicht für die andere ausnützen.

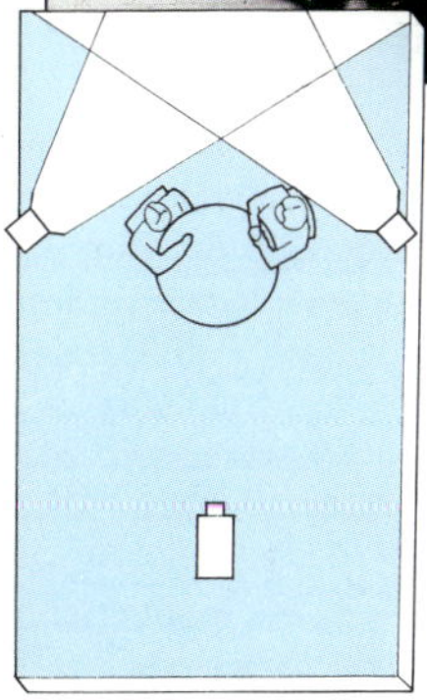

Silhouetten-Effekte werden erzeugt durch zwei sich kreuzende Lichtströme, die keine der Personen im Mittel- oder Vordergrund erfassen. Solche Wirkungen sind nicht ganz leicht zu erzielen.

Ein Zusatzlicht beleuchtet mit einer Lampe einen Tisch. Der Helligkeitseffekt wird durch einen versteckt postierten Scheinwerfer erhöht; dann entsteht der Eindruck eines Hauptlichts, das durch Rücklicht und Aufhellicht noch verstärkt werden kann. Bei sich ändernden Bewegungen kann es nötig werden, das Haupt- und Aufhellicht von zwei verschiedenen Scheinwerferstellungen her einfallen zu lassen. Die allgemeine Ausleuchtung wird inzwischen durch andere Schweinwerfer übernommen. Wollen Sie einen Kameraschwenk durchführen, lassen Sie einen Scheinwerfer mit der Bewegung mitschwenken. Sollte in der Szene viel Bewegung sein, ist eine diffuse Allgemeinausleuchtung wichtig.

Große Innenräume verlangen mehr und stärkere Scheinwerfer. Breitstrahler (siehe S. 37) sind ideal. Lassen Sie sie von einem hohen Sichtwinkel herunterstrahlen.

AUFNAHMEN MIT MEHREREN KAMERAS

Gewisse Ereignisse, wie Hochzeiten, Theater- und Sportereignisse lassen sich wesentlich umfassender und detailreicher aufnehmen, wenn Sie mit mehreren Kameras zugleich aufgenommen werden. Stellen Sie für solche Fälle ein Aufnahmeteam zusammen. Legen Sie die Aufnahmestrategie sorgfältig im voraus schriftlich fest. Es gibt zwei Methoden.

Methode 1: Zwei unabhängige Video-Kameras zeichnen jede für sich die verschiedenen Einstellungen auf. Die Montage erfolgt später.

Es ist sogar möglich unterschiedliche Video-Formate zu verwenden, obgleich man dann schon mit Qualitätsabweichungen rechnen muß.

Methode 2: Beide Kameras werden über ein professionelles Bildmischpult an einen Recorder angeschlossen. So läßt sich die Aufzeichnung sofort auf Schnitt drehen. Auch verschiedene Trickeffekte können bereits bei der Aufnahme eingebracht werden.

Selbstverständlich benötigt eine solche Aufnaheweise eine sehr viel eingehendere Planung. Der Vorteil besteht darin, daß Sie stets verschiedene Bildeinstellungen zur Verfügung haben.

Hochzeiten: Für die Aufnahme dieses wichtigen Familienereignisses haben Sie bereits die Kamerapositionen auf Seite 78 bis 83 ausführlich kennengelernt. Natürlich können Sie in diesem Fall, wenn Ihnen das erlaubt ist, auch in der Kirche zwei oder drei Kameras gleichzeitig aufstellen und bedienen lassen.

Auch andere Techniken für die gleichzeitige Erfassung verschiedener, überraschender Szenen bei dieser Gelegenheit sind denkbar, wenn Sie statt über eine, über mehrere Kameras vor Ort verfügen. Es hängt für die Kameraleute alles davon ab, zur rechten Zeit an der richtigen Stelle zu sein, woraus sich die besondere Notwendigkeit ausführlicher Vorbereitungen und Planungen ergibt.

Ein weiterer Vorteil besteht darin, daß Sie gleichzeitig den Redner und die Reaktionen in den Gesichtern der Gäste erfassen können. Um hier die stärkste filmische Wirkung zu erzielen, ist es besser, jede Kamera ihre separaten Aufnahmen machen zu lassen und den

Schnitt nicht sofort über den Bildmischer, sondern erst nachträglich durchzuführen.

Sportaufnahmen: Mit mehreren Kameras lassen sich auch Aufnahmen mit bewegter Kamera viel umfassender planen, als wenn Sie nur eine Kamera zur Verfügung haben (siehe S. 92).

Der spätere Schnitt empfiehlt sich auch deshalb, weil Sie dann auch noch Insertschnittfolgen in die Videobänder hineinbringen können, wenn alle Kameras mit Stoppuhren gearbeitet haben, was die Wirkung unter Umständen entscheidend erhöht.

Auch an Rennstrecken sind mehrere Kameras über Bildmischer sehr vorteilhaft. Beachten Sie die Bedingungen von Seite 48. Ihr endgültiges Videoband wird dann professionell wirken.

Aufführungen auf der Bühne: Zunächst sollten Sie bei einer Probe dabeisein und einen genauen Drehplan aufstellen. Dann ist Anzahl und Standort der Kameras zu klären. Damit ein Theaterstück zu einem spannenden Film wird, reichen keine frontalen Totalen! Sie müssen durch von in Standort und Blickwinkel verschiedenen Aufnahmen, sowie durch Groß- und Detailaufnahmen (evtl. auch Publikumsreaktionen) ergänzt werden. Versucht man dies mit einer Kamera, kommt es garantiert zu technischen Fehlern und Diskontinuitäten. Am besten nimmt man deshalb die gesamte Vorführung mit zwei auf Stativen fest montierten und einem dritten im Standort variablen Cam-

Der Vorteil eines mehrfachen Kameraeinsatzes zur Aufnahme von Mannschaftspielen wie Eishockey ist ganz offensichtlich. Das Bildmischpult liefert gleichzeitig Bilder von verschiedenen Szenen. Eine dieser Kameras sollte selbstverständlich immer von einem erhöhten Standpunkt aus und meistens in Weitwinkelstellung bedient werden. Eine Zweite unten für Nahaufnahmen und in Tonnähe.

Mit einem Bildmischer können Sie eine Theateraufführung (siehe rechts), etwa ein Laienspiel in der Schule usw. mit zwei Kameras von gegenüberliegenden Seiten her erfassen. Eine dritte Kamera kann durch einen dritten Kameramann freihändig bedient werden, indem er im Publikum herumwandert und weitere Aufnahmen für spätere Inserts macht, und Beifall, Gelächter usw. für Zwischenschnitte aufnimmt.

corder auf. Bei sorgfältiger Voreinstellung der beiden stationären Camcorder genügt ein dritter Camcorder mit dem sich frei bewegenden Kameramann. Nachträglich schneidet man dann unter Verwendung eines Bildmischers die drei Bänder zu einem Film zusammen.

Diese Bildmischer ermöglichen im Hobby- bzw. semiprofessionellen Bereich normalerweise einen Videorecorder mit den Bildern zweier zuspielender Camcorder zu beliefern. Sie können nicht nur zwischen den Kameras hin- und herschneiden, sondern auch Bilder ineinandermischen, Trickblenden uund andere Effekte einsetzen. Daß nur zwei Zuspieler angeschlossen werden können, spielt keine Rolle, denn Sie können jederzeit die Kassetten wechseln oder nachträglich die Szenen des dritten Bands durch Insertschnitte einfügen.

Da die Bilder der beiden Zuspieler zur störungsfreien Mischung absolut synchron sein müssen, mußte früher zumindest einer der Zuspieler eine sog. Genlock-Einrichtung besitzen. Heute arbeiten selbst preiswerte Bildmischer mit zwei digitalen Bildspeichern, die für Synchronisation und sogar sog. Time-Base-Korrekturen sorgen. Es kann deshalb jeder gute Camcorder/Recorder als Zuspieler eingesetzt werden.

ELEKTRONISCHE EFFEKTE

Sie können spezielle Effekte dadurch erreichen, daß Sie die elektronischen Verhältnisse innerhalb Ihrer Kameras und Recorderanlage entsprechend zusammenschalten. Natürlich könnten Sie auch diese Effekte vom Fernsehschirm abfilmen. Wesentlich vielseitigere Veränderungen liefert eine kombinierte Anlage, die Aufnahmekameras, einen Videoprozessor, den Recorder und einen Fernsehschirm enthält (Spezialeffektgenerator, SEG siehe Kasten).

- Die meisten Videoprozessoren können schwarz/weiß-Bilder herstellen. Nutzen Sie diese Möglichkeit, um Ihren Aufnahmen je nachdem ein besonders modernes oder ein historisches Aussehen zu verleihen.
- Bildumkehrungen mit dem «Negativ/Positiv-Schalter» dienen zum Einblenden von fotografischen Farbnegativen in Videos. Doch liefert diese Einrichtung im Bedarfsfall auch interessante negative Bilder. So lassen sich etwa Träume und Visionen negativ darstellen. Zu variieren sind die Negativschüsse durch Unter- oder Überbelichtung oder durch falsche Einstellung des Weißabgleichs.
- Eine Art von Solarisations-Effekt in Form teilweiser Bildumkehrung wird durch starke Überbelichtung erreicht. Der Trick wirkt besonders effektvoll, wenn extrem kontrastreiche Motive aufgenommen werden. Versuchen Sie zusätzlich mit Filtern und Trickvorsätzen zu experimentieren. Oder solarisieren Sie Motive, die Sie mit verschiedenfarbigem – aber jeweils starkfarbigem Licht beleuchten.
- Die Video-Rückkopplung (Feedback) kann für die Trickgestaltung ausgenutzt werden. Sie kleben beispielsweise Titelbuchstaben auf eine Klarsichtfolie, befestigen das Ganze vor Ihrem eingeschaltenen TV-Schirm und videografieren den Titel ab. Was herauskommt sind skuril verzerrte Vielfachabbildungen der Titelschrift.
- Ungewöhnliche Übergänge zwischen verschiedenen Einstellungen – etwa Wischeffekt – kriegen Sie schon mit einfachen Videoprozessoren hin, die Sie für die Schnittmontage zwischen Wiedergabe und Aufnahmegerät schalten.

SPEZIELLE EFFEKTE

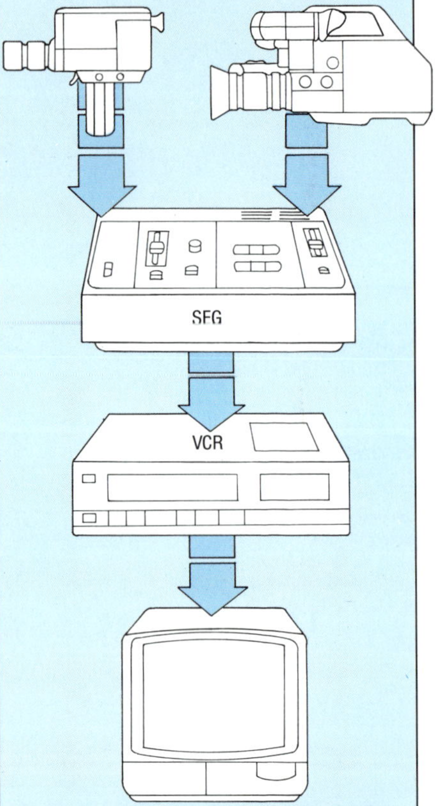

Ein Spezialeffektgenerator (SEG) mit digitalem Bildmischer bietet eine Menge Möglichkeiten: z.B. digitalen Synchronisator, um Bilder von mindenstens zwei Quellen zu mischen, Misch-, Wisch- und andere Trickblenden, Strobe- und Standbilder, Farb- und Mosaikeffekte, Titeleinstanzungen, Titel mit farbigen Hintergründen, etc. ... So können ästethisch ansprechende aber auch informative Szenenabschlüsse und -übergänge erreicht werden. Auch der Ton kann evtl gemischt werden. Diese Effekte können bereits vor dem Drehen miteingeplant werden.

Ein Farbnegativ-Effekt nutzt eine Negativ/Positiv-Umschalt-Möglichkeit des Camcorders oder Mischpults.

Solarisation, wird mit dem Camcorder durch Farbfilter und Belichtungsübersteuerung, mit Videoprozessoren durch Hochdrehen von Helligkeit, Kontrast und Sättigung erreicht.

Titel können über den Mischer in verschiedenen Farben in beliebige Hintergrundszenen eingeblendet werden.

Maskenblenden ermöglichen Doppelaufnahmen oder auch Schiebeblenden, bei denen eine Szene die andere wegschiebt.

Eine Bild im Bild - Funktion erlaubt es, ein kleineres Bild beliebig in ein Hauptbild zu montieren.

Haupttitel können mit flächigen Buchstaben vor dem Hintergrund der einen Szene eingeblendet und mit Bildern einer anderen Szene ausgefüllt werden.

VIDEOCLIPS · 1

Videoclips sind besonders aufregend anzuschauen und zu gestalten. Suchen Sie die Musik rhytmisch-synchron zu den Bildern aus. Und mit der Hilfe eines Videoprozessors oder digitalen Bildmischers gibt es noch eine Reihe kreativer Möglichkeiten, wie z.B. Mosaikeffekte, Solarisation etc. (siehe S. 138).

Wenn Musik, auch ausschnittweise von Berufsmusikern gespielt, übernommen wird, klären Sie die Copyright-Fragen auch für Vorführung im privaten Kreis.

Die einfachste und zugleich wirksamste Methode, Videoclips herzustellen, besteht in der synchronen Anpassung von Gesang und Bewegungen im genauen Rhytmus der Musik.

Dafür ein paar Tips:

- Bitten Sie Freunde durch Tanz und Bewegungen die Worte und die Musik eines Popmusikstücks synchron zu unterstreichen.
- Erfinden Sie eine Handlung durch die die Musik interpretiert wird.

Komische, dramatische, auch ironische Ideen lassen sich sehr effektvoll verwirklichen. Auch die Ausleuchtung, die elektronische Manipulation und der Schnitt spielen eine entscheidende Rolle.

- Benutzen Sie nicht nur rhythmische Übereinstimmmungen der Bewegungen, sondern auch den Schnitt im rhythmischen Wechsel von Einzelszenen. Schwenks lassen sich ebenfalls als rhythmisches Stilmittel verwenden.
- Mit Hilfe des Playback-Systems (siehe S. 142) könnte man als Gag eine Sängerin mit einer männlichen tiefen Baßstimme singen lassen.
- Sie können auch Szenen einschneiden, die Sie früher durch Reproduktion von Bildern, Zeitungsausschnitten, Fotos, Dias, Super-8-Filme etc. aufgenommen haben (siehe S. 114).
- Das Gleiche gilt für abstrakte Computer-Grafiken und Rückkopplungsfilmszenen, (siehe S. 138). Bei alledem spielt natürlich die Einschaltung des SEG-Generators zur Erzeugung elektronischer Szeneneffekte eine bedeutsame Rolle.

Für die Herstellung wirkungsvoller Videoclips ist ein besonders ausführlicher Drehplan der einzelnen Szenenfolgen und Bildeinstellungen besonders wichtig, so daß Sie ihn am besten mit einem gezeichneten Storyboard (siehe S. 60 / 61) vorbereiten!

Eine gezeichnete Szenenfolge (Storyboard) für die Herstellung eines Videoclips kann so aufgebaut sein, wie die Bildfolge rechts auf Seite 141. Außer den zu jeder einzelnen Zeichnung angebrachten aufnahmetechnischen Hinweisen dürfen wegen der Übereinstimmung mit den Musikabschnitten auch Längenangaben nicht fehlen.

Es ist unbedingt erforderlich, die exakte Zeit, die eine Zeile oder ein Vers braucht, zu kennen, um die Bildaufnahmen mit Text und Begleitmusik synchronisieren zu können.
Bei Videoclips, bei denen ja der Ton mindestens gleichberechtigt zum Bild ist, arbeitet man am besten mit Insertschnitt. Dazu machen sie zunächst in Ihrem Videorecorder ein komplettes Schwarzband, dann kopieren Sie auf das vorgeschwärztes Band die Musik. Spielen Sie das Band auf Ihrem Camcorder zurück und notieren Sie exakt die Bandzählnummern für jeden Punkt, an dem eine neue Bildsequenz beginnen soll. Nun können Sie in beliebiger Reihenfolge mit Insertschnitt alle Szenen entweder mit dem Camcorder drehen oder aus bereits bestehenden Videoaufnahmen in das «Musikband» einfügen.

Ohne Insertschnitt machen Sie entweder zunächst ein Band durch «Schnitt auf Dreh» oder schneiden zunächst den Bildanteil durch Assembleschnitt und machen nachträglich durch Audio Dub die Vertonung.

Die bildlichen Szenenhöhepunkte werden durch die musikalischen Höhepunkt gewissermaßen erzwungen. Bauen Sie die Phrasierungen von Soloinstrumenten ein! Schwelltöne etwa der Klarinette oder des Saxophons lassen sich stets wirkungsvoll mit einem Schwenkübergang auf interessante Details (in Großaufnahmen und gezoomt) verbinden.

VIDEOCLIPS · 2

„Ich denke, daß es erst die Videorevolution, deren Ausrüstung leicht und tragbar ist und für die Sie keine große Hilfsmannschaft benötigen, ermöglicht, in das Filmgeschäft richtig einzubrechen."

Lol Creme of Godley and Creme,
Videocliphersteller und Regisseur.

Raffinierte Videoclips bekannter Musikbands sind in Fernsehprogrammen üblich. Sie sind mit Hilfe von Playback-Überspielungen in Studios hergestellt, wo Künstler zusätzlich auf das Band, das den Musikteil einspielt, singen und so den Clip vervollständigen. Deshalb ist es relativ einfach, wenn Sie über eine Musikgruppe verfügen, Ihre eigenen Videoclips aufzunehmen.

Die Grundlage für das Playback-System ist ein Videoband, auf das Sie die Musik überspielen. Besser ist, wenn in Ihrem Recorder die Kassette mit dem von der Kamera aufgenommenen Videoband läuft.

Spielen Sie dieses Videoband über einen Verstärker und Lautsprecher in das Studio hinein, wo die Gruppe ihre Musik synchron anpaßt. Diese Methode erleichtert die Synchronisation.

Für eine tolle Aufnahme nehmen Sie zuerst ein durchgehendes Videoband mit Ihrer Kamera auf. Gehen Sie exakt mit dem Zoom aus der Weitwinkeleinstellung in die Teleeinstellung über. Dann nehmen Sie in einem zweiten Durchgang auf neuem Videoband die Großaufnahme der Gesichter und Instrumente auf, und andere takt- oder rhythmusgebundene Motive. Diese zusätzlichen Aufnahmen können durch Insertschnitt eingefügt werden.

Diese Arbeitsmethode gibt Ihnen Gelegenheit, mit experimentellen Aufnahmen einer Musikgruppe zu spielen und besondere Wirkungen zu erzielen. Versuchen Sie Sprungschnitte einzuschneiden. Unterbrechen Sie den Action-Zusammenhang, wiederholen Sie den gleichen Vorgang nutzen Sie die Effekte digitaler Bildmischer (s. S. 138) und von Computerbildern (s. S. 150)!

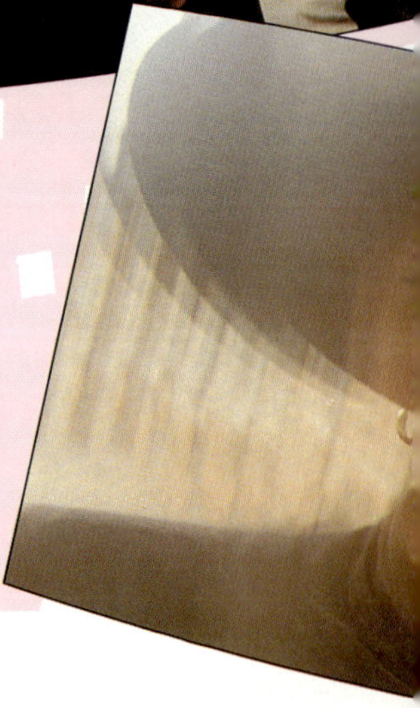

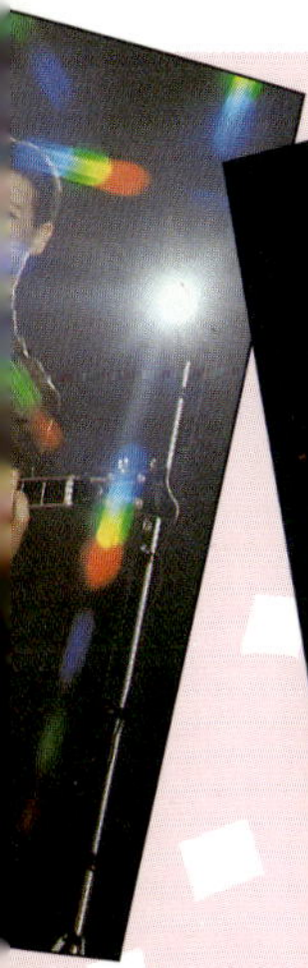

Nützen Sie sowohl Ihre kreative Phantasie, wie alle Möglichkeiten der elektronischen Technik und des Schnitts aus! Experimentieren Sie mit dramatischer Ausleuchtung, Trickeffekten und Spezialfiltern. Benutzen Sie auch Vorschaltlinsen, außergewöhnliche Sichtwinkel und die bewegte Kamera.

Wenn Sie mit einem mit Rädern versehenen, beweglichen Drehbeinstativ arbeiten, ergeben sich besonders überraschende Wirkungen. Mit der beweglichen Kamera auf einem Kamerawagen vermeiden Sie Zittern, Verwackeln und senkrechte Erschütterung. Es gibt fahrbare Untersätze für Stative, «Dolly» genannt.

Damit sind Sie bereits im Bereich der Profis. Behelfsmäßige Lösungen sehen Sie auf Seite 145 oben rechts.

Mit einem Kamerawagen können Sie wie der professionelle Filmemacher arbeiten. Seitliche Fahraufnahmen aus einem Auto oder Eisenbahnwaggon, Vorbeifahrten, Verfolgungsjagden, kurvenartige Umrundungen sind so realisierbar.

- Verfolgen Sie Bewegungen – etwa eine Person die einen Korridor entlang geht. Kombinieren Sie die Kamerafahrt mit anderen Bewegungseffekten, etwa mit Horzizontal- oder Vertikalschwenks.
- Verlebendigen Sie unbewegte Motive. Beliebt ist etwa die «zupackende» Kamera, die auf das Beweisstück, das gerade ein Detektiv entdeckt hat, zustößt. Ganz wild wird es, wenn man gleichzeitig fährt und zoomt – in gleicher oder gegensätzlicher Richtung.
- Dramatisieren Sie emotionelle Ereignisse. Fahren Sie etwa auf ein Liebespaar bei seiner ersten Umarmung zu. Das betont die Intensität der Empfindungen.
- Verdeutlichen Sie Situationen, beispielsweise indem Sie vom Ausschnitt eines unvollendeten Gemäldes zurückfahren und den tätigen Künstler mitsamt seinem Werk zeigen.

Eine echte Kamerafahrt bringt nur dann etwas, wenn Sie sanft und geräuschlos abläuft. Erforderlich ist ebener Boden.

Stellen Sie Ihr Zoom-Objektiv auf WW-Stellung – das macht die Fahrt ohnehin dynamischer. Vermeiden Sie Fahrten mit dem Objektiv in Telestellung.

- Dolly-Fahrten müssen weich und geräuschlos ausgeführt werden, besonders dann, wenn Sie gleichzeitig Ton mitaufnehmen. Sie haben also stets dafür zu sorgen, daß Ihre Dollyräder über eine ebene, glatte Bodenfläche bewegt werden. Nehmen Sie normalerweise in der Weitwinkelstellung auf. Dadurch werden eventuelle, geringfügige Vibrationen nicht sichtbar. Vermeiden Sie Fahrten in Telestellung, weil sich dann auch geringste Erschütterungen übertrieben stark durch Zittern der Einstellung auswirken.

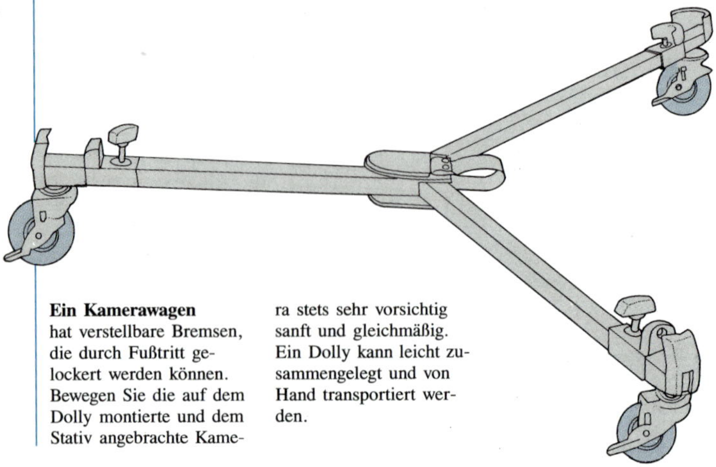

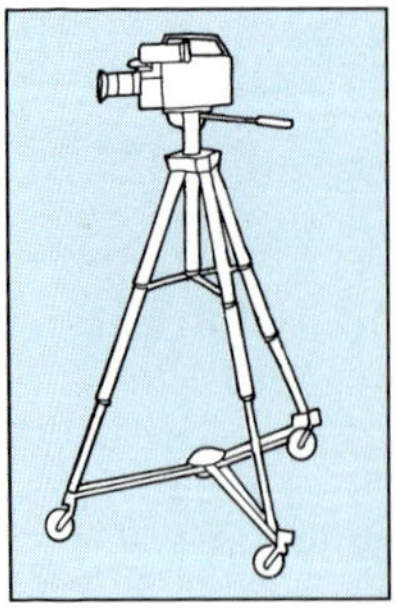

Ein Kamerawagen hat verstellbare Bremsen, die durch Fußtritt gelockert werden können. Bewegen Sie die auf dem Dolly montierte und dem Stativ angebrachte Kamera stets sehr vorsichtig sanft und gleichmäßig. Ein Dolly kann leicht zusammengelegt und von Hand transportiert werden.

Rollstühle ersetzen Dollys, weil sie so leicht vorwärts und seitwärts zu bewegen sind. Stützen Sie Ihre Ellbogen auf die Seitenlehnen oder Oberschenkel.

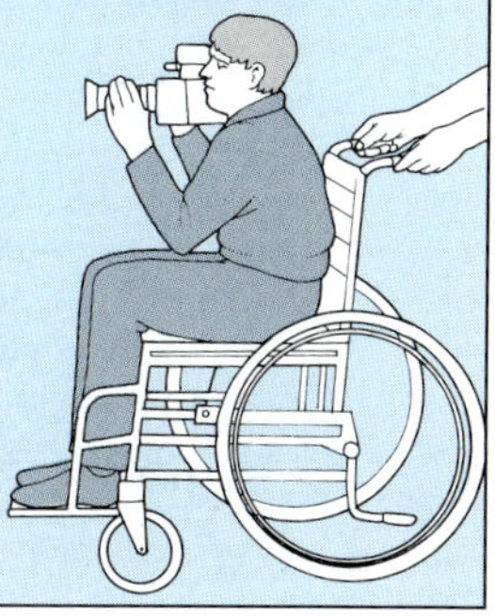

Auch Einkaufswagen, kann man benutzen, aber Sie sind nicht ruckfrei. Ölen Sie die Räder vorher! Sie vermeiden auch aufnahmestörendes Quietschen.

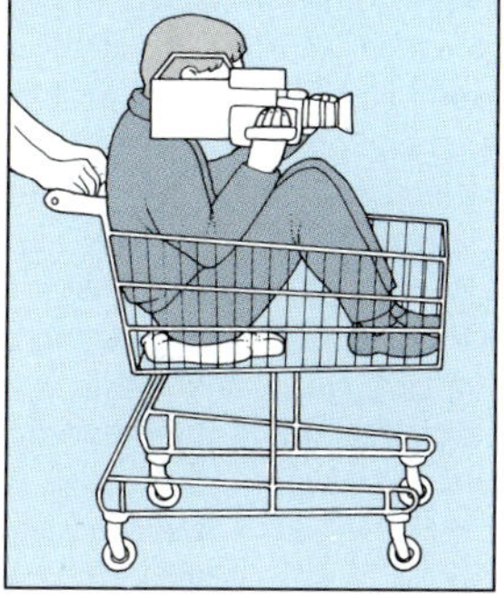

Selbstgebastelte fahrbare Plattformen auf Rädern können als Dolly dienen. Berücksichtigen Sie genügend Raum für den Kameramann, ein Stativ und evtl. eine Lampe.

Der Dollyführer sollte den Kamerawagen ruhig vorwärtsbewegen, ruckfrei anfahren und anhalten. Der Fahrweg sollte jeweils vor der Aufnahme sorgfältig abgeklärt werden und jeweils der Beginn und das Ende einer Dollyfahrt am Boden markiert sein. Einen Assistenten, der nebenher geht und die Schärfeneinstellung vornimmt, nennt man im Profifilm einen «Schärfenzieher».

Wechselnde Schärfeneinstellungen: Die Schärfeneinstellung auf das Motiv läßt sich automatisch vollziehen. Auf jeden Fall aber erfordert das manuelle Schärfenziehen während einer Fahrt viele Vorübungen und erhebliche praktische Erfahrung. Die Methode, die Sie für sich wählen, sollen Sie von dem jeweiligen Schwierigkeitsgrad des Motivs abhängig machen.

Improvisierte Dollys: Alles, was sich leicht und ruckfrei über größere Strecken bewegen läßt, kann als Dolly dienen. Sie können sich natürlich auch auf einen Teppich setzen und über einen spiegelglatten Boden ziehen lassen. Auch können Sie aus einem Kraftfahrzeug, das durch Assistenten vorwärtsgeschoben wird, Fahraufnahmen machen.

Wie auch immer Ihre Fahraufnahme erfolgt, die Kamera muß während der Bewegung ruhig gehalten werden. Pressen Sie sie gegen Ihren Körper, stützen Sie die Ellbogen auf, oder fixieren Sie zusätzlich Ihre Arme in dem Winkel, den Sie beim beengten Sitzen in einem Einkaufswagen einnehmen müssen (siehe mittleres Bild).

Wenn Sie einen eigenen Kamerawagen basteln, versäumen Sie nicht am vorderen Rand der Plattform eine Rutschlatte anzubringen, die als Sicherung für die Standfestigkeit der beiden vorderen Beine Ihres Stativs dienen kann. Die Räder sollten mindestens einen Durchmesser von 7 1/2 bis 10 cm haben. Auch sollten Sie eine Bremse zur Feststellung der Räder vorsehen. Ideal ist natürlich ein zusammenlegbarer Wagen. In das Transportbrett selbst können Sie zur Sicherung der Stativbeine Löcher bohren. Auch für schnellere Bewegungen muß die Standfestigkeit gesichert sein.

VERWENDUNG VON SCHNITTSTEUERGERÄTEN

Meist reichen für Ihre Filme die Möglichkeiten, des «handgesteuerten» Assemble- und Insertschnitts. Mit einem zusätzlichen Schnittsteuergerät könnte jedoch das Schneiden vereinfacht, genauer und evtl. kreativer werden.

Mit Schnittsteuergeräten kann und muß man ganz anders ans Filmemachen herangehen, vor allem sollte man bereits beim Filmen die Schnittmöglichkeiten im Kopf haben.

Die einfachste Schnittsteuerung ist das Synchron-Schnittsystem. Es ermöglicht, den Wiedergabe/Pause- und Aufnahme/Pause-Mechanismus bei Zuspieler und Aufnahmerecorder gleichzeitig zu lösen. Manche Recorder besitzen eine eingebaute Synchronschnitt-Funktion, der aufnehmende Recorder steuert dann über ein Verbindungskabel den Zuspieler. Startet der Schnitt sowohl beim Zuspieler als auch «Aufnehmer» aus einer Rücklauf/Hochlauf-Logik und sind diese Charakteristika der beiden Geräte angepaßt, wird ein «bildgenauer» Schnitt erreicht.

Sitzt diese Synchron-Start-Steuerung in einem extra Gerät, das auch noch die Fernsteuerung von Zuspiel- und Aufnahmerecorder erlaubt, dann spricht man von einem «Schnittsteuergerät». Meist verfügen diese Geräte über eine Zählwerksanzeige und einen Speicher, der eine ganze Reihe von Schnittanfangs- und Endpositionen zu speichern vermag. Mit dessen Hilfe kann das Steuergerät nach Festlegung aller Schnitte ganze Filme automatisch abarbeiten. Durch Erstellung von Probeversionen, die problemlos geändert werden können, spart die Schnittsteuerung Zeit und Nerven.

Schnittsteuergeräte erlauben nur theoretisch genaueres und problemloseres Schneiden. Denn unabhängig vom Verfahren (Zählwerk-gesteuert oder mit Time Code) und sonstigen Qualitäten, nützt das alles nichts, wenn das Steuergerät nicht die Eigenschaften der zu steuernden Videorecorder exakt lernt und beherrscht. Dafür gibt es aber keine verbindlichen Normen und die schnittrelevanten Eigenschaften der Videorecorder differieren von Hersteller zu Hersteller und beim selben Hersteller von Modell zu Modell!

Beim Arbeiten mit dem Schnittsteuergerät bleibt die Logik die gleiche, wie beim handgesteuerten Schnitt. Um Schnitte aneinanderzufügen, wird der Schnittende der letzten Aufnahme auf dem Recorder aufgesucht (z.B. mit Jog-shuttle-Steuerung). Der Speicher merkt sich nun, daß der Recorder auf «startbereiter» Position steht. Die Schnittsteuerung wechselt nun zum Zuspieler, um dort den Anfangspunkt der nächsten, anzufügenden Szene aufzusuchen. Die Postion des Szenenanfangs wird auf Tastendruck vom Schnittsteuergerät als Zählwerkstand abgespeichert und ebenso das Szenenende. Mit «Preview» können Sie dann die gewünschte Szene evtl. zur Überprüfung der gespeicherten Daten abspielen. Dann wird «Schnitt-Start» am Steuergerät gedrückt und die Steuerung läßt die beiden Bänder die gleiche Länge zurücklaufen, bevor Sie beide wieder hochlaufen und an der programmierten Stelle der Zuspieler synchrone Bilder liefert bzw. der Recorder deren Aufzeichnung startet. Am programmierten Endpunkt stoppt das Steuergerät zunächst die Aufzeichnung und dann den Zuspieler, der etwas über den Endpunkt hinausläuft. Nun wird durch Wiedergabe des aufgezeichneten Bands die gerade geschnittene Szene überprüft (und notfalls mit Korrekturen neu programmiert und der Schnitt wiederholt). Dann werden die Schnittpunkte der nächsten Szene gesucht und gespeichert etc ... So läßt sich Szene für Szene aneinander setzen. Die vielen am Markt befindlichen Schnittsteuergeräte, können sich im Detail unterscheiden!

Schnittsteuergeräte können mit entsprechendem Aufnahmerecorder auch Insert-Schnitte durchführen. Dabei hilft evtl. ein Realzeitzähler, der die Länge, der für die Einfügung gewünschten Aufnahme berechnet.

Für Projekte, die viel Schnitt erfordern – wie Dokumentar-, Spiel- oder Musikfilme, kann es sich auszahlen, zwei Videoheimrecorder zu besitzen, einen zum Zuspielen und einen mit fernsteuerbaren Funktionen zum Aufnehmen. Camcorder eignen sich eben besser zum Filmen als zum Zuspielen für qualitativ hochwertiges Schneiden. Auch zwei Monitore sind

DER VIDEOSCHNITTPLATZ

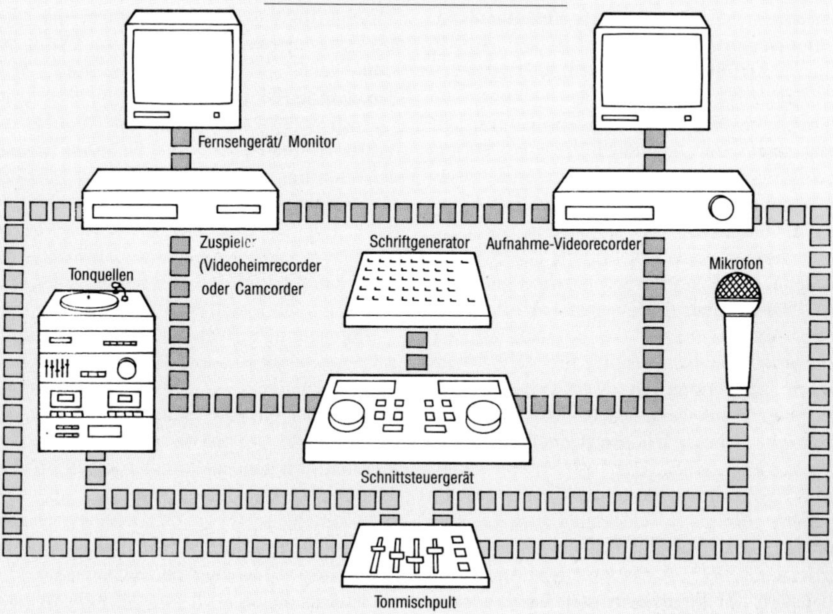

Der ideale Schnittplatz braucht für das Abspielen so wie das Aufnehmen einen extra Monitor. Für qualitativ hochwertige Schnitte ist es besser, als Zuspieler einen Videoheimrecorder statt des Camcorders zu benutzen. Der Aufnahmerecorder braucht alle Schnittfunktionen, einschließlich Insertschnitt und Jog-Shuttle, und muß voll fernbedienbar sein. Schnittsteuergeräte können eingebaut oder extern angeschlossen sein. Schriftgeneratoren, dienen zum Einfügen von Titeln. Die Tonverbindungen laufen meist getrennt vom Schnittsteuergerät. Manchmal besitzt der Recorder ein Tonmischpult oder ein externes wird zwischengeschaltet. Es paßt die Tonpegel an, erlaubt Tonabsenkungen und das Zumischen von Kommentar, Musik und Geräuschen zum überspielten O-Ton. Als Tonquellen erlaubt es den Anschluß von Mikrofon, Cassettenrecorder, CD-Player usw.

nützlich, einer für Zuspieler und Aufnehmer, um Schnittpunkte durch Vergleich beider Bilder miteinander zu bestimmen.

Die Genauigkeit der Schnittsposition und die Bildstabilität an der Schnittstelle ist ein Problem. Gute Recorder haben im Hobbybereich eine Hochlautzeit von ca. 36 Bildern (ca. 1,5s) bevor sie stabile Bilder liefern bzw. aufzeichnen können. Die Steuergeräte selbst benötigen bis zu 15s «Rangierlauf» um Schnittstellen exakt anzufahren. Deshalb kann ein störungsfreier Schnitt nie direkt am Bandanfang beginnen. Zuspieler und Aufnahmerecorder benötigen am Bandanfang ca. 30s «Schwarzband» um, mit Hilfe der in ihm aufgezeichneten Synchronimpulse, den Schnitt sauber starten zu können.

SCHNITT MIT TIME-CODE

Die genauesten Schnittsteuergeräte benutzen ein Time-Code-System. Bei diesen Systemen wird jedem Bild des Videobands eine digitalisierte Zählzeit in Stunde, Minute, Sekunde und Nummer des Vollbilds zugeordnet. Zusätzlich kann noch jeder Videokassette eine individuelle Nummer zugeordnet werden. So ist auch bei Zeitgleichheiten keine Verwechslung möglich. Aufgrund dieser durchgehenden Nummerierung kann jede Bandposition auf das Bild genau angefahren werden.

Es sind verschiedene Time-Code-Systeme in Gebrauch. Neben firmenspezifischen Codes (z.B. Rapid Time Code) jetzt vor allem der VITC (Vertical Interval Time Code), der aus dem professionellen Bereich für VHS/S-VHS übernommen wurde. Der VITC wird von den Videoköpfen mit dem Videosignal in die leeren, nicht sichtbaren Austastzeilen des Fernsehbilds geschrieben. Der VITC kann also nur direkt beim Filmen oder später beim Kopieren zusammen mit dem Videosignal aufgezeichnet werden. Dazu muß der Camcorder oder Recorder einen VITC-Generator besitzen. Beim Abspielen des Bands wird der VITC zusammen mit dem Videosignal abgetastet und kann dann von VITC-Zählwerken im Recorder oder im Schnittsteuergerät aus dem Videosignal abgetrennt und «gelesen» werden.

Für das System Video 8/Hi 8 gibt es den RCTC (Rewritable Consumer Time Code), der vom Videokopf auf die Videoschrägspur, aber räumlich getrennt von dem Videosignal (zwischen Video- und PCM-Signal) aufgezeichnet wird. Mt geeigneten Camcordern/Recordern kann der RCTC auch nachträglich ohne Beeinflußung der Videospur zugefügt oder neuaufgezeichnet werden.

Camcorder können eingebaute Time-code-Generatoren besitzen oder sie lassen sich, bei entsprechend vorbereiteten Camcordern, als Zusatz auf den Geräteschuh aufstecken und über einen speziellen Stecker anschließen. Die TC-Aufzeichnung kann entweder im Sucher oder auf der LC-Anzeige verfolgt werden.

Im Gegensatz zum RCTC, der vom Camcorder geschrieben und gelesen werden kann, sind die meisten VITC-Camcorder im Hobbybereich reine TC-Schreiber. Aufnahmepausen, Rückspulen u.ä. lassen deshalb Lücken und Sprünge im Time Code entstehen, die später das Schnittgerät irritieren. Ab ca. Mitte 1992 sind jedoch VITC-Camcorder ohne diesen Nachteil am Markt.

Zum Schnitt mit Time Code braucht man entweder einen Time Code lesenden Camcorder/Recorder zum Abspielen oder das Schnittsteuergerät muß TC lesen und anzeigen können. Die Vorgehensweise ist im Prinzip dieselbe wie beim normalen Zählwerkgesteuerten Schnitt, nur daß nun theoretisch bildgenau geschnitten werden könnte.

Beinhaltet Ihr Vorhaben viele Schnitte, besteht durch das Hin- und Herspulen die Gefahr von Beschädigungen. Es ist dann vernünftig für die Festlegung der Schnitte eine Kopie vom Originalband zu machen. Der TC ist dabei nützlich, um genaue Schnittlisten zu erfassen. Erst dann, wenn das endgültige Schnittprogramm steht, wird vom Original weg geschnitten. Da Original und Kopie timecodiert sind, gibt es keine Genauigkeitsunterschiede.

Time-code ist auch von Vorteil, wenn bei zeitgleichen Ereignissen aus verschiedenen Filmen zusammengeschnitten werden soll. Zum Beispiel wenn einunddasselbe Geschehen aus verschiedenen Blickwinkeln mit verschiedenen Kameras gezeigt werden soll (siehe nächste Seite).

Um bei Spielfilmsequenzen das Gefühl kontinuierlichen, zeitlichen Fortgangs entstehen zu lasssen, muß eine prinzipielle Regel beachtet werden: Schneiden Sie stets in eine Bewegung; so verschleiern Sie den Schnitt und erreichen fließende Handlungsübergänge. Jeder mißglückte Schnitt bedeutet einen visuellen Sprung, der den Zuschauer ablenken oder verwirren kann.

Das Verknüpfen von Handlung zeigt das gegenüberliegende Schnittbeispiel: Ein Privatdetektiv ersäuft seine Sorgen in einer Bar. Der erste Schnitt beginnt mit einer Halbtotale, wie er gerade das Glas aufnimmt, die in einer Großaufnahme endet, als er das Glas mit einem Schluck leert. Der zweite Schnitt ist eine Halbtotale des Detektivs, der gerade das Geld auf die Theke legt zu einer Totale, wie er die Bar verläßt.

Falls die Halbtotale zu früh geschnitten wird (bevor er das Glas hochgenommen hat) und die Großaufnahme zu spät beginnt (wenn das Glas schon seine Lippen berührt) gibt es einen irritierenden «Schnittsprung» in der Handlung.

Ideal ist es, genau in die Bewegung zu schneiden, so daß die Position des Glases in beiden Aufnahmen am Schnittpunkt vermischt wird. Beim Abspielen sieht man die Handlung sanft und kontinuierlich.

Wenn die Halbtotale zu spät geschnitten ist, wenn er also aus dem Bild verschwindet, und die Totale zu früh beginnt (wenn er also noch an der Bar sitzt) entsteht ein «Sprungeffekt», bei dem der Darsteller zurückzuspringen scheint.

Nochmals, es ist besser in die Bewegung, zu schneiden; am besten , wenn er bei der ersten Aufnahme noch ganz im Bild ist. Dann wird die Bewegung natürlich und fließend.

Alles, was im Bildfeld des Monitors eines Computers erscheint, Buchstaben, Worte, Zahlen und Sätze ebenso wie beliebige Zeichnungen und Diagramme kann auch auf das Videoband übertragen werden. Es ist also nicht nötig, daß Sie das Monitorbild abfilmen.

Sie können einen Videofilm mit einem Weihnachtsbaum beginnen, der mit Geschenkpaketen umstellt ist, oder auch einem Pfeil, der quer durch eine Landkarte bewegt wird, und so die Reiseroute anzeigt. Einen Sportfilm können Sie mit einem gezeichneten Läufer anfangen.

Eine farbige Kreissegmente und Säulen enthaltende, grafische Statistik, die Ihre Geschäftserfolge darstellt, kann auf dem Bildschirm Jahr für Jahr weiter heranwachsen.

Als Hardware bietet sich ein Personal-Computer an. Die Herstellerfirmen, bzw. die Einzelhändler, die solche Geräte anbieten, werden Sie gerne beraten. Lassen Sie sich aber keine veralteten Geräte aufschwatzen. Die kreativ-künstlerische Leistung steckt in der Software. Auf dem Monitor können dann die Grafiken abgebildet werden, auch Ihre eigenen Grafiken, die Sie mit einem elektronischen Griffel aufzeichnen. Zwar könnten Sie diese Darstellungen vom Bildschirm mit Ihrer Kamera abfilmen, doch solche Aufnahmen werden auf Grund elektronischer Störungen oft unscharf.

Besser nimmt man die Computergrafiken durch Überspielen vom Computer zum Videorecorder auf. Falls der Computer jedoch keine PAL-Videointerfacekarte oder eine Grafikkarte mit PAL-Video-Ausgang besitzt, ist das nicht direkt möglich. Denn das Computerbild wird mit einem vom Fernsehen verschiedenem Zeilenraster und mit anderer Bildwiederholfrequenz aufgebaut. Das Computerbild muß also zunächst gewandelt werden. Bei manchen Computern (z.B. Amiga) genügt ein preiswertes «Genlock», das das schon ähnlich aufgebaute Computerbild nur noch mit der richtigen Horizontal- und Vertikalfrequenz versieht. Im Detail müssen Sie, die diesbezüglichen Möglichkeiten Ihres Computers und Ihres Video-

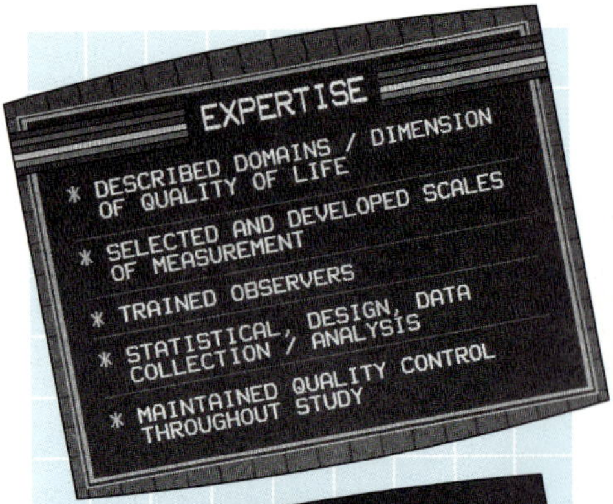

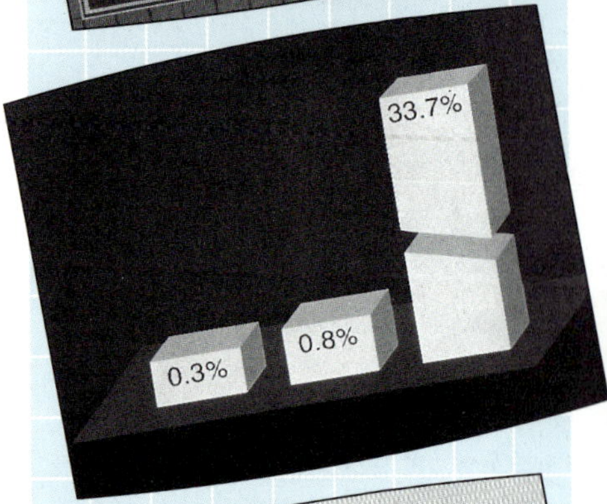

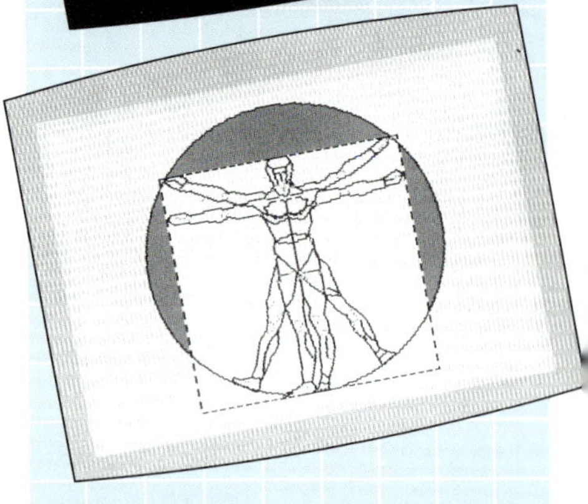

Moderne Computergrafiken kommen in allen Variationen vor. Ein Textlayout (oben) kann für Titel oder Unterschriften, eine Statistik für geschäftliche Informationen, ein Bild für den Anfang eines Films verwendet werden.

equipments anhand der Herstellerunterlagen und mit Hilfe eines guten Fachhändlers klären.

Computer Schnitt: Schnittsteuergeräte haben ohnehin kleine Computer eingebaut; es ist also naheliegend gleich den PC für den Videoschnitt zu benutzen. Es gibt dazu Systeme mit Interface und eigener Software, die die Verbindung zwischen Videohardware und PC herstellen. Diese Systeme steuern, wie das Schnittsteuergerät, den Bandtransportmechanismus des Abspiel- und Aufnahmegeräts, zeigen Zählwerk oder Time Code am PC-Bildschirm an und speichern Schnittstellen und ganze Schnittlisten. Vorteil des PC-Schnitts ist evtl. die Bedienung über besonders übersichtliche Menüs mit einfachem Mausklick und die einfache Archivierung aller Schnittdaten. So ist es besonders leicht Schnittsequenzen neu zu arrangieren.

Aufgrund ihrer fast unbegrenzten Leistungsfähigkeit bieten sich moderne PCs auch für die Steuerung aller anderen Nachbearbeitungseffekte wie Blenden, Tricks usw. an.

Kompliziertere Computer können Sie auch mit einem Bildmischer zuammenschalten. Z.B. für Wisch- und Verdrängungsblenden als Übergänge (siehe S. 138 Kasten).

Es gibt Computer, die variationsreichere Möglichkeiten bieten, vielleicht befreunden Sie sich mit anderen Computerbesitzern, und entwickeln gemeinsame grafische Entwürfe.

Vielfältige Möglichkeiten ergeben sich auch bei Tonaufnahmen, Tonschnitt und Tonüberspielungen, wobei sich besonders durch die elektronische Musik besondere Wirkungen erzielen lassen.

KREATIVE GRAFIKEN

Die Home-Computer können die vielseitigsten, grafischen Effekte erzeugen. Sie können aus ihnen leicht Titeleinleitungen und Endtitel entwickeln, auch originelle Zwischenschnitte, die dem Zuschauer jede beliebige Information geben.

- Die Grundformen der kreativen Grafiken bestehen aus einfachen Strukturen, wie Kreisen, Quadraten und Rechtecken. Diese Strukturen sind ideal, um Statistiken beliebiger Art zu entwickeln wie z. B. mit Kreissegmenten oder Säulen gefüllte Diagramme.
- Besonders farbige Mosaiken, die hereinregnen oder explodieren, und sich dabei selbst vermehren, ermöglichen überraschende optische Erlebnisse. Sie können auch Teile des Bildfeldes gewissermaßen ausradieren und in die so entstehenden Lücken neue Titeleinschreibungen oder andere grafische Formen hineinwachsen lassen. Auch die Hintergrundfärbung kann plötzlich wechseln, und damit anzeigen, daß eine neue Information für den Zuschauer beginnt.
- Aus abstrakten Bewegungen und Formen können Menschen und Tiere wie in einem Comic-Strip entstehen, die dann fortlaufend eine Bildgeschichte entwickeln.
- Die Grenzen der Erzeugung kreativer Grafiken liegen nicht in den Möglichkeiten des Computers, sondern ausschließlich in Ihren persönlichen künstlerischen Grenzen. Der Computer kann alles grafisch umsetzen, was Sie als schöpferischer Filmer auszudenken fähig sind.
- Im Bildfeld erscheinende Strukturen und Formen werden zusammengesetzt aus einzelnen Bildpunkten, deren Gesamtzahl 256 x 192 beträgt, die dem Videoformat entspricht.

DOKUMENTARFILME

Videodokumentarfilme verknüpfen Ideen mit Informationen. Sie können unterhaltend und auch erzieherisch sein. Dokumentarfilme setzen die Beherrschung und Anwendung künstlerischer Aufnahmetechniken voraus. Sie lassen gleichzeitig erkennen, ob und wie Sie Ihre kreativen Fähigkeiten entwickelt haben. Die besten Dokumentarfilme entstehen sehr häufig durch Zusammenarbeit von mehreren Filmern. Für Dokumentarfilme finden Sie beliebig viele Themen, von der handwerklichen Schulung bis hin zur Unterstützung von Bürgerinitiativen.

DAS VIDEOTEAM

Reisefilme, Hochzeiten, Aufnahmen in der freien Natur, Familienausflüge, Sport – alle diese Themen können auch von Ihnen allein bewältigt werden. Es hilft aber, wenn jemand mitarbeitet, der ein Mikrofon halten kann, beim Ausleuchten hilft oder ein Interview führen kann, das Sie dann selbst mit der Kamera aufnehmen.

Jedoch sind größer angelegte Produktionen ohne mehrere andere Mitarbeiter kaum zu bewältigen. Dies gilt für größere Dokumentarprojekte, bei denen zugleich Motivsuche, Drehplanentwürfe, Regieführen, Interviews, Ausleuchten, die Kameraführung, die Tonaufnahme, Anfangs- und Endtitel herzustellen sind. Eine einzige Person kann das nicht bewältigen, vieles muß gleichzeitig getan werden.

Wenn es Ihnen gelingt, eine Mitarbeitergruppe zusammenzubringen, kann jeder eine Aufgabe übernehmen.

Sie müssen Ihre Mitarbeiter für die Aufgabe begeistern. Jeder sollte begreifen, daß er etwas vermitteln kann und wissen, daß er nur für seinen persönlichen Auftrag eingesetzt ist.

Ein Regisseur ist nicht nur für alle Mitarbeiter, sondern auch für jedes einzelne Detail des Films verantwortlich.

Am besten richten Sie sich nach dem Modell der Berufsfilmer. Weisen Sie jeden Mitarbeiter durch schriftliche Anweisung in sein spezielles Arbeitsgebiet ein und geben Sie ihm auf diesem Gebiet jede Freiheit.

Gelegentlich wird es erforderlich sein, daß Sie einige dieser Aufgaben zusammenfassen und dem gleichen Mitarbeiter mehrere Tätigkeiten überlassen. Auch rotierende Arbeit ist möglich.

Die meisten Mitarbeiter brauchen Sie, wenn Sie Spielfilme drehen wollen.

Als Grundmodell können Sie annehmen, daß meistens sechs Personen erforderlich sind, die folgende Aufgaben zu erfüllen haben. Doch sollte keine dieser Personen sich so auf seine Aufgabe spezialisieren, daß er nicht fähig ist, auch gelegentlich eine andere zu übernehmen bzw. dorthin überzuwechseln.

Der Interviewer arbeitet zusammen mit dem Regisseur. Während jeder sich um die Mannschaft, um die Aufstellung, Einrichtung etc. kümmert, soll der Interviewer ausschließlich mit den zu Interviewten arbeiten. Er bespricht mit ihm vorher die Hauptpunkte des Interviews.

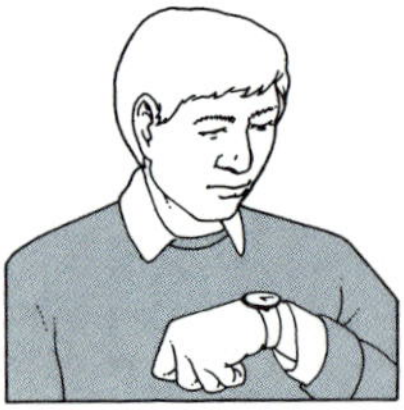

Der Produktionsleiter stellt einen Finanzierungsplan auf und bestimmt was und wann jeweils aufgenommen werden soll. Er sorgt dafür, daß alles, was gebraucht wird, vorhanden ist. Auch für den Transport die Verpflegung in den Drehpausen ist er verantwortlich.

Ein typisches Dokumentarfilm-Team besteht etwa aus sechs Personen. Jede Person hat ihre Aufgabe. Eine Person kann gleichzeitig auch zwei Aufgaben übernehmen.

Der Kameramann arbeitet mit dem Regisseur und den Ausleuchtern. Er beurteilt die Szenenkomposition. Er legt mit dem Regisseur Kamerabewegungen und Mikrofonplazierungen fest.

Der Tonmeister steuert den Ton aus. Er sucht die Aufstellplätze für die Mikrofone. Er dirigiert auch den Mikrofongalgen und macht sämtliche Tonaufnahmen.

Der Ausleuchter ist für die Aufstellung der Lampen und Scheinwerfer verantwortlich, für die elektrischen Anschlüsse und deren Sicherheit. Er achtet darauf, daß das Mikrofon keine Schatten in die Szenen wirft.

Der Regisseur leitet die Mitarbeiter, er entscheidet über Abweichungen vom Drehplan, dirigiert die Darsteller und alles andere. Er überwacht und ändert evtl. die Schnittarbeiten.

HINWEISE FÜR MITARBEITER

- Der Regisseur und Produzent prüfen vor Drehbeginn Beleuchtung und Akkustik vor Ort.
- Der Produktionsleiter ist auch für Parkplätze, eventuellen Lagerplatz und für die Verpflegung der Crew verantwortlich.
- Der Regisseur muß vor Drehbeginn alle Sequenzen anhand des Drehplans mit den Mitarbeitern durchsprechen.
- Der Tonmeister entscheidet, welche Mikrofone zum Einsatz kommen und wo sie optimal plaziert werden könnten. Ein Mikofongalgen kann auch behelfsmäßig etwa mit einem Besenstiel eingerichtet werden.
- Für den späteren Schnitt ist eine Klappe am Anfang der Szene abzubilden, auf der die Szenennummer, die Filmbezeichnung und Hinweise vermerkt werden. Berufsklappen kann man kaufen. Der Toneinsatz erfolgt durch den Knall der Klappe. Man kann sich auch mit einem Zettel, auf dem alle Einzelheiten aufgeschrieben sind behelfen (Scharfeinstellung beachten!).
- Der Tonmeister soll sich während des Drehens Notizen machen, um die Szenen in der richtigen Reihenfolge zu halten.

INTERVIEWS · 1

Interviews sind oft integrierende Bestandteile von Dokumentarfilmen. Ein gutes Interview beginnt lange bevor Sie den Interviewten treffen. Recherchen und genaue Planung sind für die Durchführung unerläßlich. Dem Interviewten müssen die richtigen Fragen in der richtigen Form gestellt werden, damit er nicht nervös wird und unüberlegte Antworten gibt. Alle wichtigen Punkte müssen vorher ausgearbeitet sein. Nicht jeder Interviewte ist befugt, über das was er gefragt wird, Auskunft zu geben.

Es gibt Experten, die für das Abgeben von Erkärungen zuständig oder beauftragt worden sind. Dann gibt es die Zeugen, die nur sagen dürfen, was sie selbst von einer Sache wissen. Wenn Sie den Experten oder Zeugen ausfragen, ist es wichtig, mit ihnen vor Beginn des Interviews eine Abstimmung zu erzielen.

In dieser Vorinformation können Sie eine logische Folge der Hauptfragen und deren Antworten entwickeln. Sie brauchen sich selbstverständlich an diese vorherige Ordnung nicht strikt zu halten. Wenn sich wichtige neue Gesichtspunkte während des Interviews ergeben, sollten Sie selbstverständlich darauf eingehen und weitere Fragen stellen. Aber hüten Sie sich stets davor, zu weitschweifig zu werden und sich von dem Hauptanliegen zu entfernen. Deshalb ist es vernünftig, dem Interviewten vorher mitzuteilen, in welchem Bereich und über welche allgemeinen Gesichtspunkte Sie Ihre Fragen zu stellen beabsichtigen. Formulieren Sie nicht die Fragen bereits vor. Das ist Aufgabe des Interviewers während des Interviews selbst. Auch machen Sie vorher keine Probe, um alle Spontanität und Natürlichkeit des Iinterviews zu erreichen.

Es gibt zwei verschiedene Wege, ein Interview befriedigend aufzunehmen:

- **Das «off-screen»-Interview,** bei dem nur der Interviewte im Bild und zu hören ist. Solche Interviews oder «Statement» erleben Sie meist im offiziellen Fernsehen, z. B. von Politikern.
- **Das «on-screen» Interview,** in dem beide Partner zu sehen sind, entspricht der gewöhnlichen Unterhaltung. Ein solches Interview kann ebenfalls mit einer Kamera aufgenommen werden. (siehe S. 158). Soll ein solches Interview beim Zuschauer wirkungsvoll ankommen, muß es in einem ruhigen Ton geführt werden. Bevor das Interview durchgeführt wird, sollte auch eine sorgfältige Tonprobe abgehalten werden.

Sollte sich nach dem Beginn des Interviews herausstellen, daß der Interviewte nervös reagiert, dann kann der Interviewer ihn dadurch beruhigen, daß er zunächst einige ganz neutrale Fragen stellt, die mit der Sache selbst nur am Rande zu tun haben, z. B.: Wo haben Sie im letzten Jahr Ferien gemacht? Wenn sich der Interviewte dann zu einer solchen Sache, ruhig und genau geäußert hat, ist er gewöhnlich auch bereit, ohne besondere Aufregung auf die nächsten zur Sache gehörenden Fragen zu antworten.

Nehmen Sie ruhig lange Interviews in der gleichen Szeneneinstellung auf. Am Schluß bieten Sie dem Interviewten, falls er nicht zufrieden ist mit dem, was er gesprochen hat, an, einiges zu wiederholen, was dann später unterschnitten werden kann. Er kann auch z. B. noch Wünsche zu dem einen oder anderen Punkt äußern.

Straßeninterviews: Kurze Interviews mit Leuten auf der Straße sind oft wichtig, um die öffentliche Meinung über bestimmte Anliegen Ihres Dokumentarfilms zu unterstreichen. Gewöhnlich werden sie als eine Serie von Großaufnahmen eingefangen, die eingeschnitten werden können. Doch versuchen Sie nach Möglichkeit, stets auch den Hintergrund so interviewter Leute verschieden zu halten, und sorgen Sie vor allen Dingen dafür, daß in den verschiedenen Einstellungen die Augenlinie von Szene zu Szene eingehalten wird. Dann können Sie solche Interviews auch später als eine fortlaufende Folge einschneiden.

> *Interviews zu machen scheint mir eine verhältnismäßig einfache Aufgabe. Sie besteht darin, dafür eine interessante Person zu finden. Das geht immer gut, wen Sie vorher genügend recherchiert haben. Die Kamera habe ich auf meiner Schulter, so daß der Interviewte tatsächlich mehr in die Kamera spricht als zu einem vorgestellten Publikum, das ich vertrete.*
>
> **Ed Murrow,**
> *CBS Wochenschau-Kameramann und Interviewer*

Eine genaue **Vorlage** ist notwendig, um aus einem wechselseitigen Interview ein fortlaufendes Statement zu machen. Markieren Sie die Einstellungen, notieren Sie, wo Insertschnitte eingefügt werden sollen.

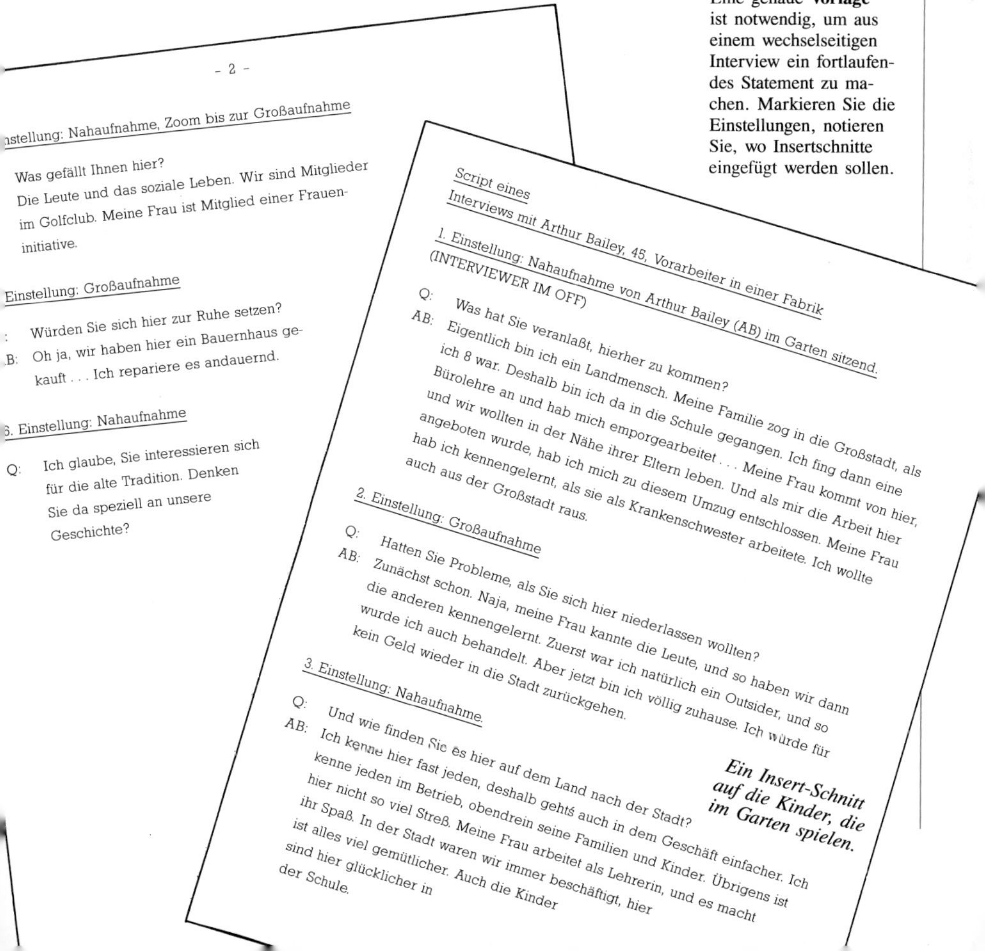
- 2 -

nstellung: Nahaufnahme, Zoom bis zur Großaufnahme

Was gefällt Ihnen hier?
Die Leute und das soziale Leben. Wir sind Mitglieder im Golfclub. Meine Frau ist Mitglied einer Fraueninitiative.

Einstellung: Großaufnahme

: Würden Sie sich hier zur Ruhe setzen?
.B: Oh ja, wir haben hier ein Bauernhaus gekauft . . . Ich repariere es andauernd.

5. Einstellung: Nahaufnahme

Q: Ich glaube, Sie interessieren sich für die alte Tradition. Denken Sie da speziell an unsere Geschichte?

Script eines
Interviews mit Arthur Bailey, 45, Vorarbeiter in einer Fabrik

1. Einstellung: Nahaufnahme von Arthur Bailey (AB) im Garten sitzend.
(INTERVIEWER IM OFF)

Q: Was hat Sie veranlaßt, hierher zu kommen?
AB: Eigentlich bin ich ein Landmensch. Meine Familie zog in die Großstadt, als ich 8 war. Deshalb bin ich da in die Schule gegangen. Ich fing dann eine Bürolehre an und hab mich emporgearbeitet . . . Meine Frau kommt von hier, und wir wollten in der Nähe ihrer Eltern leben. Und als mir die Arbeit hier angeboten wurde, hab ich mich zu diesem Umzug entschlossen. Meine Frau hab ich kennengelernt, als sie als Krankenschwester arbeitete. Ich wollte auch aus der Großstadt raus.

2. Einstellung: Großaufnahme

Q: Hatten Sie Probleme, als Sie sich hier niederlassen wollten?
AB: Zunächst schon. Naja, meine Frau kannte die Leute, und so haben wir dann die anderen kennengelernt. Zuerst war ich natürlich ein Outsider, und so wurde ich auch behandelt. Aber jetzt bin ich völlig zuhause. Ich würde für kein Geld wieder in die Stadt zurückgehen.

3. Einstellung: Nahaufnahme.

Q: Und wie finden Sie es hier auf dem Land nach der Stadt?
AB: Ich kenne hier fast jeden, deshalb gehts auch in dem Geschäft einfacher. Ich kenne jeden im Betrieb, obendrein seine Familien und Kinder. Übrigens ist hier nicht so viel Streß. Meine Frau arbeitet als Lehrerin, und es macht ihr Spaß. In der Stadt waren wir immer beschäftigt, hier ist alles viel gemütlicher. Auch die Kinder sind hier glücklicher in der Schule.

Ein Insert-Schnitt auf die Kinder, die im Garten spielen.

INTERVIEWS · 2

Die erste Entscheidung, die Sie zu treffen haben, ist, ob der Interviewer selbst in oder außerhalb der Szene bleiben soll.

Soll der Interviewte lediglich Stellungnahmen abgeben, dann sollte die Einstellung so gewählt werden, daß Bildsprünge und Tonsprünge im Schnitt vermieden werden. Es ist einfach, einen Schnitt so zu legen, daß er genau in die Fragepause hineinpaßt. In solchen Fällen könne Sie auch von der Nahaufnahme in die Großaufnahme hart schneiden. Sie können auch aus der Naheinstellung in die Großaufnahme zoomen. Wenn Sie sich aber durch den Zoomvorgang vom Interviewten entfernen, erwecken Sie den Eindruck, als ob der Interviewte Sie nicht mehr interessiere.

Ein Unterhaltungsinterview mit dem Interviewer im Bild, sollte mit einer Halbtotale beginnen. Auch nach dem ersten Einstellungswechsel müssen Sie den Interviewer noch mitanschneiden, weil Sie dadurch den Tiefeneindruck unterstreichen. Nehmen Sie das gesamte Interview durchgehend auf, wechseln Sie die Kameraeinstellungen nur, wenn die Antwort gegeben wird.

Wählen Sie Ihre jeweilige Bildeinstelung auch stets so groß, daß der Interviewte auch durch eine Bewegung nicht aus dem Bildrahmen fällt. Wenn Sie die Einstellung mit gegensätzlichem Sichtwinkel auf den Interviewer wechseln (Schuß-Gegenschuß), dann achten Sie auf die Augenlinie. Nehmen Sie die Einstellung auf den Interviewer ebenso wie auf den Interviewten vor, also lassen Sie ihn jeweils die Frage vollenden, bevor Sie zurückschneiden.

Wenn Sie aus Gründen weiterer Umweltgeräusche, die stören, das Kameramikrofon abschalten, verwenden Sie ein Cardiodidmikro an einem Hilfsgalgen. Sie können auch ein Ansteckmikrofon benutzen.

Richten Sie eine Weitwinkel-Totale ein. Schneiden Sie den Interviewer mit an. Bleiben Sie so bei der ersten Frage; bei der Antwort gehen Sie dann in die Nah- bis Großaufnahme des Interviewten. Zoomen Sie nur zwischen den Aufnahmen.

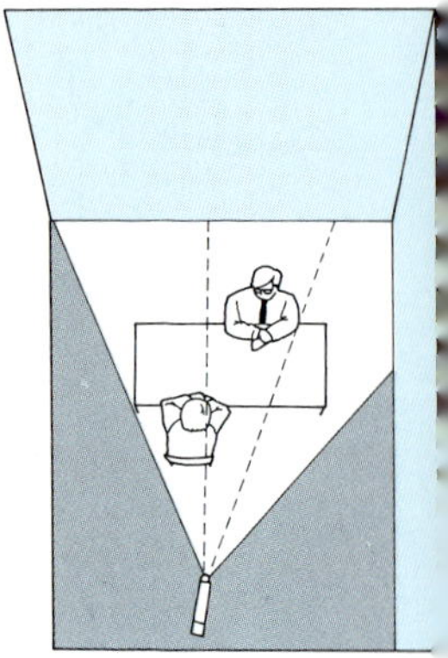

Gehen Sie näher mit der Kamera heran, also stehen Sie neben dem Interviewer. Beginnen Sie mit einer Nahaufnahme, zoomen Sie dann während einer Frage zur Großaufnahme, um seine Reaktion und die Stimmung einzufangen.

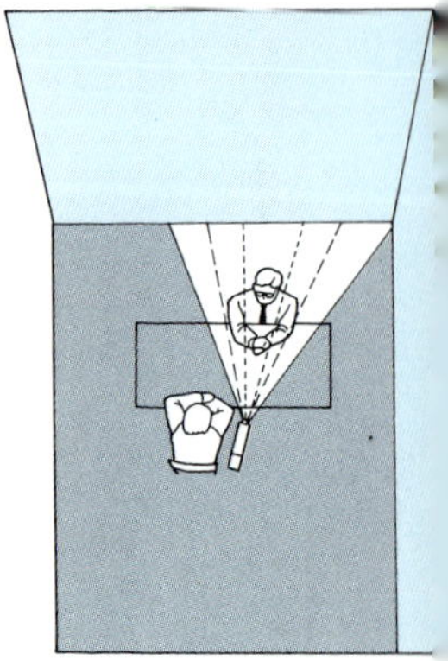

Nach dem Interview machen Sie noch einmal einen Gegenschuß auf den Interviewer von einer 3. Kameraposition aus. Beachten Sie die Augenlinie. Nehmen Sie in verschiedenen Einstellungen den Interviewer für spätere Einschnitte auf.

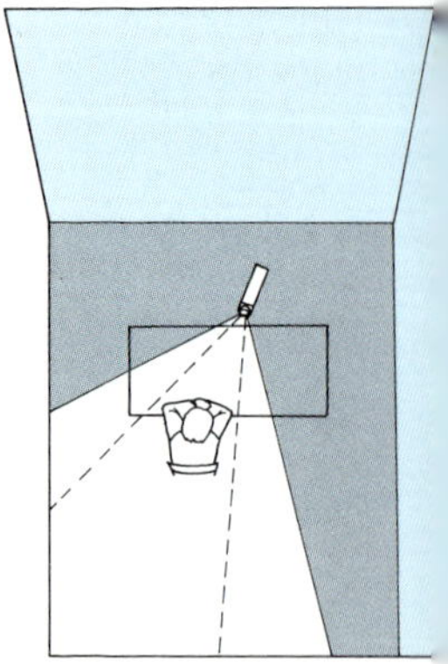

SCHREIBEN VON KOMMENTAREN

Der Spruch «Ein Bild ersetzt tausend Worte» ist für Video ebenso gültig wie für jedes andere Medium. Aber manchmal wollen Sie dem Bild zusätzliche Informationen hinzufügen, die nicht direkt aus dem Bild ersichtlich sind. Es könnte sein, daß Sie die Aufmerksamkeit auf ein Detail lenken wollen, das ansonsten nicht bemerkt würde. Oder es kann sein, daß Sie einfach zwei Szenenaussagen in einer Art zusammenfügen wollen, die optisch nicht auszudrücken sind.

Der Kommentar kann alle diese Aufgaben erfüllen: er muß nur logisch, gut präsentiert und überzeugend sein. Er kann gleichzeitig unterhaltend und informativ sein, aber er darf niemals das Bild überflüssig machen.

Die wichtigste Aufgabe des Kommentars ist es, Bilder zu interpretieren und bestimmte Gesichtspunkte herauszuarbeiten. Nehmen Sie zum Beispiel eine idyllische Flußlandschaft; aber der Kommentar macht klar, daß unter der Oberfläche der Tod lauert: denn das Leben im Fluß stirbt, weil flußaufwärts eine Chemiefabrik ihre Abwässer einleitet. Die Gefühle der Zuschauer wechseln aufgrund des Kommentars von einer positiven Einstellung ins Gegenteil.

Kommentare können Interviews einleiten («Wir haben mit einem Fischer über den Fischfang rund um die Inseln gesprochen»; dann Schnitt auf den Fischer). Der Kommentar kann auch dazu benutzt werden, gegensätzliche Szenenfolgen zu verbinden, wie z. B. zwei gegensätzliche Bildeinstellungen – ein tropischer Regenwald und ein «Hamburger». Die Beziehung bleibt unverständlich, bis zu dem Moment, wo durch den Kommentator erklärt wird, daß große Waldgebiete gerodet werden müssen, um Weiden für das Vieh zu schaffen, aus dem das Fleisch für die «Hamburger» hergestellt wird.

Ein Kommentar sollte erst nach dem Schnitt geschrieben werden, dann können Sie besser entscheiden, wo er überhaupt erforderlich ist. Die Länge des Kommentars muß der Szenenlänge entsprechen. Dies wirkt sich auf Ihre Formulierungen aus: wenn Sie nur 10 - 12 Sekunden Zeit haben, müssen Sie genau überlegen, welches die wichtigste Information ist. Beachten Sie die Dauer der eingesprochenen Texte – 3 Worte pro Sekunde wird von Profis als «schnell» bezeichnet. Sie werden wahrscheinlich mehr Zeit einkalkulieren wollen.

Die Argumente des Kommentars beeinflussen die Meinung des Zuschauers. Sie müssen vor allem selbst wissen, was Sie aussagen wollen. Hilfreich ist es, den Text auf ein Tonband zu sprechen anstatt aufzuschreiben. Sie können dann hören, ob der Kommentar klar und flüssig klingt oder ob Sie um den heißen Brei herumreden.

Jedes einzelne Wort des Kommentars muß sein Gewicht haben. Formulieren Sie kurz und präzise, und sagen Sie dem Zuschauer nur das, was er unbedingt wissen muß. Kommentare, die nur Feststellungscharakter haben, sollten Sie unbedingt vermeiden. Machen Sie Pausen, um dem Zuschauer die Gelegenheit zu geben, das Gesagte zu verarbeiten.

Wenn Sie zufrieden sind, tippen Sie den Kommentar, und lassen Sie möglichst viel Platz auf dem Papier für weitere Anmerkungen (siehe S. 159). Dann können Sie testen, ob der Kommentar zu den Feinschnittfolgen paßt. Proben Sie mehrmals, bevor Sie entgültig aufzeichnen. Legen Sie Spracheinsatz und -ende des Kommentars durch optische Markierungen fest. Sollen an einer bestimmten Stelle der Szenen Wort und Bild exakt übereinstimmen, dann benutzen Sie auch hier das Zählwerk des Tonbandes, um dies zu erreichen.

DER FOLGENDE KOMMENTAR KÖNNTE DIESER FILMSEQUENZ UNTERLEGT WERDEN.

Das Eilean Donan Schloß an der Straße nach Skye wurde 1719 zerstört. Anhänger der Jakobiten und die spanische Garnison hatten diesen Angriff herausgefordert. Das Schloß wurde 1932 restauriert und dient heute als Museum.

Wir segelten nach Lewis – der größten und nördlichsten Insel der Äußeren Hebriden – von Kyle of Lochalsh aus.

KEIN KOMMENTAR: NUR NATURLAUTE, WASSERPLÄTSCHERN, ENTFERNTE GÄLISCHE MUSIK, GERÄUSCH VON SCHIFFSMOTOREN.

Stornoway – einst Sammelplatz der nordischen Eroberer – ist heute die Hauptstadt von Lewis.

Viele der Einwohner leben von Fischfang, Ackerbau und Tuchweberei. Sie sind ein stolzes, freiheitsliebendes Volk.

SCHNITT ZUM INTERVIEW MIT DEM FISCHER.

DIE NUTZUNG VON ARCHIVMATERIAL

Schneiden Sie in Ihre Dokumentarfilme Archivmaterial zur Themenerweiterung ein. Sie können aber auch völlig neue Filme aus Archivmaterial zusammenstellen:

- historische Dokumentarfilme, die aus Fotos, Filmaufnahmen, Gemälden, Manuskripten oder jeder anderen Quelle stammen. Oder schneiden Sie alte Fotos in neu gedrehte Szenen ein, um den Kontrast zwischen damals und heute zu veranschaulichen.

Mit Hilfe eindrucksvoller Vertonung können Sie jede historische Periode zum Leben erwecken. Sie können Hufegeklapper über Jagdszenen synchronisieren, Fabriksirenen über Industriegelände oder zeitgenössische Musik über Straßenszenen. Auch können Sie kurze literarische Passagen der jeweiligen Epoche rezitieren, um den Zeitgeist zu dokumentieren.

Archivmaterial finden Sie in Kunstgalerien, Bibliotheken, Museen und Privatsammlungen. Alte Maschinen, z. B. Dampfmaschinen oder Drehbänke, werden manchmal voll funktionsfähig einem interessierten Publikum vorgeführt. Untersuchen Sie das Objekt, befragen Sie die Experten, und filmen Sie diese Vorführungen. Achten Sie dabei auf die interessante Geräuschkulissen.

Um Archivmaterial zu sammeln, benutzen Sie die Reprotechnik (siehe S. 114), wenn Sie vor Ort filmen. Beachten Sie dabei folgendes:

Filmen durch Glas: Mit Erlaubnis des Museums können Sie Gemälde, Drucke und Zeichnungen aufnehmen, die durch Glas geschützt sind. Dabei sollten Sie auf gleichmäßige Ausleuchtung achten.

Befestigen Sie die Kamera auf dem Stativ so, daß sie parallel zur Bildmitte steht, um Verzeichnungen zu vermeiden. Stellen Sie zwei Videolampen im 45-Grad-Winkel zum Objekt auf und benutzen Sie Gaze-Stoff, um diffuses Licht zu erzeugen. Vergewissern Sie sich mit Hilfe des Suchers, daß das Licht im Glas nicht reflektiert wird.

Wenn Sie zur Reflexausschaltung den Kamerastandpunkt ändern, so versuchen Sie, sich so nah wie möglich an der Bildmitte zu bleiben und suchen Sie eine Teleeinstellung, um die Perspektive abzuflachen.

Tragen Sie dunkle Kleidung, und legen Sie ein dunkles Tuch über Kamera und Stativ, wodurch Sie Reflexe im Glas verhindern. Wenn dies nichts nutzt, dann ändern Sie den Aufnahmewinkel durch vorsichtige Senkrechtabweichung. Eine andere Möglichkeit, Reflexe zu reduzieren, ist es, ein Polarisationsfilter vor einem Objektiv so weit zu drehen, bis die Reflexe so weit wie möglich verschwunden sind. Denken Sie aber daran, daß jeder Filter die Lichtintensität herabsetzt, was möglicherweise kompensiert werden muß.

Polarisationsfilter können auch den Glanz vermindern und Spitzlichter auf Ölgemälden dämpfen, die besonders ausgeleuchtet sind, um den Pinselstrich oder Spachtelzug hervorzuheben.

Gekreuzte Polarisationsfilter werden von Profis benutzt. Dabei werden große, hitzebeständе Polarisationsfilter über den Scheinwerfern und dem Objektiv benutzt. So können fast alle Reflexe ausgeschaltet werden.

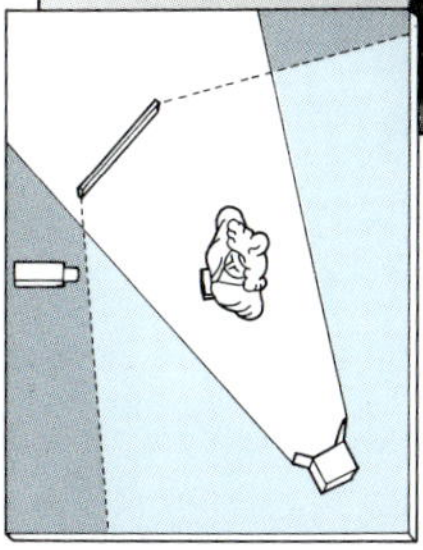

Eine kleine Statue auf einer Drehscheibe kann von schräg seitwärts diffus ausgeleuchtet und mit Hilfe von Blendenaufhellern wirksam ins Bild kommen.

Wenn Sie Gegenstände, wie z. B. wissenschaftliche Instrumente oder Juwelen, aufnehmen wollen, dann richten Sie die Kamera in einem Winkel zur Oberfläche, bedecken Sie die Kamera mit einem dunklen Tuch und leuchten Sie mit weichem Licht aus.

Die erzählende Kamera: Dramatisieren Sie Gemälde und Fotos, indem Sie die Bildoberfläche mit der Kamera abschwenken und abfahren (siehe S. 115). Üben Sie diese Kamerabewegung sorgfältig, um nach Möglichkeit jede Kameraverwacklung auszuschließen.

Die sanfte Bewegung einer Kamerafahrt verhindert die für Zoom- und Schwenkbewegungen typische perspektivische Verzeichnung. Auf diese Art und Weise können Sie die Geschichte eines Gemäldes oder jeden beliebigen Objektes mit der Kamera erzählen.

DEMONSTRATIONSFILME

Ein Demonstrationsfilm ist die einfachste Ausführung einer Dokumentation und eine gute Übung für die Erstellung von Dokumentationsfilmen. Sein Ziel ist die klare und folgerichtige Darstellung jedes Schrittes eines bestimmten Vorgangs. Er ist eine gute Übung, um eine Bildfolge mit dem richtigen Kommentar zu versehen.

Der Film kann sowohl Lehr- als auch Trainingszwecken dienen und kann beliebige Themen beinhalten wie z. B. das Backen eines Kuchens, das Beheben einer Reifenpanne, das Tapezieren eines Zimmers oder das Basteln eines Flugzeugmodells.

Am einfachsten ist es, eine fortschreitende Tätigkeit aufzunehmen und zwar in der Methode «Drehen auf Schnitt». Ein Kommentar kann später nachsynchronisiert werden. Sie können auch Titel einblenden, um alle technischen Details zu zeigen.

Um alles auf Schnitt zu drehen, untersuchen Sie den Vorgang genau, und üben Sie alle dazu nötigen Abläufe exakt ein. Am besten entwerfen Sie ein Storyboard als Drehplan (siehe Zeichnung) und unterteilen es in einzelne Einstellungen nach Inhalt, Szenenlänge und Anzahl der Worte.

Geben Sie dem Darsteller Anweisungen, daß er weiß, was er wann zu tun hat. Beginnen Sie in einer Weitwinkel-Einstellung, und lassen Sie Nah- und Großaufnahmen folgen, um den Gegenstand deutlich zu zeigen. Planen Sie Zwischenschnitte ein, um Zeit zu überbrücken ebenso wie Auf- und Abblendungen, um Einzelheiten darzustellen.

Beachten Sie die 180-Grad-Regel des Bewegungsablaufs (siehe S. 148), um den Zuschauer nicht zu verwirren. Wählen Sie einfache Kameraeinstellungen, aber wechseln Sie Einstellung- und Sichtwinkel und vermeiden Sie Sprungschnitte. Leuchten Sie den gesamten Szenenraum mit Reflexlicht aus, um schwere Schatten zu vermeiden und auch um beliebige Kamerapositionen rasch einzunehmen zu können. Nehmen Sie die Umgebungs- und Arbeitsgeräusche auf, wo dies zum Verständnis erforderlich ist (z. B. das Zischen entweichender Luft aus einem Reifen).

Eine andere Möglichkeit besteht darin, die Kameraposition nicht zu wechseln und dabei den Darsteller den Vorgang kommentieren zu lassen. Für spätere Inserts bitten Sie die Darsteller, das Ganze noch einmal zu wiederholen, während Sie sich auf die Zwischenschnitt-Aufnahmen konzentrieren. Kunsthandwerk wie z. B. Töpfern und Glasblasen sind ideale Themen hierfür. Das Script muß sorgfältig

ausgearbeitet werden, und die Darsteller müssen gut vorbereitet sein, damit das Timing stimmt. Wenn sich der Darsteller wenig bewegen muß, können Sie einen Mikrofonstandpunkt wählen; ansonsten benutzen Sie ein Ansteckmikrofon.

Der beste Plan für einen Demonstrationsfilm ist ein Storyboard, besonders wenn Sie auf Schnitt drehen. Jede Szene sollte alle Bildaussagen enthalten. Kommentare werden später hinzugefügt, um technische Informationen zu vermitteln. Beim Assembleschnitt können Sie die Szenenfolgen in beliebiger Reihenfolge aufnehmen und zunächst alle Weitwinkelaufnahmen machen, danach konzentrieren Sie sich auf die Groß- und Nahaufnahmen.

DAS VIDEO-PORTRÄT

Die Hauptperson sollte schon optisch interessant sein. Ideal hierfür sind Künstler, Kunsthandwerker, Musiker, Bauern und ältere Leute mit gutem Gedächtnis. Wenn Sie das Porträt durch eine Ausstellung oder ein Konzert des betreffenden Künstlers z. B. bereichern können, umso besser.

Ein Videoporträt setzt eine enge Zusammenarbeit zwischen den Beteiligten voraus. Es verlangt sowohl Ihr persönliches Interesse an dem Thema als auch das Vertrauen des Porträtierten in Ihre Arbeit. Gehen Sie freundlich und offen vor, um alle Tatsachen zu erfahren. Durch Zuhören, Sprechen und Beobachten erhalten Sie Einblick in sein Wesen.

Dies ist der zentrale Punkt eines Porträts und verlangt Ihre größte Aufmerksamkeit. Während der gesamten Vorbereitungen sollten Sie sich stets vor Augen führen, wie dies alles am besten optisch darzustellen ist.

Suchen Sie nach biografischen Einzelheiten. Beobachten Sie seine Gewohnheiten, seinen Lebensstil und das Leben in der Familie und mit Freunden. Nur diese gründlichen Vorbereitungen ermöglichen Ihnen ein interessantes und vollständiges Porträt.

Jede Szenenfolge sollte an die vorherige anschließen, sodaß das Porträt vielseitig wird und der Zuschauer mit jeder neuen Szene eine neue Information erhält.

Die Eröffnungsszene sollte eine für den Porträtierten typische Situation beeinhalten. Zum Beispiel ein Töpfer, der den Ton mischt oder ein Holzschnitzer, der lange Kerben in eine Holztafel schnitzt. Fügen Sie als Einführung einen einfachen Kommentar hinzu.

Machen Sie ein ausführliches Interview mit dem Porträtierten. Davon können später Auszüge eingeschnitten werden, oder es kann als Off-Sprache über die Szene synchronisiert werden.

Das Interview sollte ganz ruhig geführt werden, da es einen entscheidenden Teil des Films ausmacht. Überlegen Sie alle Fragen ganz genau, so daß Sie präzise Antworten erhalten, und variieren Sie die Kameraeinstellung.

Erweitern Sie das Porträt durch Interviews mit Menschen, die den Porträtierten kennen, z.B. Familienmitglieder, Geschäftsfreunde und andere Künstler oder Kritiker. Ihre Aussagen können viel zur Information beitragen. Findet eine Preisverleihung oder ein festliches Abendessen zu Ehren des Porträtierten statt, so versäumen Sie nicht, die dabei gehaltenen Reden aufzuzeichnen. Diese können Sie später zur Erweiterung des Porträts verwenden. Entwerfen Sie ein Storyboard in gewohnter Weise. Entwerfen Sie auch einen Kommentar, der die Hauptpunkte jeder Szenenfolge zusammenfaßt, damit Sie eine Vorstellung von den einzelnen Szenenlängen bekommen.

Planen Sie die Umgebungsgeräusche ein, um Atmosphäre zu schaffen. Diese sollten sich auf die dargestellte Arbeit beziehen, z. B. das Pinsel-, Spachtel- und Bürstengeräusch des Farbauftrags, das Quietschen der Töpferscheibe und das Rascheln beim Schnitt der Schere. Auch Musik kann charakterisieren – die Lieblingsmelodie kann zum Leitthema des Films werden. Eventuell können Sie eine Szenenmontage auf den musikalischen Rhythmus schneiden. Suchen Sie nach einer klaren und eindrucksvollen Schlußszene – möglicherweise ein Statement einer anerkannten Persönlichkeit, die den Porträtierten und sein Werk charakterisieren.

Ein Töpfer ist ideal für ein Videoporträt. Zeigen Sie ihn bei der Arbeit und legen Sie ein Interview im Off über die Szenen. Wenn kein Kommentar nötig ist, legen Sie Musik oder Arbeitsgeräusche unter.

Der schnellste und bequemste Weg, einen arbeitenden Künstler aufzunehmen, ist das vorhandene Licht auszunutzen. Die meisten Ateliers haben viel Tageslicht. Hellen Sie Schatten durch Reflexlicht so auf, daß die Bewegungsfreiheit des Künstlers nicht eingeschränkt wird.

Vervollständigen Sie die Szenenfolge durch die Darstellung des neuesten Kunstwerks des Porträtierten. Nehmen Sie dabei so viel wie möglich von der Arbeitsumgebung auf - ein Haustier, eine leere Kaffeetasse in Großaufnahme, abgelegte Arbeitskleidung.

GESCHICHTE EINER STADT

Machen Sie einen historischen Dokumentarfilm über die Stadt, in der Sie leben. Das Projekt kann sich über mehrere Monate hinziehen und wird Ihnen und Ihrem Team alle nötigen Erfahrungen vermitteln: Recherchen, das Schreiben des Scripts, Filmszenenentwürfe, Interviewtechnik und wirkungsvolle Schnittgestaltung.

In der Gruppe zu arbeiten, heißt gemeinsame Ideen zu entwickeln und zu verwirklichen. Jeder sollte seine Meinung über interessante Punkte der Stadt beisteuern. Alles kann von Bedeutung sein.

Ihre Recherchen sollten sich mit Personen der Vergangenheit und der Gegenwart befassen ebenso wie mit historischen und modernen Plätzen, um die Geschichte der Stadt aufzuzeichnen. Quellen für Ihre Recherchen können stadtgeschichtliche oder Heimat-Museen sein. Die örtliche Handelskammer kann Ihnen bei der Recherche über die wirtschaftliche Entwicklung der Stadt behilflich sein. Privatsammlungen von Einwohnern können mit persönlichen Erinnerungen bezüglich der städtischen Entwicklung zum Gelingen des Films beitragen.

Sie können das persönliche Interesse und Wissen Ihrer Mitarbeiter ausnutzen, indem Sie diese spezielle Interessengebiete in Ihre Videoaufzeichnung einbeziehen. Interviews sind auch hier von großer Bedeutung. Befragen Sie verschiedene Leute – offizielle Vertreter der Stadt ebenso wie den Mann auf der Straße oder das Mitglied eines Sportvereins. Aus Vorgesprächen können Sie gezielte Fragen zu interessanten Komplexen entwickeln.

Kommentare können als Verbindung zwischen Szenenfolgen oder zur Einleitung von Themen verwendet werden. Zum Beispiel können Sie ältere Mitbürger über ihre Erinnerung an eine örtliche Fabrik erzählen lassen. Unterlegen Sie diese Interviews mit Fotos der Fabrik aus alten Tagen. Ein Schriftführer sollte ein schriftliches Drehbuch entwerfen, das die zu behandelnden Themen skizziert und aus dem der dramaturgische Aufbau aller wesentlichen Szene hervorgeht. Diskutieren Sie den Inhalt mit der Gruppe und entwickeln Sie daraus einen Aufnahmeplan (siehe S. 167). Behalten Sie dabei immer die Gesamtlänge Ihres Projekts im Auge – eine Maximallaufzeit von 30 Minuten scheint optimal.

Bei diesem Film hat der Produktionsleiter eine besonders wichtige Aufgabe. Denn er muß die Aufnahmefolgen so kostensparend wie möglich zusammenstellen, die Verfügbarkeit der aufzunehmenden Objekte koordinieren und die Crew zusammenhalten.

Um einen wirklichen Überblick zu erhalten, brauchen Sie sowohl Gesamt- als auch Detailaufnahmen. Nehmen Sie sich für die Motivsuche mehrere Tage Zeit, und legen Sie, wenn möglich, die Kamerastandpunkte im Voraus fest. Überprüfen Sie die Licht- und Tonverhältnisse an allen Drehorten und suchen Sie Ihre Ausrüstung entsprechend aus. Finden Sie die beste Zeit für Tageslichtaufnahmen heraus, dies gilt besonders für Aufnahmen von Gebäuden (siehe S. 173). Für manche Aufnahmen eignen sich verkehrsarme Zeiten. Beziehen Sie möglichst typische Stadtszenen mit ein, wie z. B. geschäftige Einkaufszentren, ruhige Sonntage, Nachtleben, architektonische Details (Straßenzüge, Häuserfronten). Nehmen Sie auch die dazugehörenden akustischen Akzente mit auf.

Ein wirkungsvoller Abschluß des Dokumentarfilms kann ein großes Stadtereignis sein, z. B. eine Umzug, ein Erntedank-Fest oder ein Sommerfest. Dies sollten Sie mit mehreren Kameras festhalten. Aber vergessen Sie nicht, daß bei Aufnahmen mit verschiedenen Kameras, die Formate unterschiedlich sein können und auch die Bildqualität variiern kann, was beim Schnitt eventuell Probleme verursacht.

Verwenden Sie den Assembleschnitt und bedienen Sie sich dabei der Einrichtungen in einem Kunstverein. Dadurch werden die Arbeiten erleichtert und wirken auch professioneller. Machen Sie zuerst einen Rohschnitt, damit Sie feststellen können, ob das Porträt Ihrer Stadt vollständig ist. Erst dann schneiden Sie die Bänder endgültig zusammen.

Ein schriftlicher Aufnahmeplan ist die Voraussetzung für den logischen Aufnahmeablauf. Auf der einen Seite sind die Bildfolgen und auf der anderen Seite die dazugehörenden Geräusche und Töne aufgeführt.

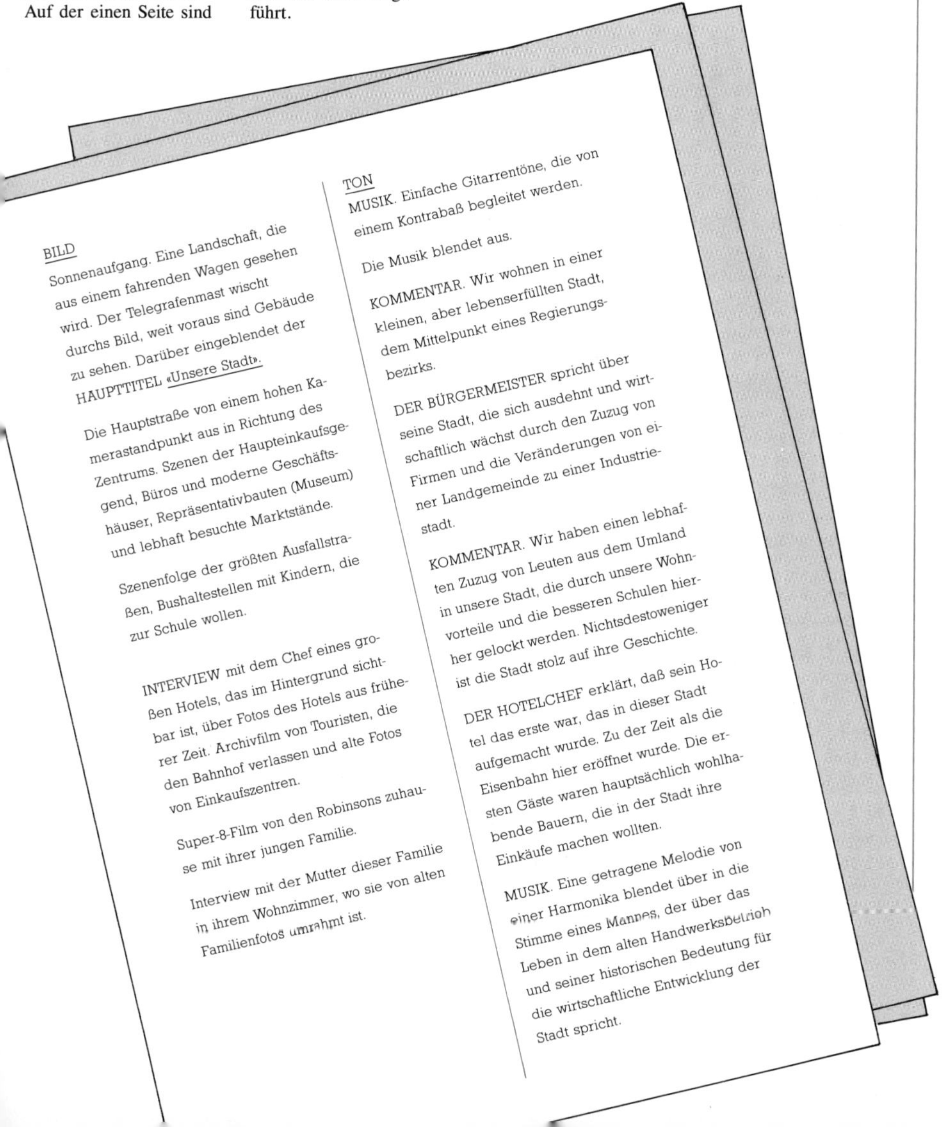

BILD

Sonnenaufgang. Eine Landschaft, die aus einem fahrenden Wagen gesehen wird. Der Telegrafenmast wischt durchs Bild, weit voraus sind Gebäude zu sehen. Darüber eingeblendet der HAUPTTITEL «Unsere Stadt».

Die Hauptstraße von einem hohen Kamerastandpunkt aus in Richtung des Zentrums. Szenen der Haupteinkaufsgegend, Büros und moderne Geschäftshäuser, Repräsentativbauten (Museum) und lebhaft besuchte Marktstände.

Szenenfolge der größten Ausfallstraßen, Bushaltestellen mit Kindern, die zur Schule wollen.

INTERVIEW mit dem Chef eines großen Hotels, das im Hintergrund sichtbar ist, über Fotos des Hotels aus früherer Zeit. Archivfilm von Touristen, die den Bahnhof verlassen und alte Fotos von Einkaufszentren.

Super-8-Film von den Robinsons zuhause mit ihrer jungen Familie.

Interview mit der Mutter dieser Familie in ihrem Wohnzimmer, wo sie von alten Familienfotos umrahmt ist.

TON

MUSIK. Einfache Gitarrentöne, die von einem Kontrabaß begleitet werden.

Die Musik blendet aus.

KOMMENTAR. Wir wohnen in einer kleinen, aber lebenserfüllten Stadt, dem Mittelpunkt eines Regierungsbezirks.

DER BÜRGERMEISTER spricht über seine Stadt, die sich ausdehnt und wirtschaftlich wächst durch den Zuzug von Firmen und die Veränderungen von einer Landgemeinde zu einer Industriestadt.

KOMMENTAR. Wir haben einen lebhaften Zuzug von Leuten aus dem Umland in unsere Stadt, die durch unsere Wohnvorteile und die besseren Schulen hierher gelockt werden. Nichtsdestoweniger ist die Stadt stolz auf ihre Geschichte.

DER HOTELCHEF erklärt, daß sein Hotel das erste war, das in dieser Stadt aufgemacht wurde. Zu der Zeit als die Eisenbahn hier eröffnet wurde. Die ersten Gäste waren hauptsächlich wohlhabende Bauern, die in der Stadt ihre Einkäufe machen wollten.

MUSIK. Eine getragene Melodie von einer Harmonika blendet über in die Stimme eines Mannes, der über das Leben in dem alten Handwerksbetrieb und seiner historischen Bedeutung für die wirtschaftliche Entwicklung der Stadt spricht.

UNTERSTÜTZUNG EINER INITIATIVE

Ein gelungenenes Video-Programm ist in der Lage, ein Anliegen in außerordentlich eindringlicher Form auszudrücken und zu vermitteln. Was da im Film «rüberkommt» mag entweder Ihre Privatmeinung sein, also Ihrem ureigensten innneren Fühlen und Denken entsprechen oder aber die Wünsche und Absichten von Gruppen - Jugendverbänden, wohltätigen oder politischen Organisationen - darstellen.

Ihre Zuhörerschaft wird - das ist gar nicht zu vermeiden - an Ihre Produktion den gleichen Maßstab anlegen, wie an professionelle TV-Sendungen. Daher müssen Sie selbst auch, so gut es irgend geht, professionell arbeiten. Vor allem muß die Logik der Einstellungsfolgen stimmig sein. Und dann - halten Sie Ihren Film kurz, 15 bis 20 Min. sind übergenug. Schneiden Sie vor allem auch nur ganz knappe Publikumsbefragungen mit prägnanten Auskünften in Ihren Film ein. Arbeiten Sie mit einem kleinen beweglichen Team und nutzen Sie die Ideen jedes seiner Mitglieder. Der Knackpunkt für einen überzeugenden Dokumentarfilm besteht darin, ihn ganz gezielt im Hinblick auf einen bestimmten eingeschränkten Personenkreis zu gestalten. Wenn Sie etwas für die große Allgemeinheit machen, dann bleibt Ihnen gar nichts anderes übrig als die Zuschauer erst behutsam Schritt für Schritt in die Thematik einzuführen. Wenden Sie sich jedoch an ein spezielles Publikum, dann können Sie sich alle Umwege sparen und direkt auf Ihr Ziel lossteuern.

Was Sie auch immer in Ihrem Film zeigen wollen, zunächst müssen Sie einen schriftlichen Entwurf machen und sich dabei selbst klar darüber werden, was Sie darstellen wollen und was Sie mit Ihrem Film bezwecken.

Der zweite Schritt ist, das Objekt, das Sie ins Visier nehmen, genau zu untersuchen (Vorgespräche, Literaturstudium, Besuch von Archiven und Museen). Dann erst ist es an der Zeit ein exaktes Storyboard anzufertigen.

DAS PROBLEM

Ein überzeugender Dokumentationsfilm sollte den Zuschauer mit der Nase auf das Problem stoßen. Zusätzliche Musikeinblendungen können die Wirkung einzelner Szenen gezielt steigern. Fügen Sie eine markante Stimme hinzu, die das Problem kurz und bündig erläutert. Lassen Sie gezielte Interviews mit Zeugen, Betroffenen, Sachverständigen folgen.

ÖFFENTLICHES INTERESSE

Begründen Sie, warum sofortiges Handeln erforderlich ist. Unterstreichen Sie das durch Straßeninterviews; Schlagzeilen der Lokalpresse einschneiden. Nehmen Sie Demonstrationen und Versammlungen auf, in denen mit Behörden, Firmenleitungen usw. diskutiert wird. Schließen Sie die Lösungsmöglichkeiten nicht aus.

DIE BEGRÜNDUNG

Wenn der mittlere Teil des Dokumentarfilms das Für und Wider und die Stellungnahme der Betroffenen und der Verwaltenden gegeneinander stellt, sollte im letzten Teil die Lösungsmöglichkeit angeboten werden. Ordnen Sie die Informationen und statistischen Angaben so an, daß deutlich wird, warum und daß es noch nicht zu spät ist, und wie eine befriedigende Lösung erreicht werden könnte.

Ein überzeugender Dokumentarfilm über ein Umweltproblem. Die Szenenfolgen dürfen ruhig das Publikum in Erregung versetzen. (siehe die Szenenbilder von oben nach unten). Stellen Sie die Betroffenheit der Bürger symbolisch dar (siehe Bild Mitte) und zeigen Sie die Wurzel des Übels (siehe Bild unten). Dann lassen Sie die Schwere des Problems im Kommentar oder in Interviews folgen. Schließen Sie mit sinnvollen Lösungsmöglichkeiten ab.

DAS ARGUMENT

Es ist immer sinnvoll, mit Gegenargumenten anzufangen. Ihre Recherchen sollten vor allen Dingen die Motive herausgefunden haben. Stellen Sie alle finanziellen oder politischen Argumente, an die Spitze. Dies sind auch Hauptpunkte der Interviews. Fordern Sie die Stellungnahmen der Opposition heraus. Ihre eigenen Argumente lassen Sie folgen. Benutzen Sie die Einblendungsvorrichtung Ihrer Kamera dazu, bei Interviews jeweils Namen und Titel der Personen mit einzublenden.

Im Schnitt sollte das Für und Wider in dramatisch wirkenden Szenenfolgen vertieft werden. Wenn die Opposition behauptet, die Verschmutzung sei nicht so schlimm, schneiden Sie im harten Schnitt die vergifteten Fische ein (siehe Bild links oben).

DIE LÖSUNG

Nunmehr müssen Sie eine Lösung für das Problem anbieten, nicht nur die langfristige Lösung, sondern auch vorübergehende Erleichterungen. Zeigen Sie auch ähnliche Probleme anderer Gemeinden, die gleichfalls befriedigend gelöst werden.

AKTION

Schließen Sie den Dokumentarfilm dadurch ab, daß Sie die vielen, verschiedenen Argumente noch einmal knapp zusammenfassen. Wiederholen evtl. in einer Kurzmontage und musikalisch untermalt. Der Zuschauer könnte die Verpflichtung fühlen, er müsse sich persönlich an der Lösung beteiligen.

DAS EIGENE VIDEO-ARCHIV

Jeder Dokumentarfilm, kann den Grundstock für ein eigenes, lokalgeschichtliches Filmarchiv bilden, das Sie im Laufe der Jahre zusammentragen. Ein persönliches Videofilmarchiv wird zu einer einzigartigen Sammlung von persönlichem Wert.

Bei dem systematischen Aufbau können Freunde und Bekannte Recherchen durchführen. Insbesondere die älteren Einwohner Ihres Wohnortes sind als Auskunftspersonen wichtig. Fragen Sie solche Personen mit einem Tonbandgerät aus. Lassen Sie sich auch unwichtige Geschichten erzählen.

Das ergibt oft überraschende Tonzwischenschnitte. Ist das, was Ihnen erzählt wird, von besonderer Bedeutung, dann machen Sie gleich ein Interview oder gar filmisches Porträt von diesem Menschen. Auch Diskussionen, die bis zum Streit gehen können, ergeben Szeneninhalte besonders für kontrovers angelegte Dokumentarfilme.

Alle Diskussionen, die in kleinen Gruppen oder Versammlungen geführt werden, können Sie später einmal verwerten. Auch traditionelle Herstellungsmethoden handwerklicher oder kunsthandwerklicher Art sollen Sie suchen, besonders wenn diese Tätigkeit von älteren Personen ausgeübt wird, mit der Absicht historische Erfahrungen und in Vergessenheit geratene Handwerksberufe wie Steinmetzarbeit, Strohflechten, Korbflechten, Kunstschreinerarbeiten, Handmühlenbetrieb zu archivieren.

Fragen Sie diese Leute geschickt und vorsichtig aus, während Sie die Kamera laufen lassen. Eines Tages werden Sie solche Szenenfolgen für die Zusammenstellung eigener Filme ausnützen können. Je umfangreicher und eingehender Sie damals gearbeitet haben, umso wertvoller wird dieses historische Filmmaterial sein. Gleichartige Beispiele gibt es auch auf dem Gebiet über landwirtschaftliche Arbeit und bäuerlichem Hausrat.

Jährlich wiederkehrende Festlichkeiten wie der 1. Mai, Karnevalsumzüge und Festlichkeiten wie Weihnachtsfeiern, Sportereignisse und kirchliche Feste lohnen sich, aufgenommen und archiviert zu werden. Auch der Zirkus

Nehmen Sie lokale Traditionen auf, wie Trachtenfeste in historischen Kostümen und Volkstrachten (siehe oben). Wenn Ihnen die Errichtung von Steinwällen begegnet, die von Bauern ohne Mörtel nach und nach aufgeschichtet werden, um die Aussaat ihrer Felder zu schützen, dann verfolgen Sie deren Entstehung. Das gleiche gilt für traditionelle Ereignisse.

auf der Festwiese sollte nicht vergessen werden. Versäumen Sie nicht, auch den unscheinbarsten Teilnehmer, der bei solchen Anlässen beschäftig ist, zu interviewen. Jeder weiß Dinge, die Sie selbst nicht wissen, die aber für die geschichtliche Erinnerung von Bedeutung sein könnten. Recherchieren Sie alte Fotografien und Drucke, die über Ihren Wohnsitz und die Umgebung der Stadt berichten, bevor der Moloch neuer Siedlungen und Bauten alle Ausblicke zerstörte. Über solche Szenen können Sie dann die Berichte der ältesten Einwohner, die dort aufgewachsen sind, nachsynchronisieren.

Abbruchreife alte Fabriken und Häuser, die verschwinden werden, um neuen Bauten Platz zu machen, sollten von Ihnen mit der Kamera besucht und in allen historisch bedeutsamen Details festgehalten werden. Konstruktionsmerkmale, Strebeverbindungen, Verankerung von Balken, Türrahmen und Türschlösser usw. gehören dazu. Wenn Sie Gebäude filmen wollen, planen Sie die Tageszeit und den Sonnen-

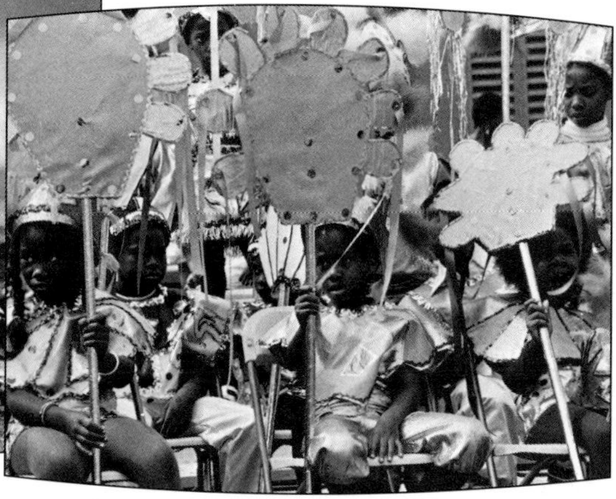

stand ein. Wenn die Sonne bereits beginnt unterzugehen, können Sie einzelne Räume von breiten Sonnenbändern durchschnitten, erfassen.

Sammlungen von Erinnerungstücken, die über die Jahrzehnte zurückreichen, alte Fotografien, Drucke, Puppenspielzeug, Zeitungen und Dokumente sind eine nicht zu überschätzende, wertvolle Quelle für die Aufnahme von Archivmaterial. Sie können auch solche Zusammenstellung eventuell im Heimatmuseum oder in der städtischen Bibliothek veranlassen. Verfahren Sie bei den Aufnahmen, so wie Sie das auf Seite 144 gelernt haben. Das gleiche gilt für die Überspielung von vorhandenen Schmal- und Kleinbildaufnahmen aus früherer Zeit nach Ton und Bild auf Videofilm (siehe S. 120). Dieses Material kann von Ihnen zunächst einfach archiviert werden, um später für die Herstellung bestimmter geschlossener Filmvorhaben ausgenützt zu werden. Natürlich sollten Sie Ihr Archiv auch katalogisieren, damit Sie alles wieder finden. Dazu empfiehlt sich ein Stichwortkatalog, denn oft wissen Sie nicht mehr, wo Sie Ihre Szenen und Inserts abgelegt haben.

Langzeitlagerung von Videobändern: Wenn Sie in der richtigen Umgebung aufbewahrt werden, halten sich Videobänder praktisch unendlich lange. Die Löschsicherung sollte aus den Kassetten entfernt werden.

Bewahren Sie die Videobänder aufrechtstehend in einzelnen Plastikbehältern auf. Nach Möglichkeit bei einer konstanten Luftfeuchtigkeit von 35 bis 40 Prozent und bei 15 bis 18 Grad. Die Bänder sollten alle zwei Jahre zurückgewickelt werden, damit ihre natürliche Spannung erhalten bleibt. Licht kann weder die Farbe noch die Tonqualität eines Bandes beeinflussen, jedoch ist eine Schädigung der Aufzeichnung in der Nähe starker magnetischer Felder, Motore oder Lautsprecher möglich.

IHRE GESCHÄFTSPRÄSENTATION

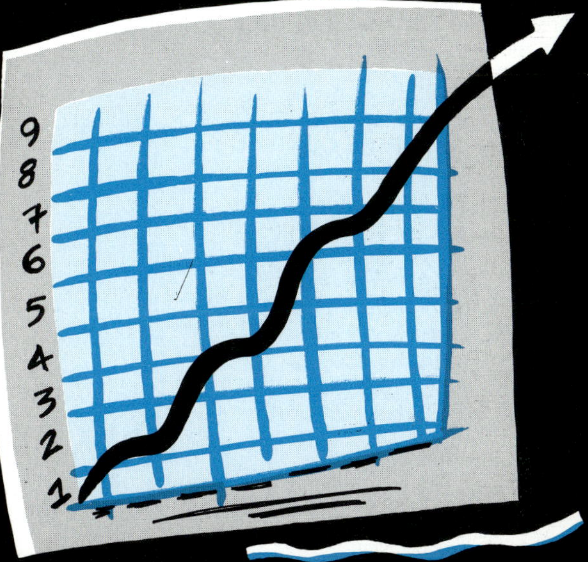

Der einfachste Videofilm kann eine wichtige Verkaufshilfe sein. Sie können sogar einen Teil der Kosten für die Videoausrüstung durch die geschäftlichen Erfolge und Nutzung wieder hereinholen. (Steuerliche Abschreibung bei überwiegend geschäftlicher Nutzung.) Wenn Sie mit den Aufnahmetechniken, einschließlich Beleuchtung, Kameraarbeit und Schnitt vertraut sind, können Sie diese Fähigkeiten zur Präsentation Ihrer Geschäfte inner- und außerbetrieblich verwenden. Ein gut gemachter Videofilm kann Ihnen sogar beim Verkauf Ihres Hauses von Nutzen sein. Das folgende Kapitel gibt Ihnen hierfür Tips.

VERKAUF IHRES HAUSES

Ein Videofilm kann Sie beim Verkauf, beim Vermieten oder beim Tausch Ihres Hauses unterstützen. Der Videofilm sollte 15 Minuten nicht überschreiten und Ihr Haus aus persönlicher Sicht darstellen.

Voraussetzung hierfür ist ein exakter Plan. Arbeiten Sie einen genauen Aufnahmeplan aus, der den Zuschauer durch das Haus führt und ihm seine Vorzüge demonstriert wie z. B. Anzahl und Größe der Räume, Einbauten in Küche und Bad, Garage, den Garten usw. Nutzen Sie bei jedem Raum das günstigste Tageslicht aus, um ihn im besten Licht zu zeigen. Hierbei kann es sein, daß Sie vom Drehplan abweichen müssen. Nehmen Sie sich für die Aufnahmen ein paar Tage Zeit und lassen Sie auch Haustiere und Familienmitglieder auftreten, so daß eine persönliche Atmosphäre vermittelt wird. Benutzen Sie zusätzliche Ausleuchtungshilfen, um das Haus heller wirken zu lassen, besonders in Räumen, die etwas dunkler sind, z. B. Keller und Flure. Machen Sie für jeden Raum einen Plan, einschließlich der Menschen und Gegenstände, die Sie aufnehmen wollen.

Langsame Fahraufnahmen und Schwenks verstärken die Wirkung der Präsentation. Ein Dolly wird in den meisten Fällen schwierig sein, aber eine Fahrt im Kinderwagen tut es auch (siehe S. 144).

Arrangieren Sie alles wie geplant, bevor das Licht zu schräg in die Räume fällt, so daß Sie jederzeit in der Lage sind, Ihre Aufnahmen ohne Schwierigkeiten zu machen. Beginnen Sie mit einer Weitwinkelaufnahme, und gehen Sie dann zu Details über. Schwenken Sie über den Kamin, die Türrahmen und Fenster, verwenden Sie dann einen Gegenschnitt, und zeigen Sie den restlichen Teil des Raumes. Benutzen Sie die automatische Titeleinblendung während der Aufnahme, um über die Länge, Höhe und Breite des jeweiligen Raumes zu informieren.

Vorbereitungen Legen Sie die besten Aufnahmewinkel fest. Tageslichtaufnahmen sind wichtig. Nutzen Sie jeweils den günstigsten Sonnenstand aus. Aufnahmen von Balkons, Galerien und Fenstern der oberen Stockwerke bieten gute Perspektiven auf Garten und die unmittelbare Umgebung.

Schmücken Sie das Heim mit frischen Blumen, und benutzen Sie diese für den Vordergrund. Nehmen Sie auch spielende Kinder auf. Dies macht die Szene persönlich.

Verschönern Sie die Terrasse mit Möbeln, Pflanzen, aber achten Sie darauf, daß es ordentlich aussieht und alles frisch gepflegt ist.

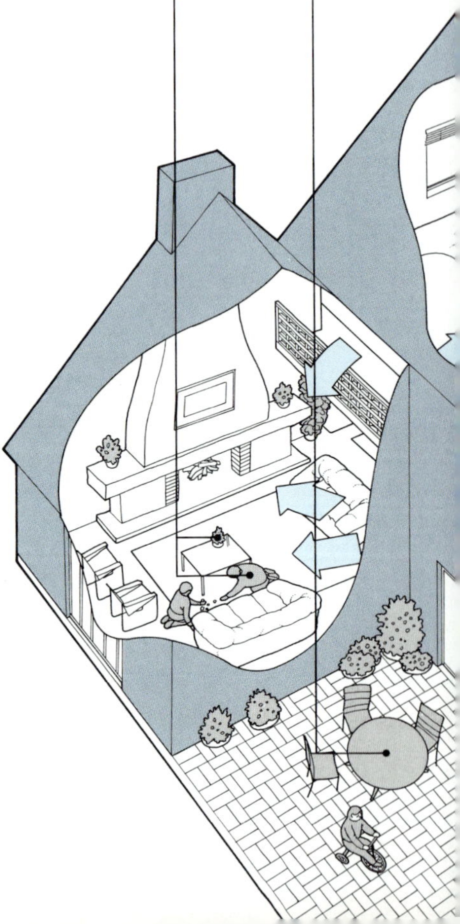

Haustiere erzeugen eine warme und gemütliche Atmosphäre.

Ein Senkrechtschwenk auf eine Person, die die Treppe hochsteigt, ergibt eine gute Verbindung zwischen den Stockwerken.

Zeigen Sie die Küche, während sie benutzt wird. Es wirkt einladend, wenn jemand dort frühstückt oder eine Torte bäckt.

Ein Storyboard für einen Film über ein typisches Heim könnte aussehen wie folgt:

- Weitwinkelaufnahme von der Straße und der Umgebung des Hauses. Das Familienauto nähert sich dem Haus von der günstigsten Richtung aus. Schwenken Sie mit dem Auto, um das Haus ins Blickfeld zu bringen.
- Halbtotale auf Garten, Terrasse, Garage und Swimming Pool.
- Weitwinkel- bis Teleeinstellung der Eingangstür, die zum Empfang geöffnet ist, von improvisiertem Dolly aus.
- Aufnahmen der einzelnen Räume, langsame Schwenks und Schuß-Gegen-Schuß-Einstellung. Kreieren Sie eine heimelige Atmosphäre mit Hilfe von spielenden Kindern und schlummernden Haustieren.
- Großaufnahmen von Ausstattungsdetails.
- Senkrechtschwenk auf Personen, die vom Erdgeschoß ins erste Stockwerk gehen.
- Verfahren Sie mit den Räumen im ersten Stock genauso, wie mit denen im Erdgeschoß.
- Halbtotale vom ersten Stock nach unten auf Garten und Umgebung.
- Szenenfolge, die die nachbarschaftliche Umgebung positiv darstellt, wie z. B. die Leihbücherei, das Schwimmbad, das Kino, die Bushaltestelle und die Geschäfte. Schneiden Sie Archivmaterial von besonderen Ereignissen in der Nachbarschaft ein.
- Fahraufnahmen von der sich schließenden Haustür weg mit Titeleinblendungen von der Adresse, dem Preis und dem Bezugstermin.
- Ein Kommentar, der unabhängig von den Bildern aufgenommen wurde, sollte die Vorteile des Hauses hervorheben, die nicht sofort ins Auge stechen, wie z. B. die Zentralheizung und das Alarmsystem. Spielen Sie am Beginn und am Ende Musik ein.
- Schließlich können Sie noch einen maßstabsgerechten Plan des Hauses zeichnen, um damit die Wirkung des Videofilms zu unterstützen.

VERKAUFSHILFE FÜR IHRE PRODUKTE

Videofilme können Ihren Geschäftserfolg erheblich verstärken. Sie sind ein vielseitiges Medium und lassen sich, unabhängig vom Publikum, für Direktverkauf, innerbetriebliche Präsentation oder Austellungszwecke bei Messen, Ausstellungen oder Konferenzen einsetzen.

Ein gut geplanter Verkaufsfilm kann Sie und Ihre Produkte vorteilhaft anbieten. Er sollte sich an eine bestimmte Zielgruppe richten. Wollen Sie an Vertreter, Grossisten, Händler oder direkt an Endverbraucher verkaufen – auf jede dieser Gruppen sollen Sie sich gezielt einstellen.

Erarbeiten Sie Ihre Strategie mit Hilfe eines Storyboards, in dem Sie Fotos Ihrer Produkte mit Darstellungen Ihrer Dienstleistungen kombinieren. Sie können von diesem Material sogar einen Rohentwurf machen, um zu sehen, ob die Idee wirkungsvoll ist.

Dabei ist die Vertonung sehr wichtig. Musik kann Aufmerksamkeit erzwingen. Entscheiden Sie, wo sich Kommentare verkaufsfördernd einsetzen lassen und wo die bildliche

DIREKTVERKAUF

Wenn Sie ein Produkt oder eine Leistung direkt verkaufen wollen, dann sollte Ihr Film eine Länge von 10 - 15 Minuten haben, so daß er in Warteräumen, Geschäften oder Büros gezeigt werden kann. Kopien des Filmes können auch an Kunden versandt werden. Sie müssen jedoch sicherstellen, daß das Format stimmt (siehe S. 214).

Schon in der Planungsphase sollten Sie die passende Musik aussuchen, die den Zuschauer einfängt. Zeigen Sie Ihr Produkt oder Ihre Diestleistung von der besten Seite. Wenn möglich, ergänzen Sie den Film durch Interviews mit zufriedenen Kunden.

Wenn Sie z. B. ein Gartenarchitekt sind, wählen Sie einen sonnigen Tag für Ihre Aufnahmen, filmen Sie von einem erhöhten Kamerastandpunkt das gesamte Panorama, und zoomen Sie Details. Wenn Sie ein Modedesigner sind, dann legen Sie besonderen Wert auf die Ausleuchtung, um Farben und Stoffqualität überzeugend herauszuarbeiten.

Um technische Informationen, wie z. B. die Vorteile eines Doppelfensters klar darzustellen, fügen Sie Grafiken, die entweder von einem Grafiker oder einem Computer erstellt wurden, ein (siehe S. 150).

DESK-TOP-VIDEO

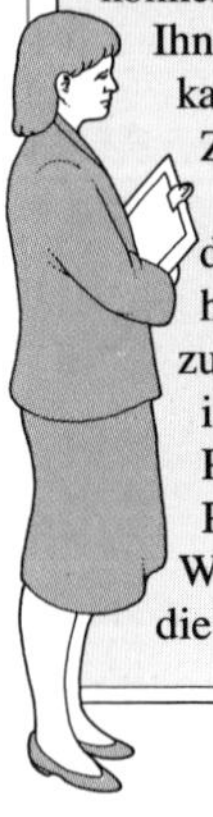

Tragbare, kompakte Video-Vorführgeräte können gekauft oder gemietet werden, um Ihnen als bequeme und schnelle Verkaufshilfe zu dienen.

Zehn Minuten reichen völlig aus, um Ihr Produkt oder Ihre Dienstleistung darzustellen; vergessen Sie nicht: Sie haben es mit sehr beschäftigten Leuten zu tun. Anstelle von Musikunterhaltung ist es vielleicht besser, durch einen Profisprecher der Vorführung mehr Professionalität zu geben.

Wählen Sie eindeutige Grafiken, um die Vorteile des Produkts hervorzuheben. Sie können auch mit Hilfe von Grafiken und Bildern die Vorteile gegenüber Ihren Mitbewerbern hervorheben.

Versuchen Sie immer präzise und klar zu sein. Halten Sie Hintergrundmaterial bereit, das dieselben Grafiken und Argumente enthält wie Ihr Film. Um technische Details zu zeigen, sollten Sie die Ausleuchtung so anlegen, daß die zu zeigenden Objekte klar und scharf dargestellt sind.

Darstellung genügt. Benutzen Sie Ausdrücke, die das Publikum versteht; werden Sie weder zu technisch noch zu banal. Entwerfen Sie einen Grundtext und passen Sie diesen den jeweiligen Zielgruppen an, so daß Sie doppelte Arbeit vermeiden.

Wenn es Ihr Budget erlaubt, engagieren Sie einen professionellen Sprecher für Ihren Kommentar. Aber bei bestimmten Zielgruppen kann es von Vorteil sein, wenn Sie persönlich zu ihnen sprechen. Besonders, wenn Sie den Kunden klarmachen wollen, daß Ihr Produkt oder Ihre Dienstleistung konkurrenzlos gut ist, sollten Sie eine Referenzliste vorlegen, um diese Behauptungen zu belegen.

Selbst wenn Sie gegen Firmen antreten, die über einen großen Werbeetat verfügen, vergessen Sie, daß Sie keine Riesensummen ausgeben müssen, um Ihre Geschäfte zu verbessern. Mit sorgfältiger Planung und dem Einatz einer guten Ausrüstung können Sie kostengünstige und dennoch wirkungsvolle Videofilme produzieren.

VIDEO-PRÄSENTATION AUF DER THEKE

Diese Darbietungsart ist meist unabhängig von Ihrem Verkaufsteam. Sie wird zu bestimmten Zeiten durch das Verkaufspersonal in den Geschäften und Warenhäusern vorgeführt. Sie können entweder ein Vorführgerät wählen, das von dem Publikum selbst bedient werden kann oder eine VCR-Anlage, die das Programm ständig wiederholt.

Das Videoprogramm muß die Aufmerksamkeit der eiligen Kunden erregen. Deshalb müssen Sie auf einen attraktiven Standort achten. Fünf Minuten sind lange genug, um das Publikum zu informieren und kurz genug, um dessen Interesse aufrechtzuerhalten. Legen Sie gleichzeitig Prospekte aus. Sowohl Musik als auch ein Sprecher sollten die Leute fesseln. Der Ton muß auch in lauter Umgebung gut hörbar sein. Optische Effekte können Kunden fesseln, weshalb Sie überlegen sollten, ob es sich lohnt, dem Videofilm in einem professionellen Studio den letzten Schliff geben zu lassen. Hier können Sie auch ungewohnte optische Wirkungen einbauen, etwa Wischblenden, Überblendungen und Einblendungen (siehe S. 139).

VORFÜHRUNG AUF AUSSTELLUNGEN UND MESSEN

Wenn Ihre Firma auf Messen, Konferenzen und Ausstellungen vertreten ist, dann kann Ihr Publikum aus Fachleuten und Nichtfachleuten bestehen. Wenn nötig, bereiten Sie verschiedene Bänder für mehrere Zielgruppen vor, und benutzen Sie dieselben Techniken wie in den vorherigen Abschnitten (Direktverkauf und Desk-top-Video) erwähnt.

Die Vorführung auf einem Messestand gleicht praktisch der in einem Verkaufsraum. Benutzen Sie, wenn möglich, einen abgedunkelten Vorführraum mit Videoprojektion (solche Anlagen gibt es zu mieten). Sorgen Sie für eine ruhige Umgebung und eine ausreichend helle Projektionslichtstärke, die sich auch gegenüber der normalen Beleuchtung durchsetzt und für eine erstklassigen Lautsprecherwiedergabe.

Möglicherweise erlaubt Ihr Budget auch, den Einsatz eines bekannten Fernsehstars, der Ihrem Produkt mehr Glanz gibt. Sie können diesen Star auch für eine Lifevorführung am Stand engagieren.

GESCHÄFTSVERBINDUNGEN

Eine Videokamera ist ein wertvolles Hilfsmittel in jedem Geschäft, egal, ob es sich hierbei um einen kleinen oder großen Betrieb handelt. Sie kann zu folgendem benutzt werden:

- Video-Kommunikation zwischen Geschäftspartnern an verschiedenen Orten.
- Verbreitung von geschäftlichen Informationen - von Interviews über Seminare und Konfrenzen bis zu Berichten über Geschäftsreisen. Wichtige Daten können festgehalten, kopiert und an alle verteilt werden, die informiert sein sollten.
- Erstellung von Berichten und Lernprogrammen.
- Angebote für Produkte und Dienstleistungen.
- Videofilme verbreiten Informationen inner- und außerbetrieblich, und zwar auf jedem beliebigen Mitarbeiterniveau und für die verschiedensten Zwecke (siehe Bild S. 179). Ein Geschäftsführer kann Filme in seine Berichte einbauen, die zur Fortbildung leitender Angestellter, zur Einarbeitung neuer Mitarbeiter oder zur Einführung neuer Produkte bestimmt sind.
- Sie wirken wesentlich überzeugender und realistischer, wenn Sie direkt in die Kamera sprechen. Eine solche Aufnahme kann als Interview gestaltet werden. Gehen Sie folgendermaßen vor:
- Leuchten Sie mit weichem Licht aus, um eine ruhige, lockere Atmosphäre zu schaffen.
- Benutzen Sie ein feststehendes Mikrofon.
- Proben Sie die Darstellung und den Dialog ausreichend.
- Machen Sie einen ausgeruhten und sicheren Eindruck; setzen Sie sich bequem, ein Glas Wasser in Reichweite.
- Führen Sie soviel Regie, wie Sie es für nötig halten, aber gestatten Sie dem Kameramann, seine eigenen Ideen einzubringen.
- Wenn nötig, wiederholen Sie die Aufnahmen so oft, bis Sie zufrieden sind.
- Fügen Sie Grafiken und Diagramme oder Dokumente durch Insertschnitte hinzu. Videointerviews können im geschäftlichen Bereich vielfältig ausgenutzt werden.

Die Auswahl eines neuen Mitarbeiters wird dadurch einfacher, daß sich der Kandidat allen Personen vorstellt, die über seine Anstellung zu entscheiden haben, selbst dann, wenn ein persönliches Zusammentreffen nicht erfolgt. Video kann auch dazu benutzt werden, einen neuen leitenden Angestellten der Belegschaft vorzustellen. Auch eine Interviewserie, die vom Generaldirektor bis zum Lehrling alle zu Wort kommen läßt, kann das Grundmaterial für eine Firmenzeitung auf Video sein. Eine solche Videozeitung kann der Kommunikation innerhalb der Firma ebenso dienen, wie sie den Teamgeist stärken kann.

Berichte über den Fortgang einer Arbeit, z.B. einer Baustelle, sind ebenfalls ideale Themen für Videofilme. Diese Filme halten den Fortgang stetig fest und können auf diese Weise in die innerbetriebliche Kommunikation eingebaut werden. Sie sparen auch Zeit und Geld, die sonst für Reisen und Besichtigungen aufgebracht werden müßten. Um den Fortgang einer Arbeit über einen Tag zu dokumentieren, braucht man Zeitrafferaufnahmen. Dazu wird ein fest auf einem Stativ montierter Camcorder mit eingebautem oder extern angeschlossenem Intervalltimer verwendet. Der Timer wird so programmiert, daß er den Camcorder jede Minute ca. 1s einschaltet. Das Ergebnis ist eine Art Zeitraffer, bei dem eine Mauer, deren Bau normalerweise einen ganzen Tag dauert, in die Höhe zu schießen scheint.

Für sehr lang dauernde Vorhaben können Sie einen ähnlichen Effekt dadurch erzielen, daß Sie täglich, wöchentlich oder monatlich eine Aufnahme machen. Dabei müssen Sie darauf achten, daß die Kamera immer denselben Standpunkt hat, so daß der Zuschauer jeweils auch diesen Blickwinkel hat. Markieren Sie den Standpunkt der Kamera auf dem Boden, so daß Sie leicht dieselbe Position wiederfinden. Spielen Sie jeweils die letztgemachte Aufnahme im elektronischen Sucher zurück, und richten Sie die nächste Aufnahme danach präzise ein.

Machen Sie die Aufnahme so gleichmäßig und unbeweglich wie möglich, vermeiden Sie vor allem zu zoomen! Durch die Titeleinblendung

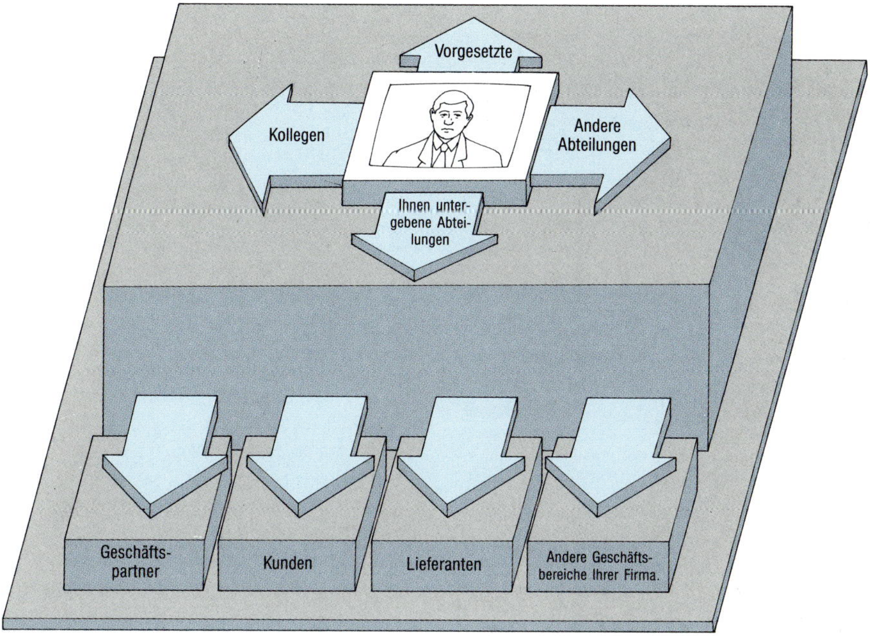

Videofilme erleichtern die Kommunikation zwischen den Leuten auf allen Ebenen der Firmenhierarchie. Wenn Sie diese Filme auch Mitarbeitern in anderen Firmenbereichen, Lieferanten und Kunden zugänglich machen, so schafft dies eine Erweiterung der betrieblichen Kommunikation.

können das Datum, statistische Daten und technische Informationen vermerkt werden. Sprechen Sie jeweils einen kurzen Kommentar in das Kameramikrofon.

Dieser kann jeweils beim Feinschnitt beliebig einsynchronisiert werden. Vertreter, die normalerweise weit ab von der Zentrale arbeiten, können ihre Tätigkeit vor Ort auf diese Weise dokumentieren. Diese Filme sind ein wertvoller Feedback über Käuferreaktionen, Kundenbeschwerden und die Situation des Marktes.

KONFERENZ-CHECKLISTE

Wenn Sie Ihre Konferenz auf Video aufzeichnen wollen, vergessen Sie nicht:

- rechtzeitig einen Zeitplan aufzustellen und ihn strikt einzuhalten,
- den Konferenzraum vorher auf die Ausleuchtung, die Kamerapositionen und die Mikrofonaufstellung hin zu überprüfen. Es sollten alle Sprecher und auch die Zuhörer gut im Bild sein . . .
- zu überprüfen, ob das Sprechermikrofon direkt an die Videokamera angeschlossen werden kann. Achten Sie dabei darauf, ob alle Teile Ihrer technischen Ausrüstung zusammengeschaltet werden können – und funktionieren.
- die Reden, wenn möglich, vorher durchzulesen, so daß Sie wissen, welche Ausschnitte wichtig und zu betonen sind!

TRAINING UND SICHERHEIT

Filme zu den Themen Training und Sicherheit können ebenso unterhaltend wie informativ sein. Sie setzen hohe Ansprüche voraus und legen großen Wert auf Sorgfalt.

Innerhalb eines Betriebes kommt dem Videofilm große Bedeutung im Bereich des Trainings, der Sicherheit und der Arbeitsablaufanalyse zu. Bevor Sie einen solchen Film herstellen, recherchieren Sie sorgfältig. Informieren Sie sich, falls notwendig bei dem örtlichen Technischen Überwachungsverein. Die Sicherheitsvorkehrungen sollten Schritt für Schritt dargestellt werden.

„Wir kennen alle die Überzeugungskraft guter Komödien. Wir wissen auch, wie lange solche Eindrücke bleiben. Weniger bekannt ist die pädagogische Beeinflussung, die von Komödieninhalten ausgeht... Wenn Sie einmal erlebt haben, daß sich ein Schauspieler wie ein Idiot aufführt, ertönt in Ihrem Kopf eine Alarmglocke, sobald Sie selbst im Begriff sind den gleichen Fehler zu machen."

Antony Jay, *Erfinder, Regisseur und Drehbuchautor, Video Arts Ltd. und Co-Autor von Yes Minister.*

TRAINING

Filme zum Thema «Training» könnten benutzt werden, um die richtige Handhabung von Maschinen und Ausrüstung zu erklären. Sie steigern die technische Beherrschung und stärken den Teamgeist.

Videofilme werden in diesem Bereich vor allem dazu benutzt, Informationen über bestimmte Tätigkeiten und deren Ausführung zu vermitteln.

Eine weitere Einsatzmöglichkeit für Videofilme besteht darin, Lehrlingen einen Arbeitsvorgang Schritt für Schritt zu verdeutlichen oder ihnen zu zeigen, wie eine Maschine funktioniert. Solche Filme sollen ganz genau enthalten, welche Knöpfe und Schalter wann und zu welchem Zweck bedient werden müssen.

Eine noch ausgefeiltere Methode ist es, den Lehrlingen Filme über einen gewissen Vorgang vorzuführen und sie dann diesen Vorgang durchführen zu lassen. Danach kehren Sie zur Videovorführung zurück und schauen sich den nächsten Schritt an, um dann auch diesen auszuführen. Als Hilfsmittel kann eine schriftliche Anleitung dienen. Dabei kann der Videofilm so hergestellt sein, daß am Ende einer jeden Sektion eine Abfrage oder sogar eine schriftliche Prüfung des Gelernten erfolgt.

Der Videofilm bietet außerdem die Möglichkeit, Hintergrundwissen zu vermitteln. Ein Film, der zeigt, wie Gebäude oder Brücken gebaut werden, können für Bauarbeiter nützlich sein, während Filme über die Herstellung eines Produktes einem Verkäufer wertvolle Hintergrundinformationen vermitteln kann.

ARBEITSABLAUFSANALYSE

Eine filmische Analyse der Arbeitsabläufe erlaubt es der Belegschaft, ihre individuellen Fähigkeiten bis ins Detail zu beurteilen. Wer sich selbst bei der Arbeit beobachten kann, entdeckt dabei seine Fehler besser. Diese Filme müssen mit besonderer Sorgfalt und Takt gedreht werden. Hüten Sie sich vor dem Eindruck, daß Sie die Mitarbeiter ausspionieren oder in negativer Weise Ihre Arbeit kritisieren. Diese Filme sollten zusammen mit den Betroffenen diskutiert werden.

Die Bereitschaft, mit der Ihr Mitarbeiterstab an die gezielte Lösung gezielter Probleme herangeht, kann durch diese Art von Filmen stark gefördert werden. Ein Film über die Praxis in der Verpackungsabteilung kann zeigen, wieviel Zeit und Energie alleine durch Herumlaufen und Warten verschwendet werden. Bei Ansicht des Filmes können Verbesserungsvorschläge und Lösungen erarbeitet werden.

Videofilme über die Kommunikation der Mitarbeiter untereinander können auch sehr aufschlußreich sein. Ein solcher Film kann die Betroffenen darüber aufklären, welchen Eindruck sie auf andere machen. Filme über Versammlungen, an denen Kollegen oder auch Kunden teilnehmen sind sehr nützlich, um das eigene Auftreten zu überprüfen. Jeder hat ein eigenes Bild von sich selbst. Weicht das allzu stark von dem Bild ab, daß die anderen von einem haben, so entstehen Mißverständnisse und Schwierigkeiten. Ein Videofilm ist das ideale Mittel, sich selbst zu vergewissern, wie man auf andere Menschen wirkt – auf Kunden, aber auch auf andere Leute, an denen einem gelegen ist.

SICHERHEIT

Videofilme spielen für die Durchsetzung von Sicherheitsbedingungen und deren Einhaltung eine große Rolle. Am wirkungsvollsten sind Filme von Unfällen oder Beinahe-Unfällen, weil sich die Leute damit am einfachsten indentifizieren können. Die Ereignisse, die Sie darstellen wollen, sollten in Form einer dramatischen Rekonstruktion des tatsächlichen Unfalls sorgfältig geplant und durchgeführt sein – riskieren Sie dabei aber nicht erneute Gefahren. Der entscheidende Augenblick eines Unfalls kann in einem Film zum Thema Sicherheit durchaus übertrieben dargestellt werden, was sogar eine nachhaltigere Wirkung haben kann, als wenn alles überdeutlich gezeigt wird. Ein Beispiel: es läßt sich im Film demonstrieren, wie wichtig sachgemäße Kleidung ist, sobald man sich in die Nähe von rotierenden Maschinenteilen begibt.

Durch eine Folge immer kürzer geschnittener Einzelszenen kann die Szenenfolge so mit Spannung beladen werden, daß der Zuschauer glaubt, jeden Moment könnte ein Unglück geschehen. Dies kann wirkungsvolller sein, als den tatsächlichen Unfall zu zeigen.

Der Effekt kann noch dadurch gesteigert werden, daß man die passende Musik und Interviews mit Augenzeugen einschneidet.

Ein solcher Videofilm kann auch zeigen, was die Arbeiter machen müssen, wenn tatsächlich ein Unfall passiert und somit die Notwendigkeit der alltäglichen Sicherheitsvorkehrungen unterstreichen. Verstärken Sie die Aussage Ihres Films durch den wiederholten Einsatz aggressiver Schlagworte wie z. B. «Nachlässigkeit kann Dein Leben kosten».

VIDEO-SPIELFILME

Die Video-Technik erschließt Ihnen die phantastische Welt der poetischen Erzählungen, der filmischen Komödien oder Tragödien und gibt Ihnen die Chance, Ihr Wissen über die Video-Aufnahme-Praxis mit Ihren gestalterisch-literarischen Fähigkeiten zu kombinieren. Dies Kapitel Video-Drama erläutert Ihnen, wie Sie Ihre Ideen umsetzen – angefangen vom Drehbuch bis zur Vorführung auf dem Bildschirm. Es geht darum, eine überzeugende Geschichte niederzuschreiben, Mitspieler zu gewinnen und zu dirigieren und in Gemeinschaftsarbeit mit Ihren Helfern ein unterhaltendes und spannendes Programm auf die Beine zu stellen.

SCHREIBEN SIE EIN DREHBUCH

Um einen Spielfilm zu machen, brauchen Sie Kreativität. Alle aufnahmetechnischen Fähigkeiten, erstklassige Darsteller, interessante Motive können wertlos werden, wenn Sie nicht vorher eine in Filmszene umsetzbare Handlung schriftlich fixiert haben.

Das bedingt eine Menge Quellenstudien, Szenenentwürfe und Dialoge. Schon die Geschichte zu finden, ist nicht leicht. Sie können sich helfen, indem Sie eine menschlich bewegende und interessante Geschichte aus einer Tageszeitung bearbeiten.

Auch literarische Vorlagen, sind oft geeignet. Beachten Sie dabei das Copyright. Schreiben Sie zunächst die allgemeine Idee auf. Sie muß einen sinnvollen Anfang und ein ebensolches Ende haben. Eine solche Idee kann sogar nur aus einem einzigen Satz bestehen. Entwerfen Sie anschließend einen ersten kurzen Handlungsverlauf.

Der nächste Schritt ist – wie die Berufsfilmer – ein «Treatment» zu schreiben. Es umfaßt die Struktur und die Entwicklung der Handlung Szene für Szene, wobei besonders die Spannung herausgearbeitet werden muß.

Die Stimmung und der Stil des Handlungsablaufes muß deutlich gemacht werden; auch kleine Dialoge oder Dialogfetzen kann das Treatment enthalten, aber noch keine aufnahmetechnischen Enzelheiten.

„Beim Schreiben eines Buchs könnten Sie mit einem Dialog beginnen, dann den Raum beschreiben ... dann wieder Dialog, Kleidungsbeschreibung, Dialoge. Die Kamera erfaßt alles zugleich, sie ist unerbitterlich... Das Allerwichtigste beim Film ist der Handlungsaufbau."

William Goldman, Filmautor
«Die Unbestechlichen» (Oscar), «Butch Cassidy und Sundance Kid / Zwei Banditen» (Oscar).

Wenn Sie das Treatment mit Ihren Mitarbeitern diskutiert haben, können Sie das Drehbuch entwerfen. Erweitern Sie das Treatment Szene für Szene und setzen sie alles in bildliche Vorstellungen und Szenenfolgen um. Je weniger Dialoge und je mehr Handlung und Bewegung es enthält, desto besser wird es (siehe Beispiel S. 185). Vergessen Sie nie, daß Dialogsätze formuliert werden, um ausgesprochen zu werden. Lesen Sie deshalb jeden einmal niedergeschriebenen Satz und alle Dialoge laut und deutlich vor.

Verlassen Sie sich niemals auf Dialoge allein. Sie sind immer nur zusätzliche Hilfsmittel. Deshalb besteht eine der besten Vorübungen darin, Kurzspielfilme zu entwerfen, in denen die Handlung ohne ein einziges gesprochenes Wort mitgeteilt werden kann.

Schauspiele leben von Konflikten. Die Entwicklung und der Aufeinanderprall solcher Konflikte folgt bewährten Mustern und Modellen. Ein Konflikt kann im Charakter des Hauptdarstellers begründet sein, dann ist er ein psychologischer, auf dem Zusammenprall zweier verschiedener Charaktere, (also ein emotionaler) oder auf der Auseinandersetzung in sozialen Verhältnissen. Wenn Sie den Hauptkonflikt einmal als Grundlinie der Handlung gefunden und aufgeschrieben haben, entstehen bei der Ausarbeitung ganz von selbst eine Reihe neuer, mit dem Hauptthema mehr oder weniger eng verbundener Konflikte.

Als ein Beispiel für Ihre Arbeit nun ein Modell, das Sie eigentlich täglich auf Ihrem Fernsehschirm sehen können.

- Arbeiten Sie zunächst die persönliche Motivation oder das Ziel des Hauptdarstellers aus, z. B. ein Verbrechen aufzuklären, mit einem anderen Menschen glücklich zu werden oder ein Geschäft mit Gewinn zustande zu bringen.
- Lassen Sie Konflikte und Auseinandersetzungen auftauchen, wobei Hinternisse entstehen.
- Mischen Sie zusätzliche Komplikationen hinein, z. B. heftige Gefühlausbrüche zwischen Liebenden oder finanzielle Verluste usw.

● Beenden Sie Ihren Film dadurch, daß der Hauptkonflikt gelöst wird.

Bei allen Spielfilmen sind die ersten einleitenden Szenen von ganz besonderer Bedeutung für den Erfolg. Die Einleitungsszenen müssen den Zuschauer faszinieren, ihn dann nicht mehr loslassen. Auch müssen Sie bereits im ersten Sechstel die Hauptcharaktere klar ausarbeiten. Das Hauptziel ist, den Zuschauer zu veranlassen, sich mit der Handlung zu indentifizieren.

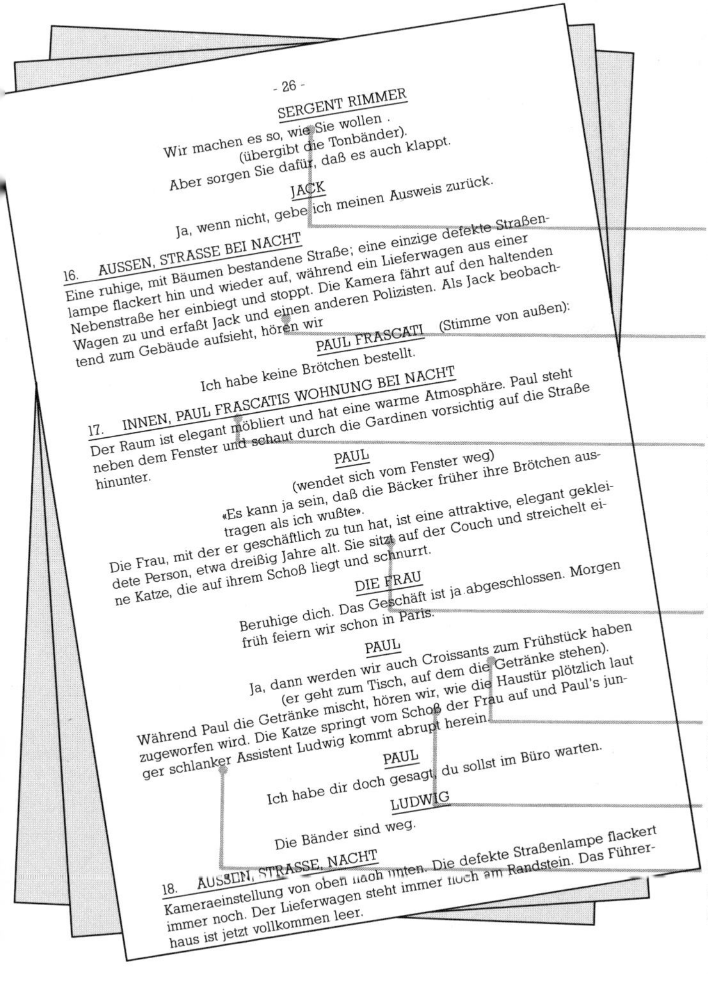

- 26 -

SERGENT RIMMER

Wir machen es so, wie Sie wollen .
(übergibt die Tonbänder).
Aber sorgen Sie dafür, daß es auch klappt.

JACK

Ja, wenn nicht, gebe ich meinen Ausweis zurück.

16. AUSSEN, STRASSE BEI NACHT

Eine ruhige, mit Bäumen bestandene Straße; eine einzige defekte Straßenlampe flackert hin und wieder auf, während ein Lieferwagen aus einer Nebenstraße her einbiegt und stoppt. Die Kamera fährt auf den haltenden Wagen zu und erfaßt Jack und einen anderen Polizisten. Als Jack beobachtend zum Gebäude aufsieht, hören wir

PAUL FRASCATI (Stimme von außen):

Ich habe keine Brötchen bestellt.

17. INNEN, PAUL FRASCATIS WOHNUNG BEI NACHT

Der Raum ist elegant möbliert und hat eine warme Atmosphäre. Paul steht neben dem Fenster und schaut durch die Gardinen vorsichtig auf die Straße hinunter.

PAUL

(wendet sich vom Fenster weg)
«Es kann ja sein, daß die Bäcker früher ihre Brötchen austragen als ich wußte».

Die Frau, mit der er geschäftlich zu tun hat, ist eine attraktive, elegant gekleidete Person, etwa dreißig Jahre alt. Sie sitzt auf der Couch und streichelt eine Katze, die auf ihrem Schoß liegt und schnurrt.

DIE FRAU

Beruhige dich. Das Geschäft ist ja abgeschlossen. Morgen früh feiern wir schon in Paris.

PAUL

Ja, dann werden wir auch Croissants zum Frühstück haben
(er geht zum Tisch, auf dem die Getränke stehen).

Während Paul die Getränke mischt, hören wir, wie die Haustür plötzlich laut zugeworfen wird. Die Katze springt vom Schoß der Frau auf und Paul's junger schlanker Assistent Ludwig kommt abrupt herein.

PAUL

Ich habe dir doch gesagt, du sollst im Büro warten.

LUDWIG

Die Bänder sind weg.

18. AUSSEN, STRASSE, NACHT

Kameraeinstellung von oben nach unten. Die defekte Straßenlampe flackert immer noch. Der Lieferwagen steht immer noch am Randstein. Das Führerhaus ist jetzt vollkommen leer.

Alle professionellen Drehbuchschreiber benutzen die gleiche Form für das Treatment. Auch halten sie die Regel, daß eine Seite Drehbuch immer einer Minute Szenenfolge entspricht.

Dialoge eingerückt geschrieben mit dem Namen des Darstellers in Versalien darüber.

Kamerabewegungen so kurz wie möglich. Ebenfalls in Versalien angeben.

Führen Sie jede Szenennummer neu auf mit der Szenennummer am Anfang und der Bezeichnung, ob es sich um Außen- oder Innenaufnahmen handelt.

Beschreiben Sie die Einrichtung und Ausstattung kurz zu Anfang.

Geben Sie die Richtung von Bewegungen in Klammern an.

Die Tonereignisse durch Versalien hervorheben.

Darstellernamen stets in Versalien angeben.

AUFBAU DES PRODUKTIONSPLANS

Um ein Drehbuch erfolgreich umzusetzen, ist eine exakte Planung aller Szenen notwendig. Man muß sich darauf verlassen können, daß alle im Drehbuch verzeichneten Szenen auch tatsächlich aufgenommen worden sind. Alle Mitwirkenden sollten jeweils mehrere Tage vorher den Produktionsplan erhalten. Jeder Einzelne muß wissen, was und wann er etwas auszuführen hat.

AUFNAHMEPLAN

Ein Videospielfilm wird nicht in der Reihenfolge des Drehbuchs gemacht. Denn wenn der gleiche Aufnahmebereich mehrmals im Film auftaucht, ist es sinnvoller, die dort spielenden Szeneninhalte zusammen abzudrehen. Das spart Geld.

● Deshalb muß der Produktionsleiter das Drehbuch in eine sinnvolle Ordnung bringen und in einem Aufnahmeplan, der nach Ort und Zeit unterteilt ist, ordnen.

● Die Gesamtherstellungszeit fällt wegen der Schwierigkeit, einzelne Szenenfolgen aufzunehmen, unterschiedlich aus. Eine Freiaufnahme ohne Darsteller kann in einem Tage (passendes Wetter vorausgesetzt) abgedreht werden.

Dagegen müssen Sie damit rechnen, daß eine bearbeitete Sequenz, die Innenausleuchtung, Darstellerführung und den Schnitt einschließt, Ihnen pro Tag kaum mehr als drei bis fünf Minuten endgültiges Material für die Vorführung einbringt.

● Ausleuchtungsvorbereitungen sowie Freimachung von Bühnenboden für das Legen von Schienen sind «Zeitfresser».

● Der professionelle Filmer rechnet immer wetterbedingte Wartezeiten für Außenaufnahmen ein. Planen Sie zunächst alle Außenaufnahmen ein, damit Sie günstiges Wetter ausnützen können, bevor Sie Innenaufnahmen machen.

AUFNAHMEMOTIVE

Für Außenaufnahmen gibt es einige spezielle Voraussetzungen:

● Sie brauchen eine Erlaubnis, um auf öffentlichen Plätzen zu filmen. Sie kommen ja mit einem ganzen Team. Die zuständigen Stellen sollten rechtzeitig unterrichtet sein. Kümmern Sie sich um Parkmöglichkeiten in der Nähe Ihrer Aufnahmeorte.

● Sonnenlicht muß, ganz gleich ob Sie Außen- oder Innenaufnahmen machen, fast immer als zusätzliches Hilfslicht ausgenützt werden. Bei einer Straßenszene, in der vielleicht eine Seite im Schatten liegen soll, muß die genaue Tageszeit für diese Aufnahme kalkuliert werden. Für Innenaufnahmen sind Fenster von Bedeutung, durch die Sonnenlicht hineinscheinen kann.

● Aufheller und sonstige Hilfsmittel müssen vorhanden sein. An Verlängerungskabel, Verteilerkästen usw. soll man rechtzeitig denken. Benutzen Sie für eine Lampe nur einen einzigen Wandstecker.

● Unerwünschte Umweltgeräusche sind oft ein Problem bei Außenaufnahmen, so wie Verkehrsgeräusche, Flugzeuglärm, Arbeiter auf der Straße, Sirenen und besonders laute Publikumsäußerungen wie in Sportstadien. Wechseln Sie gegebenenfalls den Platz, oder nehmen Sie zu Tageszeiten auf, an denen es still ist.

● Störgeräusche machen auch Klimaanlagen, Kühlschränke und alles was sich bewegt. Tritt ein starker Hall auf, müssen Sie Schalldämpfer anbringen.

KOSTENAUFSTELLUNG

Mit einem Team und Darstellern, die ihre Freizeit kostenlos zur Verfügung stellen, können Sie eine kleine Spielfilmproduktion für wenig Kosten herstellen. Trotzdem sollten Sie, bevor Sie mit der Spielfilmproduktion beginnen, eine Kostenaufstellung machen.

● **Transport:** Sie müssen das Team rasch transportieren können, was zwei oder mehr Fahrzeuge erfordert.

● **Mieten und Abgaben:** Gehen Sie davon aus, daß Sie nicht überall umsonst eine Erlaubnis für Ihre Videoaufnahmen bekommen, auch wenn Sie nur eine Amateurausrüstung benutzen. Auf Flugplätzen, in Museen oder Kunstausstellungen müssen Sie für Videoaufnahmen oft zahlen. Machen Sie also die Aufnahmen möglichst in Privathäusern, dort zahlen Sie vielleicht nur die Stromkosten.

● **Requisiten und Kostüme:** Das meiste kann kostenlos geliehen werden. Für die Verpflegung, für Schäden an Einrichtungsgegenständen etc. müssen Sie bezahlen. (Versicherung!)

● **Ausrüstung:** Oft werden Sie auch Ausleuchtungsgeräte (Lampen, Filterfolien und Ersatzlampen) mieten und bezahlen müssen.

● **Bildbänder:** Es ist unvermeidlich, daß Sie ein Mehrfaches an Bildaufnahmen für Spielfilmszenen vorausplanen, als schließlich tatsächlich übrig bleibt. Der Profi rechnet mit der 5- bis 6-fachen Menge. Auch Tonaufnahmebänder und Aufnahmegeräte kosten Geld.

● **Versicherung:** Die meisten unvorhergesehenen Unfälle und Beschädigungen können Sie durch eine Versicherung abdecken.

● **Unvorhergesehenes:** Setzen Sie auch dafür einen Betrag ein, ca. 10 % der Gesamtkosten.

REQUISITEN UND KOSTÜME

● Stellen Sie eine genaue Liste aller benötigten Requisiten, Kostüme und geliehenen Gegenstände auf.

● Kostüme müssen ebenfalls durch den Regisseur geprüft werden, ob sie der Handlung entsprechen. Im Notfall können Sie die richtig angepaßten Kostüme durch einen Kostümverleih oder aus einem Theaterfundus besorgen.

● Berücksichtigen Sie auch das Material für die Videoszenen, in denen z. B. etwas zerstört wird. Sorgen Sie dafür, daß Ersatz da ist, wenn die Szene wiederholt werden muß.

● Ein Mitglied Ihres Teams sollte allein verantwortlich für die Beschaffung und Aufbewahrung aller Requisiten und Kostüme sein.

PRODUKTION

Der Produktionsleiter sorgt dafür, daß ein Produktionsplan aufgestellt wird, der genau nach Tagen, Orten und Zeiten unterteilt ist und es erlaubt, festzustellen, was und wo benötigt wird, z. B.:

● Datum der Aufnahme

● Szenennummer, die an diesem Tag realisiert werden sollen

● Adressen und Telefonnummern der Örtlichkeiten, wo aufgenommen wird

● Treffpunkte für das Team

● Benötigte Darsteller

● Liste der Requisiten und Kostüme

● Zusätzliche Ausrüstung

● Zeitpunkt für Beginn und Ende der geplanten Aufnahmen.

● Eine Adressenkartei aller Beteiligten mit Telefonnummern ist selbstverständlich.

DER VIDEO-REGISSEUR

Sobald das Drehbuch fertiggestellt ist, können die Regiefragen erarbeitet werden. Entscheidungen über die Motive, Drehorte, Besetzung und Visualisierungsmöglichkeiten müssen gefällt werden.

Die Auswahl der Szenenräume wird nicht nur durch künstlerische, sondern auch durch rationelle Überlegungen bestimmt. Falls das Drehbuch eine Szene vorschreibt, in der ein Liebespaar ein Rendezvous in einer Bar hat, muß die Auswahl des Drehortes auch vollständig glaubwürdig sein.

Bei der Besetzung haben Sie oft Rücksicht auf Freunde und Familienmitglieder zu nehmen. Für die Besetzung der Hauptrollen benötigt man begabte Darsteller; suchen Sie so lange bis Sie sie finden. Dazu kann der Kontakt mit einer Laienspielgruppe helfen. Lassen Sie mögliche Mitspieler vorsprechen. Geben Sie ihnen Texte aus Ihren Dialogen und nehmen Sie sie gleichzeitig auf, um sie nachher zu beurteilen. Nehmen Sie ein zweites Testband auf, das Ihnen zeigt, wie eventuell geeignete Darsteller auf Ihre Regieanweisungen reagieren. Die Darbietungen müssen immer nur für eine kurze Szenendauer vollkommen sein. Alle mimischen Ausdrücke, besonders bei Großaufnahmen, müssen viel natürlicher erfolgen als auf der Bühne.

Für die Darsteller sind zahlreiche Vorproben außerhalb der Szene erforderlich, bis der angemessene Ausdruck und die echte Mimik gefunden sind. Auch braucht ein Darsteller eine gewisse Zeit, bis er begreift, was er eigentlich in dieser speziellen Szene darzustellen hat.

Für jede Szene, die aufgenommen werden soll, wird auch vorher eventuell in Form einer Skizze ein Aufnahmeplan erstellt (siehe Bild unten). Aus diesem Plan gehen die richtigen Anschlüsse von Szene zu Szene drehbuchgerecht hervor. Dies ist erforderlich, weil die Szenenordnung des Drehbuchs ja nicht mit der Szenenordnung übereinstimmt, die nacheinander aufgenommen wird (siehe S. 186). Nehmen Sie zuerst möglichst die Weitwinkelaufnahmen, d. h. also Totalen und Halbtotalen auf, anschließend die Nah- und Großaufnahmen. Das kommt der Gleichmäßigkeit der Handlung über mehrere Szenen hinweg sehr zugute, was auch den nachfolgenden Schnitt erleichtert.

Aufnahmetechnisch ist von Wichtigkeit, sämtliche Aufnahmen, in denen Bewegungen stattfinden, zusammengefaßt hintereinander aufzunehmen. Seien Sie stets offen für Anregungen und Kritik aus dem Team.

Eine Grundregel für den Regisseur besteht darin, seine Darsteller weniger zu kritisieren als sie zu ermuntern. Das Lob fördert mehr als Kritik.

Proben Sie jede einzelne Szene so lange bis jeder Beteiligte zufrieden ist. Erst dann machen Sie die Aufnahme. Sobald der Klappen-

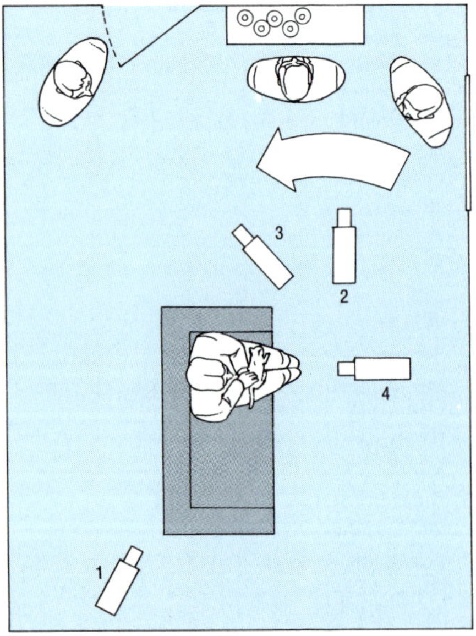

Der Aufnahmeplan für Szene Nr. 17 (siehe Drehbuchbeispiel S. 189) macht deutlich, wie nacheinander in der gleichen Szene vorgegangen werden muß. Folgen Sie dem Ausleuchtungsmuster wie es aus den Zahlen erkennbar ist.

knall ertönt und der Assistent samt Klappe den Bildraum rasch verlassen hat, kommandiert der Regisseur meist «Action». Ist die Szene beendet, dann sagt der Regisseur «Aus» oder «Cut», und wenn er zufrieden ist und auch der Kameramann und der Tonmeister erklären, daß es gut war, dann sagt er gewöhnlich «Gestorben», was heißen soll, daß diese Szene im Drehbuch abgehackt werden kann.

> *Ein guter Regisseur ist wie ein guter Psychologe. Er weiß genau, was er erreichen will, aber er läßt das nach Möglichkeit seine Darsteller selbst entdecken. Er handelt stets mehr wie ein Berater als wie ein Kommandeur.*
>
> **Rod Steiger, Schauspieler,**

> *Natürlich sind Sie verrückt, wenn Sie Ideen, die spontan entstehen, nicht berücksichtigen, vor allem, wenn Sie mit Kindern arbeiten … Aber man hört immer wieder, wie gute Projekte dadurch ruiniert wurden.*
>
> **ALAN PARKER, DIERECTOR**

Ein Drehbuch kann durch Eintragungen zu einem **technischen** Drehbuch erweitert werden. Wenigstens für einzelne vorgeprobte Szenen. Solche Erweiterungen sind besonders für den nachfolgenden Schnitt von Bedeutung, wenn Sie Kameraeinstellungen betreffen.

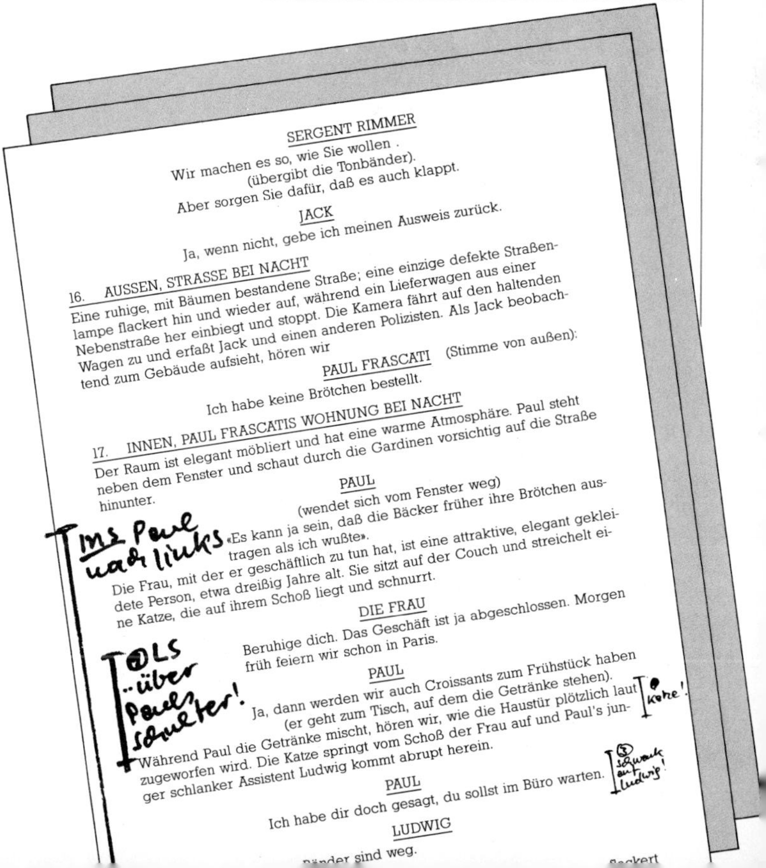

SERGENT RIMMER

Wir machen es so, wie Sie wollen .
(übergibt die Tonbänder).
Aber sorgen Sie dafür, daß es auch klappt.

JACK

Ja, wenn nicht, gebe ich meinen Ausweis zurück.

16. AUSSEN, STRASSE BEI NACHT

Eine ruhige, mit Bäumen bestandene Straße; eine einzige defekte Straßenlampe flackert hin und wieder auf, während ein Lieferwagen aus einer Nebenstraße her einbiegt und stoppt. Die Kamera fährt auf den haltenden Wagen zu und erfaßt Jack und einen anderen Polizisten. Als Jack beobachtend zum Gebäude aufsieht, hören wir

PAUL FRASCATI (Stimme von außen):

Ich habe keine Brötchen bestellt.

17. INNEN, PAUL FRASCATIS WOHNUNG BEI NACHT

Der Raum ist elegant möbliert und hat eine warme Atmosphäre. Paul steht neben dem Fenster und schaut durch die Gardinen vorsichtig auf die Straße hinunter.

PAUL

(wendet sich vom Fenster weg)
«Es kann ja sein, daß die Bäcker früher ihre Brötchen austragen als ich wußte».

Die Frau, mit der er geschäftlich zu tun hat, ist eine attraktive, elegant gekleidete Person, etwa dreißig Jahre alt. Sie sitzt auf der Couch und streichelt eine Katze, die auf ihrem Schoß liegt und schnurrt.

DIE FRAU

Beruhige dich. Das Geschäft ist ja abgeschlossen. Morgen früh feiern wir schon in Paris.

PAUL

Ja, dann werden wir auch Croissants zum Frühstück haben
(er geht zum Tisch, auf dem die Getränke stehen).

Während Paul die Getränke mischt, hören wir, wie die Haustür plötzlich laut zugeworfen wird. Die Katze springt vom Schoß der Frau auf und Paul's junger schlanker Assistent Ludwig kommt abrupt herein.

PAUL

Ich habe dir doch gesagt, du sollst im Büro warten.

LUDWIG

änder sind weg.

GANZ PERSÖNLICHE VIDEOS

Richten Sie Ihre Videokamera auf sich selbst, so sehen Sie sich selbst auf dem Bildschirm, wie die anderen Sie sehen. Dies Kapitel «Ganz persönliche Videos» will Ihnen Verfahren zeigen, sich mit sich selbst, Ihrer Erscheinung vor anderen – etwa als Redner, Interviewter oder Akteur – auseinandersetzen. Zusätzlich erschließt sich Ihnen die Möglichkeit, höchstpersönliche – wenn Sie es wünschen auch intime – Momente Ihres eigenen Lebens im Videobild festzuhalten.

DER VIDEOBRIEF

Versuchen Sie doch gelegentlich einmal, anstatt eines üblichen handgeschriebenen Briefes an entfernte Freunde und Verwandte eine Bild-Ton-Nachricht in Form einer Video-Kassette zu versenden. So etwas macht sich auch gut als ein zumindestens heute noch nicht allgemein übliches Weihnachts- oder Geburtstagspräsent. Unter Berücksichtigung der Interessen und Vorlieben der verschiedenen Empfänger mischen Sie Ihre Aufzeichnungen aus einem guten Anteil bereits vorhandener Aufzeichnungen - das alles soll ja auch nicht zu viel Arbeit machen - und aus einigen neuen zurecht.

Als Grundlage - die gemeinsame Basis für mehrere Videobriefe - eignet sich ein gedrängter Jahresrückblick, gewürzt mit Aufnahmen von Familienfesten und besonderen Familienereignissen.

Dazwischen schneiden Sie dann jeweils spezielle Einstellungen ein, gezielt abgestimmt auf die Interessen des jeweiligen Empfängers - also humoristische Einlagen für eine immer vergnügte Tante, Aufnahmen aus der Dackelkinderstube für einen Freund, der verrückt nach Tieren ist.

Vermeiden Sie Längen und Wiederholungen, die leicht penetrant wirken können.

Einen Videobrief mögen Sie ruhig übersteigert lustig halten. Sie können daraus sogar ein ausgesprochenes «Blödelvideo» machen. Bedenken Sie aber auch, daß so etwas wirklich nur einmal gut ankommt. Beim zweiten Mal wirkt es abgedroschen und beim dritten Mal nimmt man Sie nicht mehr ernst.

Videobriefe sind natürlich - das muß man einfach sehen - Erfolgsmeldungen aus dem eigenen Lebensumkreis. Sie stellen in einem Video etwa Ihr neues Haus oder Ihre neue Wohnung vor - und das möglichst ausführlich. Sie rennomieren damit vor Ihrem Briefpartner mit Ihrem neuem Wagen, Ihrem neuem Reitpferd oder Ihrer neuen Frau beziehungsweise Ihrem Mann.

Nun besteht allerdings das Leben nicht nur aus Erfolgsmeldungen. Es gibt Krankheiten und Schmerzen, berufliche Zusammenbrüche. Es gibt Entlobungen, Scheidungen und es gibt den Tod. Auch daran wollen Sie Ihre engen Freunde teilnehmen lassen, damit die Ihren Kummer mit Ihnen zusammen tragen. Es ist eine Frage des Geschmackes, ob man wirklich die Nerven aufbringt; beim Begräbnis eines Familienangehörigen dem Sarg mit der Videokamera zu folgen.

Stellen Sie einen Videobrief aus vorhandenen Bändern zusammen und fügen Sie neue nette Szenen hinzu.

Dies sei hier so drastisch ausgeführt, weil daran ganz gut deutlich und erkennbar wird, wo die Grenzen eines Mediums wie Video liegen.

Der gute alte Schreibebrief und das Telefon (ohne Bildschirm) haben nach wie vor einiges für sich.

Um zu einer anderen Gestaltungsmöglichkeit eines Videobriefes zu kommen: Ein Freundeskreis oder eine Familie sitzt in gemütlicher Runde bei einem Glas Bier oder Wein in gemütlicher Umgebung zusammen. Und einer nach dem andern erzählt dem angesprochenen Briefpartner, was sich so in der letzten Zeit getan hat. Sollte es schwierig werden, das Gespräch in Gang zu bringen, dann wäre eine der bereits besprochenen Interview-Methoden einzusetzen (siehe S. 156).

(Der Videobrief ist sicherlich eine Mitteilungsform, die Zukunft hat. Andererseits ist über die Frage, wie er am besten zu gestalten sei, sicherlich noch nicht das letzte Wort gesprochen. Ich meine daß zu viel Professionalität leicht penetrant wirkt. (Günter Spitzing)

VERSENDUNG VON VIDEOFILMEN

- Klären Sie stets vorher, daß der Empfänger Ihres Videobriefes auch imstande ist, ihn auf seinem Recorder wiederzugeben. Das gleiche gilt die Fernsehnormen, die dort gültig sind (PAL, NTSC, SECAM, siehe auch S. 214). Natürlich könnten Sie auf eine andere Norm umspielen lassen, doch ist dies nicht billig.
- Befördern Sie die Bandkassette in einer speziell dafür hergestellten Hülle. Sie haben dann auch kaum Zollschwierigkeiten.
- Der Durchlauf solcher Sendungen durch Durchleuchtungsgeräte ist ohne schädlichen Einfluß.

SELBSTANALYSE

Richten Sie die fotografische Kamera auf sich selbst, so kommt ein Selbstporträt dabei heraus. Machen Sie das gleiche mit der Videokamera, so entsteht eine Selbstanalyse. Diese Bezeichnung ist nicht zu Unrecht gewählt. Videoaufzeichnungen von sich selbst demonstrieren einem, wie man - so im großen ganzen - von den anderen gesehen wird. Das zu wissen ist natürlich wichtig für alle Redner, Lehrer, Sänger, Musiker, Bühnenschauspieler, Kabarettisten, Zauberer, Tänzer - eben für alle die, die sich der Öffentlichkeit - und damit auch der öffentlichen Kritik - stellen wollen oder müssen.

Eine Video-Selbstanalyse ist die beste Vorbereitung für einen entscheidenden Auftritt.

Sie können Sie sofort nach der Aufzeichnung betrachten, Ihre Verhaltensfehler analysieren, um dann sogleich eine neue Selbstanalyse aufzuzeichnen. Deren Vorführung werden Sie sicher mit einer gewissen Spannung entgegensehen. Ist es Ihnen gelungen, das was Sie als Fehler erkannt haben, gleich beim ersten neuen Anlauf teilweise oder sogar vollständig auszumerzen?

Insbesondere, wenn Sie einen Bühnenauftritt vorbereiten, zahlt es sich aus, wenn Sie versuchen, der privaten Umgebung in Ihrem Heim, wo Sie die Aufnahme vornehmen, einen Hauch von Auftrittsatmosphäre zu verleihen. Das erreichen Sie dadurch, daß Sie einfarbigen - am besten schwarzen - Hintergrund wählen, und vor allem, daß Sie die Leuchten entsprechend der Bühnenbeleuchtung anordnen. Dazu gehört auf jeden Fall eine Leuchte mit von vorne oben gerichtetem Licht eine weitere oder sogar mehrere schwächere Weichlichtstrahler, die von unten her als «Rampenlicht» heraufstrahlen und unter Umständen auch noch eine als Gegenlicht schräg vom Hintergrund her einstrahlende Leuchte. Ihre Video-Selbstanalyse soll schon so aussehen, als wäre Sie an Ihrem öffentlichen Wirkungsort aufgenommen worden.

Um auf die Praxis zu kommen: Sie setzen die Kamera auf ein Stativ, stellen das Objektiv auf Weitwinkel und agieren in Richtung Kamera. Sie ist in diesem Augenblick Ihr Publikum. Empfehlenswert ist es, wenn Sie in Kameranähe Ihr daran angeschlossenes TV-Gerät stellen können, so daß Sie sich während Ihrer gesamten Vorstellung und Rede selbst beobachten können. Schwierig wird es, falls Sie zwischendurch Groß- und Detailaufnahmen benötigen, ein Bauchredner etwa wird seine Mundstellung beobachten wollen. Dann müssen Sie Ihre Aktionen in mehrere Abschnitte unterteilen und die Aufzeichnungen unterbrechen. Haben Sie jemand zur Verfügung der Ihnen hilft, so ist es für den natürlich ein Leichtes das Zoom-Objektiv auf Telestellung auszufahren.

Doch bei einer Selbstanalyse muß man völlig unbefangen agieren können. Und deshalb werden die meisten die Annonymität des «Mit-sich-selbst-Alleineseins» vorziehen.

Irgendwann bleibt es Ihnen natürlich in Ihrem eigensten Interesse nicht erspart, die Aufzeichnungen Ihren Freunden vorzuführen. Die werden mit Sicherheit das eine oder andere sehen, was Sie selbst noch nicht entdeckt haben: sich selbst gegenüber neigt man ab und zu zu einer gewissen Nachsicht. Rechnen Sie damit, daß doch einige kritische Bemerkungen kommen - einige unberechtigte, die Sie besser überhören, und einige berechtigte, die Sie vielleicht sogar berücksichtigen können.

Eine neuere psychologische Richtung in den USA - Art Therapy - mit der Untergliederung Phot Therapy benutzt seit einiger Zeit die Foto- und die Video-Technik zur psychoanalytischen Analyse und Therapie. In diesem Zusammenhang spielt die Video-Selbstanalyse eine wichtige Rolle.

Näheres: Günter Spitzing Fotopsychologie - Die subjektive Seite des Objektivs (Beltz Weinheim 1985).

Überprüfen Sie Ihr persönliches Auftreten und verbessern Sie Ihre Wirkung auf ein Publikum, indem Sie Ihre Bewegungen und Ihren Vortrag mit Hilfe eines Videoselbstporträts ausführlich analysieren.

Für Tanzaufnahmen oder schauspielerische Darbietungen, die mit Bewegungen verbunden sind, wählen Sie eine Weitwinkeleinstellung. Andere Darbietungen wie z. B. ein Auftritt als Bauchredner oder Zauberer sollten in Nahaufnahme, unterschnitten durch Großaufnahmen, aufgenommen werden. Sie können natürlich auch Freunde oder Assistenten veranlassen, entsprechende wechselnde Bildeinstellungen an der Kamera vorzunehmen.

Das Gleiche gilt für etwaige Toneinspielungen oder wechselnde Beleuchtung. Ist Ihre Selbstanalyse gut ausgefallen, dann können Sie es auch als eine lebendige Visitenkarte bei Vorstellungen oder bei Agenten ausnützen. Vergessen Sie deshalb auch nicht, Ihr Selbstporträt möglichst auch im Kostüm bzw. der Kleidung aufzunehmen, die Sie bei Ihrer Vorstellung tragen werden.

WERBUNG FÜR SICH SELBST

Wenn Ihr Auftritt nach Ihrem Urteil, wirklich gut ist, (siehe S. 196), können Sie Ihr Videoporträt dazu benutzen, Werbung für sich selbst zu machen. Geben Sie es, evtl. über einen Agenten, einem Übersetzungsbüro oder Theaterdirektor. Sogar als Angebot auf eine Heiratsannonce kann es geeignet sein. Die endgültige Fassung eines Videoselbstporträts mit schauspielerischer Darbietung oder als Unterhaltungsauftritt sollte vorher einem größeren Personenkreis gezeigt werden. Laden Sie dazu die richtigen Leute ein. Stellen Sie auf der Bühne getarnt eine Kamera auf und wählen Sie Ihre Vorführung so, daß die erste Reihe der Eingeladenen im Hintergrund der Szenenaufnahme sichtbar bleibt.

Lassen Sie die Kamera die ganze Zeit über laufen, und nehmen Sie vor allen Dingen die Beifallsäußerungen der Personen mit auf. Diese Szenen können Sie dann in das Bildband Ihres «Werbefilms in eigener Sache» nachträglich noch einschneiden.

Um einen solchen Film mit einigermaßen professionellem Geschick herzustellen, brauchen Sie ein Team, mindestens aber einen Kameramann, eine Ausleuchtungshilfe und den Tonmeister, der auch das Mikrofon bedient. Die Ausarbeitung des Drehplans und der Szenenfolge ist Ihre Sache. Ideal ist es, wenn Sie mehrere Kameras zur Verfügung haben. (siehe S. 136). Die so gewonnenen Bildbänder können Sie später durch Assemble- und Insertschnitt durcheinanderschneiden, um die endgültige Fassung zu bekommen. Übersehen Sie dabei nicht die Wichtigkeit der Nebeneinstellung für Zwischenschnitte und Überbrückungen. Wenn Sie Applaus bekommen, sollten Sie Großaufnahmen der klatschenden Hände und lachenden Gesichter einfangen.

Es kann sehr hilfreich sein, ein separates Tonband ohne Bild anzufertigen. Das gilt besonders für schauspielerische Sprachdarbietungen, wie sie bei Lustspielen vorkommen. Es lassen sich auch Teile des Dialogs oder der Witze, auf die die Leute mit Lachen reagieren, über die Szenenaufnahmen des Publikums hinzusynchronisieren. Legen Sie über die Szenen des Darstellers den Applaus und das Lachen.

Sind Sie ein Schauspieler, Sänger oder Musiker, möchten Sie vielleicht Aufnahmen machen, die Ihre Musikalität oder Ihre darstellerischen Fähigkeiten herausstellen, indem Sie sie durch die Einfügung in ein Orchester unterstreichen. Die Schneidearbeiten einer solchen Szenenfolge sind nicht einfach. Am besten erfinden Sie eine verbindende Geschichte dazu.

Sollten Sie das Storyboard, das auf Seite 197 vorgeschlagen wird, übernehmen wollen, beginnen Sie Ihren Werbefilm in eigener Sache am besten mit einer Folge von Fotos aus dem Familienalbum (aufgenommen nach der Methode auf S. 114), über die Sie einige wichtige Daten Ihres Lebenslaufs und Ihrer Ausbildung als Kommentar sprechen lassen oder selbst sprechen.

Eine wichtige Sequenz kann auch ein mehr zufällig anmutendes Interview sein, in dem Sie sich über Ihre Hobbys und Zukunftsvorstellungen äußern, so daß derjenige, der mit Ihnen in Verbindung treten soll, über Sie selbst und Ihre bisherige Laufbahn einigermaßen Bescheid weiß. Achten Sie gleichzeitig darauf, daß eine solche Szenenfolge auch über Ihre nähere Umgebung, in der Sie leben, Auskunft gibt, z. B. die Wohnungseinrichtung, Bücherregale, Haustier, Bilder an den Wänden – all dies kann über Sie wichtige Auskünfte vermitteln. Im Rahmen des Interviews sollten Sie auch über Ihre Lieblingsbeschäftigung und Interessen Auskunft geben, wie auch Ihre Meinung zu verschiedenen Problemen äußern.

Eventuell können Sie die Ansichten von Freunden, Familienmitgliedern und Kollegen über Sie mit einschneiden. Schließen Sie den Film mit einer Großaufnahme ab, in der Sie lächelnd, aber nicht aufdringlich, direkt in das Objektiv der Kamera blicken, so daß für den Zuschauer der Eindruck entsteht, daß Sie ihn direkt freundlich anschauen. Blenden Sie ganz zum Schluß über die eingebaute Titeleinrichtung Ihrer Videokamera Ihren Namen, Ihr Alter und Ihre Telefonnummer ein. Ebenso die Adresse. Den endgültigen Abschluß könnten ein oder zwei Takte einer passenden Musik abrunden.

Nach dem gleichen Grundmuster könnten Sie übrigens auch einen Zeugenfilm oder eine Sachverständigenaussage gestalten; je nach ihrer beruflichen Verpflichtung lassen sich solche Videos eben auch beruflich einsetzen und nutzen.

Ein Werbefilm in eigener Sache könnte dazu beitragen, daß Sie einen Partner fürs Geschäft oder Leben finden. Also arbeiten Sie deshalb einen sehr sorgfältigen Storyboard-Entwurf aus.

EROTISCHES AUF VIDEO

Die Tatsache, daß Sie das Videomaterial alleine verwahren können, daß Sie es nicht einmal zum Entwickeln außer Haus geben müssen, wie etwa Super-8-Filme oder Dias, gestattet Ihnen, in der intimen Sphäre Ihres Heimes alles das aufzunehmen, was Sie sich selbst gestatten und es kann Ihnen völlig gleichgültig sein, ob es andere auch für gestattet halten oder eher für nicht gestattet. Prüderie hin, Prüderie her – in der Praxis werden tatsächlich private Erotika und möglicher – ja wahrscheinlicherweise auch private Pornos gedreht. So ist es nun einmal.

Wenn es im eigenem Heim niemand sonst sieht, dann kann man alles machen, nur nicht etwas, was dem Partner zuwider ist. Erotische Videos haben nur Sinn, wenn Aufzeichnung und Wiedergabe die Lust der Beteiligten – aller Beteiligten! – steigert. Sollte einer davon sich durch das fünfte Auge gestört fühlen, dann ist es besser, sofort die Aufzeichnung abzubrechen. Genau da nämlich, und nirgendwo anders liegt die ethische Grenze.

Es kann nicht der Sinn des Buches sein, Ihnen Ratschläge zu geben, ob Sie einfach eine erotische Situation abfilmen oder ob Sie einen Dokumentarfilm nach einem exakt vorbereiteten Storyboard drehen oder aber, ob Sie einen phantastischen erotischen Spielfilm gestalten, der in einer der sieben Etagen des Himmels spielt.

Das weiche Licht des mit einer dünnen Wolkenschicht bedeckten Himmels reicht übrigens als Beleuchtung bei Tageslicht bereits aus – vorausgesetzt, daß sich die Liegestatt nahe an einem großen Fenster befindet. (Vorsicht vor nachbarlichen Voyeuren!)

Wird Kunstlicht benutzt, so soll auch das weich sein. Indirektes Licht hat auch in diesem Falle einiges für sich.

Vorschlag: Mit einer und mit zwei Leuchten eine helle Wand – etwa eine Projektionswand – hinter der Kamera anstrahlen. Eine weitere Leuchte strahlt zur Raumdecke. Wenn Sie noch ein übriges tun wollen, richten Sie von vorne und gleichzeitig auch etwas von oben her einen Weichlichtstrahler auf den Ort der Handlung.

Ein Streiflicht von der Seite her angesetzt, gibt zwar – besonders, wenn der Hintergrund dunkel gehalten werden kann – eine interessante Low Key Stimmung mit einem Touch ins Verruchte. Es besteht allerdings die Gefahr, daß Hautfalten, Pohren, etc. überdeutlich werden. Dem läßt sich entgegenwirken. Streifen Sie die eben abgelegte Strumpfhose übers Objektiv. Das gibt einen wirksamen Weichzeichnereffekt. Im übrigen wirkt die Hautfarbe weniger frostig, wenn sie leicht rötlich-gelb getönt ist. Es gibt Roséfilter unterschiedlicher Dichte, die sich vors Objektiv setzen lassen.

Faszinierend wirkt auch ein kräftiges rotes Licht – so richtig schön sympathisch halbseiden. Diese Stimmung läßt sich durch eine entsprechend aussagekräftige heiße Musikuntermalung, die aufs Milieu anspielt, noch wesentlich stärker herauskitzeln.

Überhaupt sollte während der Aufnahme leise anregende Musik aus der Konserve ertönen. Sie muß aber wirklich leise sein, damit der O-Ton nicht übertönt wird.

Noch einige sehr praktische und nüchterne Hinweise: Der Raum, in dem das ganze sich abspielt muß warm genug sein. Eine Gänsehaut im Bild ist der Erotik wenig zuträglich. Nach dem Ablegen der Kleider mit der Aufnahme so lange warten, bis die Druckspuren von Gürteln und Strapsen auf der Haut verschwunden sind.

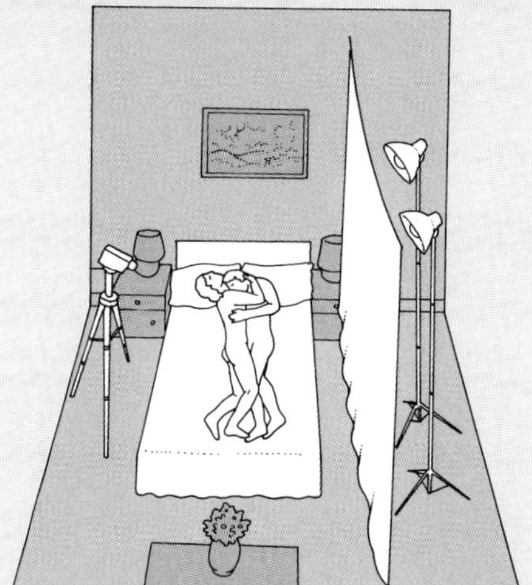

Weiche, romantische Ausleuchtung steigert den Eindruck jeder erotischen Szene. Experimentieren Sie mit diffus reflektierendem Licht, indem Sie vor den Lampen durchscheinende farbige Tücher anbringen. Filterfolien vor Scheinwerfern und Stehlampen sind günstig, auch orangegelbe oder rosa Filtervorsätze vor dem Objektiv. Wenn Sie in Tageslichteinstellung bei Kunstlicht aufnehmen, wirken die Aufnahmen wärmer (Hauttöne!).

BEI DER GEBURT

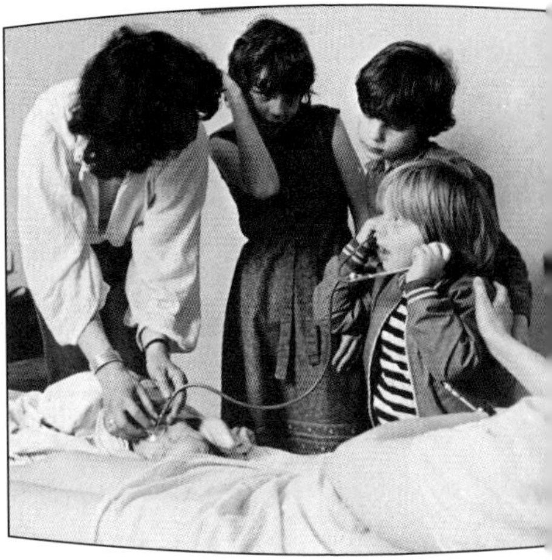

Fangen Sie spontane Reaktionen ein, so zum Beispiel wenn ein jugendliches Mitglied Ihrer Familie zum ersten Mal die Herztöne des heranwachsenden Kindes im Leib der Mutter mit großen Erstaunen zu hören bekommt. Nehmen Sie auch die dabei üblichen Ausrufe und Bemerkungen der Umstehenden auf.

Die aufregende Neuigkeit, daß ein Baby unterwegs ist, gibt Ihnen die Gelegenheit, einen Videofilm über Schwangerschaft, Geburt und die ersten Tage des Neugeborenen aufzunehmen.

Sobald die Mutter die Gewißheit erhalten hat, daß Sie schwanger ist, sollten Sie die Fortschritte der Schwangerschaft Tag für Tag aufzeichnen. Das Leben der Mutter, das sich durch die eingetretene Schwangerschaft ändert, drückt sich auf vielfältige Weise aus. Zum Beispiel die tägliche Gewichtskontrolle, die Beschaffung oder Anfertigung von Säuglingskleidung, das Anlegen eines Windelvorrats, Kauf einer Wickelkommode, einer Batterie von Babyflaschen usw.

Auch können die Geburtsvorbereitungen einbezogen werden: Gymnastik, Lockern, Entspannen, spezielle Atemübungen für die kommende Geburt. Ein Tip für werdende Mütter: verschaffen Sie sich die Erlaubnis der Gymnastiklehrerin, während ihres Unterrichts ein Video zu machen, um die Übungen zuhause über den Fernsehbildschirm allein zu wiederholen (siehe S. 196).

Während der Schwangerschaft sollten Sie die Diskussionen, die mit der werdenden Mutter und dem Rest der Familie geführt werden, aufnehmen. Ermuntern Sie alle Familienmitglieder, über alles zu sprechen.

Wenn Sie die Geburt selbst aufnehmen können, sollten Sie ausführliche Vorbereitungen dafür treffen. Seien Sie bei mehreren ärztlichen und psychologischen Vorbereitungskursen dabei, so daß Sie genau wissen, was zu erwarten ist. Bei dieser Gelegenheit können Sie möglicherweise eine Gruppe werdender Mütter, die ihre Gymnastik durchführen, den Arzt, der die Herztöne des Kindes abhört oder die Väter, die im Baden von Babys usw. unterrichtet werden, aufnehmen. Filmen Sie auch die Klinik von außen, den Haupteingang, den Empfang. Denn wenn es soweit ist, werden Sie keine Zeit mehr dafür finden.

Begleiten Sie Ihre Frau auch, wenn Sie ihre vorbereitenden Besuche macht, um Hebamme und den Geburtshelfer kennenzulernen. Sie können sich so ein Bild von der Akustik und den Ausleuchtungsverhältnissen machen. Die Durchführung von Filmaufnahmen bedingt ja besondere Maßnahmen während der Geburt. Sprechen Sie mit den Mitarbeitern und sorgen Sie dafür, daß Sie die Filmerlaubnis haben – vor allem die der Mutter!!! –, bevor die Geburt beginnt.

Sind die akustischen Verhältnisse nicht ideal, bereiten Sie ein separates Mikrofon vor. Auch versuchen Sie, sobald Sie die Erlaubnis haben, die Ausleuchtung vorher zu testen.

Setzt die Geburt ein, dann gibt es einige wichtige Rücksichten zu nehmen.

- Die Gesundheit der Mutter und des Babys haben immer Vorrang.
- Folgen Sie immer den Anordnungen der Ärzte und ihrer Helfer, denn Sie sind nur ein geduldeter Zuschauer.
- Seien Sie vor allen Dingen niemals ungeduldig.
- Lassen Sie auch Ihre Kamera im Stich, wenn Ihre Frau Ihre Hand halten möchte. Leisten Sie ihr jede Hilfe.
- Seien Sie geduldig. Ein Geburtsvorgang

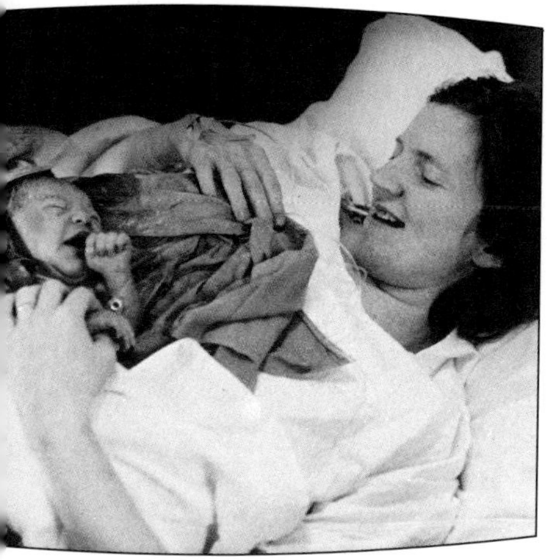

Vergessen Sie nur nicht, die Reaktionen der Mutter aufzunehmen, wenn sie ihr Kind zum ersten Mal vor Augen hat. Eine solche Szene kann später mehrfach an passenden Stellen eingeschnitten werden.

kann viele Stunden dauern. So erwarten Sie nicht, daß Sie ohne Unterbrechungen aufnehmen können.

- Machen Sie die Kameraaufnahmen mit Hilfe von Akkus, denn alle Kabel stören.
- Im allgemeinen wird die Ausleuchtung des Kreißsaales ausreichend sein, so daß Sie kein Zusatzlicht benötigen.

Leuchtröhrenausleuchtung bewirkt manchmal farbige Säume oder Stiche, ein Korrekturfilter hilft. Die Notwendigkeit können Sie durch Vorprobeaufnahmen ermitteln. Zur eventuellen Aufhellung hilft vielleicht eine auf der Kamera montierte Hilfslampe, die Mutter, Kind und Mitarbeiter natürlich nicht blenden darf.

Mit dem Beginn des Geburtsvorganges sollten Sie versuchen, Ihre Filmaufnahmen zwischen der Mutter in Großaufnahme und den Leuten, die sich zur Hilfe dem Bett nähern, zu variieren. Wenn Sie in einer festen Kameraposition stehen bleiben müssen, benutzen Sie das Zoomobjektiv. Arbeiten Sie ohne Stativ, dann können Sie sich freier bewegen und auch Aufnahmen von Mutter und Geburt aus verschiedenen Winkeln machen. Sollte die Geburt sich länger hinziehen, dann können Sie auch Insertaufnahmen auf eine Uhr machen die langsam vorrückt, womit Sie die Wartezeit im Schnitt symbolisieren und überbrücken können.

Vergessen Sie auch nicht, den genauen Augenblick, wenn das Kind herausgeschoben wird, präzise durch einen Zwischenschuß auf die Uhr (eventuell Ihre Armbanduhr) festzuhalten. Es gibt in jeder Familie immer astrologisch interessierte Leute, die das wissen wollen. Auch der erste Schrei, den das Baby ausstößt, sollte von Ihnen eingefangen werden. Das können Sie später mit dem ersten Anlegen des Kindes an die Brust der Mutter zusammenschneiden. Filmen Sie die Abnabelung ebenfalls und das erste Wiegen, Baden und Wickeln. Zoomen Sie nahe genug auf die Skala der Waage. Dann machen Sie die Einstellungen auf die anwesenden Familienmitglieder und ihre Gesichtsausdrücke, möglichst in Großaufnahme. Sorgen Sie dafür, daß auch Sie selbst als Vater einmal zusammen mit der Mutter und dem Kind in einer Bildeinstellung zu sehen sind. Da außer freudigen Gesichtern auch oft erstaunte und zustimmende Ausrufe besonders beim ersten Anblick des Kindes üblich sind, sollten Sie diese auf jeden Fall mit Ihrem Mikrofon einfangen.

Der Abschied aus der Klinik und von den Geburtshelfern muß natürlich auch in die Aufzeichnung gehören.

KINDER MACHEN VIDEOS

Sobald Sie selbst ausreichende Erfahrung im Videografieren gewonnen haben, können Sie dieses Wissen an die jüngere Generation weitergeben. Kinder ab acht Jahren sind schon dazu fähig. Ältere Kinder können besonders an den technischen Problemen, also der Ausleuchtung und der Tonaufnahme Interesse zeigen. Die einfacheren, billigen, leicht zu bedienenden Videokameras sind für Kinder besonders geeignet.

Die einfachsten Videokameras haben festeingestellte Objektive und fixe Schärfebereiche. Der größte Vorteil ist jedoch immer der elektronische Sucher wegen der unmittelbaren Zurückspulung, womit der Aufnehmende eigene Erfahrung sammeln kann.

Wenn Sie einem Kind die Videokamera und ihre Funktionen richtig und ausführlich erklärt haben, dann lassen Sie das Kind mit der Kamera auch selbständig spielen. Erlauben Sie ihm z. B., die Scharfeinstellung oder die Betätigung verschiedener Zoom-Einstellungen ohne jede Hilfe durchzuführen und Probeaufnahmen zu machen. Das gleiche gilt für Blendeneinstellungen, also Belichtung und Weißabgleich, dessen Bedeutung und Durchführung Sie natürlich vorher dem Kind erklärt haben sollten. Auch muß das Kind imstande sein, die Kamera nach der Rückwicklung an den Fernsehempfänger zur Analyse anzuschließen. Ermuntern Sie dann – nach genügendem Training –, daß das Kind sich eigene Geschichten ausdenkt und sie selbst aufnimmt. Natürlich werden dabei zunächst eine Menge technischer Fehler auftreten, gerade sie sind geeignet, die Bedienungsfähigkeit und die Phantasie der Kinder zu trainieren.

Analysiern Sie dann solche Szenenfolgen durch die Vorführung auf dem Fernsehbildschirm gemeinsam. Kinder lernen schnell; Sie werden erstaunt sein, wie rasch Sie die Fähigkeiten eines einigermaßen begabten Kindes nach jeder praktischen Erfahrung verbessert haben.

1 Hobbys: Ermuntern Sie Kinder, einen Film zu machen, der zeigt, wie geschickt sie z. B. beim Kochen oder bei handwerklichen Tätigkeiten sind. Das vollendete Werk sollte jeweils den Erfolg zeigen.

2 Haustiere: Während ein Kind mit seinem Lieblingstier spielt, kann es von einem anderen gefilmt werden. Katzen und Hunde, Meerschweinchen oder Mäuse in Käfigen sind nette Motive. Als Zusatzlicht eignet sich Reflexlicht, weil Tiere oft vor Lampen erschrecken.

3 Interviews: Kinder sind gute Interviewer. Sie sollten sich vorher ein Thema überlegen und die Fragen ausarbeiten. Dabei eignet sich das Zoom-Objektiv vom Weitwinkel bis zur Großaufnahme.

4 Sport und Spiel: Bei Außenaufnahmen muß der Weißabgleich gemacht werden. Auch richtig geführte Schwenks können beim Filmen von Rollschuhlauf, Reiten oder Fahrradfahren gelernt werden.

5 Die Show: Sie kann aus einzelnen Vorführungen bestehen, die durch rechts und links aufgestellte Scheinwerfer beleuchtet werden. Lassen Sie das Kind in Weitwinkeleinstellung beginnen. Der Ton kann sogar mit dem eingebauten Mikrofon aufgenommen werden. Besser ist selbstverständlich ein bewegliches Mikro.

6 Videoerzählung: Kinder haben meist mehr Phantasie als Erwachsene. Bringen Sie ihnen bei, wie ein Storyboard mit der Ausarbeitung der gezeichneten Szenen und Beschriftung entsteht.

7 Tanzvorführungen: Eine Videofilmaufnahme gibt Kindern die Gelegenheit, sich beim Tanzen zu beobachten. Die Playback-Musik kann vom Kameramikrofon mit aufgenommen oder in den Tonanschluß eines Kassettenrecorders synchron eingespielt werden.

8 Popband oder -gruppe: Um Aufnahmen von Lifemusik zu machen, muß der Ablauf, vorher bekannt sein. Das erleichtert die Bildeinstellungen und die Zwischenschnitte. Die Musik wird durchgehend aufgenommen. Durch Insertschnitte kann man sie später unterbrechen. So lernen Kinder auch spezielle Lichteffekte kennen.

9 Dramatische Spielszenen: Nehmen Sie solche Spielszenen im Freien auf. Dort können Sie leichter verschiedene Kamerastandpunkte üben. Analysieren Sie die Tonaufnahmen im Freien und die Zwischenschnitte für den Verlauf der Handlung.

10 Gruppendiskussionen: Die Aufnahme einer Diskussion von Kindern, die darüber sprechen, wie sie ihr Leben sehen, verlangt sowohl hinsichtlich der Kameraführung als auch der Tonaufnahme besondere Geschicklichkeit und ist ein gutes Mittel zum Erlernen der Schneidetechnik.

Kinder, die ihren ersten Film aufnehmen, sollten eine Kamera benutzen, die leicht und einfach zu bedienen ist. Das hilft ihnen, Erfahrungen in der Aufnahmetechnik und der Beurteilung von Szenen zu machen.

ERKLÄRUNG VON FACHAUSDRÜCKEN

Obwohl die Bedienung der meisten Videokameras einfach und unkompliziert ist, zahlt es sich doch aus, einige der technischen Zusammenhänge besser zu verstehen. Dieses Kapitel erklärt Ihnen die Bedeutung von Fachausdrücken, die Kameratypen und wie Sie mit Ihrer Ausrüstung umgehen müssen, um Störungen auszuschalten. Es informiert Sie auch über verschiedene, internationale Standards, die in den einzelnen Ländern gelten. Das Glossar am Schluß erklärt wichtige technische Begriffe und macht Sie mit Ausdrücken des professionellen Fachjargons bekannt!

TECHNISCHE SPEZIALBEGRIFFE

Um sich Ihre Ausrüstung zusammenzustellen, benötigen Sie die Kenntis der Bezeichnungen, mit denen deren Eigenschaften bezeichnet werden. Neben den Standardausdrücken werden auch populäre Bezeichnungen aufgeführt.

OBJEKTIV-BEZEICHNUNGEN

Auf dem Objektiv des Camcorders finden Sie z.B. folgende Angaben eingraviert: «1:1.4 8-80 mm, Macro, d = 52 mm».

● Die Kennzeichnung 1:1.4 gibt die Lichtstärke des Objektivs an. D.h. Die Blende 1.4 ist die größtmögliche Blendenöffnung. (Bei Angabe von z.B. 1:1.0 würde das Objektiv doppelt soviel und bei 1:2 nur halb soviel Licht durchlassen). Neben dem Bildsensor bestimmt die Objektivlichtstärke die Lichtempfindlichkeit des Camcorders.

● Die zwei Zahlen mit dem Bindestrich nennen die äußerst erreichbaren Brennweitenstellungen des Zoom-Objektives.

● Die untere Brennweitenangabe (hier 8 mm) gibt an, wie weit das Zoom in den Weitwinkelbereich reicht. Das hängt von der Bildsensorgröße ab. Bei 1/2-Zoll-Sensor entsprechen 8 mm ungefähr der Normalbrennweite, der Camcorder hätte also keinen echten Weitwinkelbereich. Dagegen entspricht die zweite Zahl «80 mm» bereits einer starken Telebrennweite. Bei dem Objektiv handelt es sich um ein «10-fach-Zoom» denn der Zoom-Faktor beträgt 80:8 = 10.

● DER FASSUNGSDURCHMESSER – z. B. 46, 49 oder 52 mm – weist auf die erforderliche Filtergröße hin.

KAMERA-BEZEICHNUNGEN

● LICHTEMPFINDLICHKEITSBEREICH 10 - 100.000 Lux: Beschreibt den Bereich der Beleuchtungsstärke, in dessen Grenzen die Kamera ausreichend gute Ergebnisse liefert. 10 Lux entsprechen dem Ausleuchtungswert einer Großaufnahme durch eine Kerze. Eine einwandfreie Farbwiedergabe und Auflösung wird mit 900 Lux erreicht. Der Wert von 100.000 Lux entspricht der Ausleuchtung mit prallem Sonnenlicht.

● BILDSENOR CCD 1/2-Zoll. D.h. der Bildsensor ist ein moderner CCD-Chip mit der bei Hobbycamcordern meist üblichen Größe. Als Faustregel gilt: Die Bildqualität ist um so besser, je größer der Chip ist, je mehr Pixel er besitzt und je geringer der Smeareffekt ist.

● SIGNAL / GERÄUSCH (S/N Geräuschpegelverhältnis) 40 dB. Dieser «Störabstand» wirkt sich, wenn er zu niedrig ist, als Korn-, Schnee- oder Konfettieffekt aus. Je höher der Dezibelwert (dB), umso besser ist die Abbildungsqualität. Der Geräuschpegel wird bei ungefähr 38 dB S/N annehmbar.

● AUFLÖSUNG 270 Linien: Der höchste Wert von nacheinander auf der Bildfläche erscheinenden Linien, unter denen die Kamera noch unterscheidet. Je größer die Anzahl, umso mehr Details sind sichtbar. Die S-Video-Systeme S-VHS und Hi 8 erreichen bis zu 450 Linien.

● ELEKTRONISCHER SUCHER: 1 Zoll B/W (schwarz / weiß). Die meisten Kameras besitzen einen Suchermonitor. In diesem Sucher erscheint genau das, was die Kamera aufnimmt. Die unmittelbare Wiedergabe des Videobandes ermöglicht die sofortige Überprüfung. Indessen kann nicht erkannt werden, ob die Farbwiedergabe der Aufnahme ausreicht. Camcorder mit LCD-Farbsucher bringen derzeit keinen Vorteil, da Auflösung und Farbnuancierung noch mangelhaft sind.

● MANUELLER WEISSABGLEICH 3.200 K / 5.600 K. Die Farbtemperatur von Tageslicht und Kunstlicht kann in weiten Bereichen schwanken, von der warmen Tönung des Kunstlichts zu dem kalten Blau eines Himmels. Bei guten Camcordern wird der Weißabgleich mit bis zu 64 Abstufungen zwischen ca. 2500 K bis ca. 12000 K automatisch oder wahlweise manuell eingestellt. Die Angabe «Manueller Weißabgleich 3.220 K / 5600 K» heißt, daß bei diesem Camcorder manuell nur auf die Standardwerte für Kunst- bzw. Tageslicht eingestellt werden kann.

● NUR INTERNE SYNCHRONISATION: Früher brauchte man für die Bildmischung zweier Videorecorder bzw. Videokameras von einem gemeinsamen Taktgeber synchronisierte Videosignale. Dazu brauchten die Geräte einen Anschluß für externe Synchronisation. Bei modernen digitalen Bildmischer ist das meist nicht mehr nötig.

● ELEKTRISCHE LEISTUNG 9.6 V, 8 W. Bezeichnet Spannung und Leistung der Akkus, bzw. des verwendeten Netztransformators. Die Wattangabe sagt Ihnen, wieviel Leistung Ihre Videokamera tatsächlich benötigt. Je niedriger diese Zahl ist, desto länger können Sie mit Ihren Akkus filmen.

● AUTOMATISCHE SCHARFEINSTELLUNG (AUTOFOKUS): Entweder Infrarot- / oder TTL-Methode. Das TTL-System arbeitet sicherer.

● NEGATIV-POSITIV-EINSTELLUNG (NEG-POS): Mit dieser Einrichtung können Sie alle Helligkeiten negativ, alle Farben komplementärfarbig abbilden. Ein Farbnegativ kann direkt als Farbpositiv abgefilmt werden.

● FERNSTEUERUNG: Manche Camcorder können ferngesteuert werden. Eine Fernsteuerung arbeitet nur für das zuständige Gerät.

● GEWICHT-GRÖSSEN-VERHÄLTNIS: Für einwandfreien Betrieb sind Schwergewichtsverteilung, Handlichkeit und leichte Bedienung wichtig. Das gibt bei Freihandaufnahmen den Ausschlag.

● STANDARD-FERNSEH-NORM: In jedem Land ist der Betrieb von Fernsehempfängern, Recordern und Videokameras von einem Standardsystem abhängig (siehe S. 214).

● FORMAT: Das Videoformat ist sowohl durch die Art der elektronischen Aufzeichnung als auch durch die Art des verwendeten Bands (Bandbreite und Kassette) gekennzeichnet. Heute üblich sind VHS/S-VHS, VHS-C/S-VHS-C, Video8/Hi8.

● VIELE VIDEOKAMERAS erlauben zwischen SP = Standardzeit und LP = Langzeit zu wählen. LP, bedeutet im Vergleich zu LP stets verschlechterte Qualität!

● FLIEGENDE LÖSCHKÖPFE: Das sind Löschköpfe, die eine auf der Kopftrommel mitrotierenden, separaten Löschkopf besitzen, der fähig ist, die schräg aufgespielten Videospuren vorzulöschen. Wichtig für «echten» Assemble und Insertschnitt.

● SCHNELLE VERSCHLUßZEITEN: Die normale Verschlußzeit liegt, bedingt durch die Bildfrequenz von 25 Vollbildern/s, bei 1/50s pro Halbbild. Betrachtet man Standbilder von bewegten Objekten, sind sie deshalb unscharf und verwischt. Durch elektronischen Trick bieten deshalb viele Camcorder heute «Fast Speed Shutter» bis zu 1/10000s.

AUDIO (= TONBEZEICHNUNG)

● TONAUFZEICHNUNGSARTEN: Audiolängsspurton (nur bei VHS/S-VHS), gut für Nachvertonung. FM-HiFi-Ton («AFM») auf die Videoschrägspur mitaufgezeichnet im System Video8/Hi8 und heute auch bei VHS/S-VHS ungeeignet für separate Nachvertonung. Digitale PCM-Ton-Aufzeichnung z.T. im System Video8/Hi8, Nachvertonung separat möglich.

DYNAMIK: Gibt den Unterschied zwischen der leisesten und lautesten gerade noch gut hörbar übertragen Passage an. Audio-Längsspurton ist am schlechtesten, digitale PCM-Aufzeichnung am besten.

GERÄUSCHABSTAND S/N: Gibt an, wie stark Bandrauschen u. andere Störgeräusche im Vergleich zum Ton zu hören sind. Ein Wert unter ca. 40 dB, heißt hörbare Störgeräusche. Audio-Längsspurton ist am schlechtesten, digitale PCM-Aufzeichnung am besten.

FREQUENZUMFANG 20Hz - 20khz: Die niederste und höchste übertragene Frequenz, hier bei einem FM-HiFi-Gerät. PCM-Ton ist mit 20Hz bis 15kHz kaum hörbar(!) schlechter, Audio-Längsspurton ist mit ca. 200Hz bis 12kHz deutlich schlechter.

● EINGANGS / AUSGANGSMAXIMA: Ein Wert von 0 dB repräsentiert einen Spannungswert von 0.75 V. Je 6 dB unterhalb des Nullwertes entsprechen einer Halbierung des Spannungswertes von 0.75 V. Zwischen zwei Ausrüstungsbestandteilen ist der ungefähre übereinstimmende dB-Wert entscheidend.

FEHLERBESEITIGUNG

Die Checkliste unterrichtet Sie über die häufigsten Schwierigkeiten, ihre Gründe und ihre Beseitigung. Vorab eine Warnung – Greifen Sie nie selbst in das Innenleben Ihrer Geräte ein!

BILDFEHLER

● **KEIN BILD IM SUCHER:** Die Objektivkappe ist nicht entfernt, die Kamera ist nicht eingeschaltet oder der Akku leer.

● **EIN GRIESIGES BILD, AUSGEWASCHENE FARBEN:** Ungenügende Ausleuchtung, Mindesthelligkeit beträgt etwa 900 Lux.

● **AUSGEFRESSENE LICHTER:** Die Bilder sind überbelichtet. Ein neutrales Filter vorsetzen.

● **FLAUE ABBILDUNGEN:** Kondenswasser auf der Linse. Die Kamera solange in einem warmen Raum stellen, bis der Beschlag verdampft ist. Sonst können Fehler des Autofokus und der Belichtungssteuerung die Folge sein.

● **GESPRENKELTE, FLACKERNDE BILDER ODER SCHNEE-EFFEKT:** Verschmutzte Videokopftrommeln. Lassen Sie die Köpfe von einem Fachmann säubern.

● An außergewöhnlichen stark auftretenden **DROPOUTS UND LEUCHTFLIMMERN** ist entweder ein schlechtes Videoband schuld oder der Recorder muß überholt werden.

● **BILDZITTERN:** Ungleichmäßiger Bandlauf durch schlechte Videokassette (gegen «bewährte» austauschen!) oder Fehler in der Recorderelektronik (Kundendienst!).

● **SENKRECHTER STREIFEN** durch Lichtquelle: Typischer Fehler («Smear-Effekt») der meisten CCD-Chips. So filmen, daß keine helle, punktförmige Lichtquelle direkt im Bild ist!

● **NACHZIEHEFFEKTE:** Bei hellen Lichtern, während geschwenkt wird, tritt nur bei Röhrenkameras auf. Verminderung möglich durch helleres Grundlicht.

● **GEOMETRISCHE VERZEICHNUNGEN,** treten auf, wenn Ihre Kamera starken magnetischen Feldern ausgesetzt wird. Sehen Sie zu, daß keine Großlautsprecher oder Transformatoren in der Nähe sind.

● **FARBABWEICHUNGEN:** Bei nicht ausreichendem Weißabgleich, bei Farbfilm oder Dia-Überspielung oder schwierigen Lichtbedingungen. Evtl. hilft ein Korrektionsfilter.

● **GRÜNE FARBSTICHE** bei Innenaufnahmen, meist durch Leuchtröhren hervorgerufen.

● **AUTOMATISCHER WEISSABGLEICH AUSSER FUNKTION:** Helligkeit zu gering, also mehr Licht aufs Motiv geben. Bei stark gefärbtem Licht wird gelegentlich der Arbeitsbereich überschritten (Kaminfeuer). Dann Weißabgleich auf andere Lichtquelle abstimmen.

● **KEINE FARBE AUF DEM TV-SCHIRM:** Bei Anschluß über Antenneneingang: Tuner besser abstimmen. Bei schlechter Qualität des SW-Bilds verschmutzte Kopftrommel oder schlechte Bandqualität. Bei S-Video-Signal und guter SW-Bildqualität ist der Eingang evtl. auf normales Video-Signal gestellt oder das S-Video-Kabel defekt.

● **UNBEWEGLICHE FLECKEN IM BILD:** Fremdkörper auf der Frontlinse erscheinen unscharf. Linse vorsichtig säubern. Scharf umgrenzte Flecken weisen auf eine Beschädigung des Sensors hin.

● **MINDERWERTIGES BILD ODER SCHLECHTER TON DURCH KOPIEREN:** Eine gewisse Verschlechterung ist systembedingt. 1. Benutzen Sie erstklassige hochempfindliche Bänder. – 2. Verwenden Sie bei den Originalaufnahmen nur erstklassiges Material. – 3. Schalten Sie die Kamera und den Recorder VCR nur durch die AV-Leitung zusammen. – 4. Prüfen Sie, daß beide Geräte in erstklassigem Zustand sind.

● **UNSAUBERE SCHNITTÜBERGÄNGE:** Ist der VCR-Recorder im besten Zustand? Aufnehmder Recorder nicht wirklich assemble- bzw. inserschnittfähig. Trackingregelung von zuspielendem oder aufnehmendem Gerät nicht in Ordnung (manuell testen, falls möglich, sonst Kundendienst!). Geräte sind am Schnittanfang nicht voll hochgelaufen, bzw. Zuspieler bremst am Schnittende zu früh (besser austesten!).

● **WAAGRECHTE STREIFEN UND SCHNEE IM BILD:** Verstellen Sie den Tracking Regler. Ist keine Verbesserung zu erzielen, so geben Sie den Recorder zum Service. Beim Suchlauf sind solche Streifen normal.

● **BILDER WANDERN IN SENKRECHTER RICHTUNG:** Hat Ihr Recorder einen Bildstandregler (vertical hold controll), dann versuchen Sie damit die Wanderbewegungen zu stoppen. Andernfalls Service in Anspruch nehmen.

● DIE AUTOMATISCHE SCHARFEINSTELLUNG ARBEITET NICHT: Ungeeignetes Objekt. Handeinstellung kann helfen.

● DIE SCHARFEINSTELLUNG ÄNDERT SICH während Sie das Zoom benutzen. Stellen Sie die Schärfe immer in Telestellung ein.

TONSTÖRUNGEN

● ZOOM-MOTOR- UND AF-GERÄUSCHE: Motorgeräusche werden direkt vom Kamerakörper aufs eingebaute Mikro übertragen und machen sich bei der Aufnahme leiser Motive bemerkbar. Gegebenfalls externes handgehaltenes Mikrophon benutzen.

● WINDGERÄUSCHE BEI AUSSENAUFNAHME: Mikrophon mit Windschutzkappe bedecken.

● HEULEN ODER PFEIFEN INFOLGE RÜCKKOPPELUNG: Tritt auf, wenn das aufzeichnende Micro dem an die Videokamera angeschlossenen TV-Gerät mit seinen Lautsprechern zu nahe kommt. TV-Ton abstellen.

● GERINGFÜGIGE TONSTÖRUNGEN BEIM SCHNEIDEN: Das ist gelegentlich unvermeidlich. Hier hilft nur experimentiern.

● IST EIN BRUMMEN HÖRBAR, dann kann der Stecker oder Adapter defekt sein. Auch kann das Mikrofonkabel parallel zu einem elektrischen Kabel laufen.

● UNSAUBERE TÖNE MIT SCHWANKENDER LAUTSTÄRKE: Meist nachlässige Bedienung der Austeuerungsvorgänge.

● KEIN TON: Bei S-Video wurde das extra Audiokabel vergessen.

● SCHWACHER, GESTÖRTER TON: Bei Längsspurton, meist verschmutzter oder dejustierter Tonkopf (reinigen, Kundendienst!)

● VERZERRTER, «ZERHACKTER» TON: Bei FM-HiFi-Ton oder PCM-Ton ist die Trackingregelung falsch eingestellt oder defekt (überprüfen, Kundendienst!).

AUFNAHMESTORUNGEN

● DIE KAMERA LÄUFT NICHT! Kondensbelag, Akku leer, Netzkabel nicht eingesteckt, Wackelkontakt, Hauptschalter nicht eingeschaltet, kein Band in der Kamera.

● BAND STOPPT PLÖTZLICH oder schaltet auf Rückwicklung oder schnelle Vorwärtswicklung. Helligkeitsniveau zu hoch! Beeinflußt Band-Endabschaltung.

● AKKUS ENTLADEN ZU SCHNELL. Übertriebener Gebrauch des Zoom-Motors, des Schärfeeinstellungs-Motors, der Pausentaste und der Stop-Start-Taste, oder die Akkus waren nicht aufgeladen. Bei längeren Szenen Akkugürtel oder den Autobatterie-Adapter benutzen.

● VORWÄRTS UND RÜCKWÄRTS IM SCHNELLGANG WIRD PLÖTZLICH GESTOPPT: Ist das Memory-Zählwerk eingeschaltet oder die Bandindexeinstellung?

● DAS LAUFENDE BAND BLEIBT IMMER AM GLEICHEN PUNKT STEHEN: Wahrscheinlich ist das Band beschädigt. Auswechseln!

● WIEDERGABE EXTREM BLASS: Aufnahme unterbelichtet, extrem unscharf eingestellt oder Objektiv verschmutzt.

● DIE KASSETTE WIRD NICHT AUSGEWORFEN: Ist der Akku leer?

● DIE GESAMTE AUSRÜSTUNG FUNKTIONIERT NICHT RICHTIG BZW. REAGIERT FALSCH AUF DIE BEDIENUNG. Meist kann diese Störung beseitig werden, indem Sie abschalten und nach einigen Sekunden wiedereinschalten.

● DIE KAMERA ODER DER RECORDER SCHALTEN SICH SELBST NACH EINIGEN MINUTEN AB: In Pausen- oder Stopstellung: Normale Sparmaßnahme für Band- und Batterie.

● CAMCORDER STREIKT BEI FEUCHTER LUFT: Falls Camcorder «Antikondensationsheizung» besitzt, mehrmals starten. Ansonsten das Gerät an trockenem, warmen Ort aufbewahren bis Start möglich.

DIE PFLEGE IHRER AUSRÜSTUNG

Eine Videoausrüstung ist teuer. Deshalb ist es wichtig, sie vor Beschädigung und Störfällen zu schützen. Eine Warnung vorab: Unternehmen Sie selbst niemals Eingriffe in das Innenleben von Camcordern Videoheimrecordern. Es kann viel zu leicht zu teuren, evtl. irreparablen Schäden kommen. Wenden Sie sich stets direkt an den Kundendienst des Herstellers oder eine autorisierte Fachwerkstätte.

ALLGEMEINE PFLEGE

● Schützen Sie die Ausrüstung gegen Staub, Sand, Insekten, Regen, Nebel und Dunst (besonders am Meer) durch Säcke aus Plastik.

● Wenn Sie in feuchter Atmosphäre, z. B. Tropen, Urwald usw. arbeiten, nehmen Sie kleine Säckchen mit Silica Gel oder Reis mit. Sie wirken feuchtigkeitsabsorbierend.

● Die Vermeidung von Erschütterungen bei der Arbeit und beim Transport ist selbstverständlich.

● Lassen Sie Ihre Ausrüstung nie offen im Auto liegen. Es besteht Diebstahlsgefahr und die Sonnenhitze kann leicht die Kunststoffgehäuse der Geräte verziehen.

● Versuchen Sie nie, Ihre Geräte selbst zu reparieren. Das kann nur ein Fachmann. Lassen Sie Ihre Geräte regelmäßig jedes halbe Jahr überprüfen.

● Auch benutzen Sie niemals scharfe Reinigungsmittel.

● Bei nahenden Gewittern sollten Sie Ihre Ausrüstung nicht benutzen.

● Bei längerer Aufbewahrung sollten Sie die Geräte und Akkus in verschiedenen Behältnissen aufbewahren - bei 20 bis 30 Grad.

● Schalten Sie stets alles aus, bevor Sie die Akkus wechseln.

● Keine Überhitzung zulassen! Kühl und trocken aufbewahren!● Heben Sie niemals die Kamera am Sucher hoch!

● Wenn Sie Sicherungen auswechseln müssen, benutzen Sie stets den gleichen Typ.

● Überzeugen Sie sich besonders im Ausland, daß Sie die richtige Spannung und Anschlußpolung bei allen femden Stromquellen benutzen. Überspannung oder falsches Anschließen kann Ihr Gerät zerstören.

OBJEKTIV UND BILDSENSOE

● Halten Sie das Objektiv nie direkt in die Sonne oder in starke Lichtquellen! Die Aufnahmeröhren oder der CCD/MOS könnten zerstört werden. Auch hell ausgeleuchtete Motive mehrere Stunden hintereinander aufzunehmen, ist mit Röhrenkameras gefährlich.

● Stecken Sie nach Aufnahmeende stets die Schutzkappe vor das Objektiv.

● Stecken Sie aus Sicherheitsgründen stets ein UV-Filter vor das Objektiv, das Sie nur bei bestimmten Aufnahmen vor Beginn abnehmen. Regelmäßige Linsenreinigung mit Pinsel oder Reingungstuch ist selbstverständlich.

● Drehen Sie nicht den Entfernungsring während die automatische Scharfeinstellung arbeitet. Den Zoom-Motor überlasten Sie, wenn Sie in der Endstellung nicht abschalten.

CAMCORDER

● Achten Sie darauf, daß Ihr Kameragehäuse nicht zu heiß wird, wenn Sie in der Nähe brennender Lampen aufnehmen.

● Machen Sie auch das Sucherfenster von Zeit zu Zeit mit einem Fotolinsentuch sauber bzw. mit Q-Tip-Stäbchen.

● Röhrenkameras vertragen keine starken Erschütterungen.

● Stellen Sie Ihre Kamera nicht länger als sechs Monate ungebraucht irgendwo hin. Sie sollte in sechs Monaten wenigstens einmal länger benutzt werden.

● Der verletztlichste Teil ist das Kassettenfach. Überzeugen Sie sich, daß die Kassette richtig eingelegt ist und korrekt anläuft. Nimmt Ihre Kamera die Kassette nicht an, studieren Sie die Bedienungsanleitung genau.

● Versuchen Sie niemals, eine Kassette selbst zu füllen oder das Band auszuwechseln.

● Säubern Sie nicht selbst die Kopftrommel, überlassen Sie das einem Fachmann. Pro Jahr sollten Sie einmal einen Service in Anspruch nehmen.

- Wenn der Camcorder streikt, checken Sie zunächst die entsprechenden Seiten der Bedienungsanleitung des Geräts bzw. ziehen Sie das Fehlerbeseitigungskapitel dieses Buchs zu Rate. Wenn das nicht hilft, hilft nur noch der Fachmann!

KASSETTEN

- Die üblichen Metalldedektoren ebenso wie moderne Röntgendurchleuchtungsgeräte sind für magnetische Kassetten ungefährlich.
- Setzen Sie Kassetten nicht starkem Sonnenlicht aus, oder magnetischen Feldern (Transformatoren, Motoren und Lautsprecher), direkter Hitze, Staub, und feuchter Atmosphäre.
- Wenn eine Kassette nicht in der Kamera ist, sollte sie in ihrem Schutzkasten aufgehoben werden.
- Bevor Sie eine teilweise bespielte Kassette aufheben, sollte das Band vollständig vorwärts oder rückwärts abgewickelt sein. Machen Sie aber auf dem Kassettenbehälter eine entsprechende Notiz, sonst vergessen Sie es.
- Alle Bänder sollten stets aufrecht in ihren Schutzkästen aufbewahrt werden. Bei normaler Raumtemperatur und in einer staub- und feuchtigkeitsfreien Umgebung.
- Zerbrochene Kassetten und teilweise zerstörte Bänder können nur vom Fachmann wieder in Ordnung gebracht werden.

AKKUS

- Akkus bleiben, wenn sie richtig gepflegt werden, zwei bis vier Jahre brauchbar. Halten Sie die Bedienungsanleitung für Lagerung und Wiederaufladen genau ein. Vermeiden Sie besonders Überladung.
- Gebrauchen Sie nie einen Videoakku, um irgendwelche andere Geräte damit zu betreiben. Die Ausnahme ist lediglich der Batteriegürtel, der mehrere Akkus zum Betrieb tragbarer Videoscheinwerfer enthält.
- Schließen Sie niemals die Akkus kurz.
- Bewahren Sie die Akkus stets im aufgeladenen Zustand, kühl und trocken auf.
- Entladen Sie die Akkus vor der Wiederaufladung bis zur erlaubten Untergrenze, z.B. durch Vor- oder Rückspulen eines alten Bands im Camcorder. Alternativ gibt es dazu heute sog. Discharger oder Ladegerate mit eingebautem Discharger.
- Überschreiten Sie, wenn das Ladegeräte keine Ladeautomatik besitzt, nie die vorgeschriebene Ladezeit.
- Laden Sie alle Akkus einen Tag bevor sie gebraucht werden nach.
- Defekte Akkus sollten Sie bei entsprechenden Sondermüllstellen abliefern. Sie dürfen niemals ins Feuer geworden werden.

LAMPEN / SCHEINWERFER

- Benutzen Sie Lampen und Scheinwerfer nie in sehr feuchter Luft. Ein Wassertropfen auf die Birne läßt sie explodieren.
- Fassen Sie niemals eine Lampe mit ungeschützten Fingern an. Tragen Sie Baumwollhandschuhe.
- Versagt plötzlich eine Leuchte, dann wechseln Sie nicht nur die Birne aus, sondern auch die Sicherung. Jede Störung überlastet die Sicherung.
- Ständiges Aus- und Einschalten verkürzt die Lebensdauer einer Lampe.

SICHERUNG DER AUSRÜSTUNG

- Versichern Sie Ihre gesamte Ausrüstung gegen Diebstahl und Zerstörung. Gehen Sie vor Abschluß mit dem Versicherungsagenten alle Punkte der Sicherungsbedingungen durch.
- Um im Schadensfall Problemen zu entgehen, markieren Sie alle Geräte mit einem Ultraviolettstift.
- Wenn Sie ins Ausland reisen, nehmen Sie Ihre Ausrüstung stets als Handgepäck mit und führen Sie eine Kopie der Originalrechnungen für den Zoll mit sich.

INTERNATIONALE FERNSEHNORMEN VIDEOPROBLEME UNTERWEGS

Es gibt über die ganze Erde in verschiedenen Ländern verschiedene Fernsehnormen. Deshalb können viele Recorder oder Zubehörteile, die Sie in einem Land gekauft haben, in einem anderen nicht verwendet werden, außer Sie benutzen einen entsprechenden Adapter, der aber meist umfangreich und kostspielig ist. Die Karte auf Seite 213 zeigt Ihnen die Weltverteilung der Fernsehnormen. Manche Normen lassen sich in einem anderen Land für die Wiedergabe in Schwarz-Weiß, aber nicht in Farbe benutzen. Im Zweifelsfall bekommen Sie bei den zuständigen Konsulaten und Botschaften, auch in Touristenbüros entsprechende Auskunft.

Im allgemeinen lassen sich Lösungen überall da finden, wo wenigstens die Stromspannungen und Netzfrequenzen einigermaßen übereinstimmen.

Ein besonderes Problem sind stets die Anschlußstecker für das heimische Stromnetz. Es gibt jedoch Universalstecker die umschaltbar benutzbar sind.

Die meisten Videokameras, die in Europa auf dem Markt sind, enthalten einen eingebauten Tonumschalter, der es erlaubt, sie an Fernsehempfänger in Großbritannien, den Commenwealth, Irland, Hongkong und Südafrika zu benutzen (System I), auch in einigen Ländern des Mittleren Ostens. Video-8-Kameras und Geräte, die einigermaßen gleichartig ausgerüstet sind, lassen sich mit allen Fernsehempfängern benutzen, die unter 625 / 50 Bedingungen arbeiten, wie sie die Karte auf 215 zeigt (mit Ausnahme von Argentinien und Uruguay).

Es sind auch VCR-Recorder in Multistandard-Ausführung (PAL, SECAM und NTSC) entwickelt worden. Achten Sie darauf, daß nicht alle diese Geräte komplette Normwandlungen durchführen. So kann es vorkommen, daß das Gerät z.B. NTSC-aufgezeichnete Kassetten am PAL-Fernseher wiedergibt, daß die Kassetten aber nicht auf einen Videoheimrecorder in PAL-Format kopiert werden können.

Es ist heute auch für den Amateur erschwinglich in anderen Videoformaten oder Fernsehnormen bespielte Kassetten in professionellen Videostudios (z.B. über den Fachhändler) auf das gewünschte Format bzw. in die gewünschte Norm umkopieren zu lassen.

Videoausrüstungen in den Ferien: Akkubetriebene Recorder oder Kameras können selbstverständlich überall arbeiten. Sie können auch behelfsmäßig Ihre Filme mit Hilfe von Kopfhörern und im eingebauten elektronischen Sucher schwarz-weiß ansehen.

Schwierigkeiten treten gewöhnlich erst dann auf, wenn Sie Ihre Filme über einen örtlichen Fernsehempfänger vorführen wollen. Das beginnt bei der jeweiligen Spannung, bei der Akkuladung und kann sich, ganz abgesehen von der Fernsehnorm, bis zur landesüblichen Netzfrequenz erstrecken. Sie können diese Probeleme stets dann umgehen, wenn Sie imstande sind, Ihre Kamera mit Hilfe eines Adapters an der Autolichtmaschine oder -batterie zu betreiben. Natürlich gehört dann auch Ihr eigener Kleinfernseher dazu.

Netzgeräte: Netzgeräte bringen die Netzspannung auf die gewünschte Kleinspannung für Camcorder oder Akkuladung. Moderne Netzgeräte arbeiten meist in einem weiten Bereich von 100 bis 250 Volt (Angabe auf der Geräteplakette überprüfen!). Doch beachten Sie daß auch die Netzfrequenz stimmt. Außerdem muß die Form der Wechselspannung (Norm ist sinusförmig) stimmen. Bei an Dieselgeneratoren hängenden Netzen (z.B.auf Inseln) wird oft eine rechteckige oder sägezahnartige Netzspannung erzeugt, die u.U. das Netzgerät und den Camcorder beschädigen kann.

Bevor Sie auf Reisen mit Ihrer Ausrüstung in ferne Länder gehen, orientieren Sie sich auf jeden Fall beim zuständigen Konsulat, ob es dort regionale Unterschiede gibt, was oft der Fall ist, und zwar sowohl hinsichtlich der Spannung als auch der Stromart. Im Großen und Ganzen lassen sich die Länder der Erde in zwei verscheidene Gruppen einteilen.

- Niederspannungsländer (110 bis 127 Volt) entsprechen im allgemeinen denjenigen Ländern mit der Fernsehnorm NTSC 525 / 60 (siehe Karte).

- 625 / 50 PAL
- 625 / 50 SECAM
- 525 / 60 NTSC
- 525 / 60 PAL
- 525 / 60 SECAM

Die verschiedenen Fernsehnormen bedeuten verschiedene Farben in der Karte (oben). Unter dem Stichwort «Kompatibilitätsschlüssel» (rechts) suchen Sie zuerst die zuständige Fernsehnorm in der entsprechenden Farbe (links) und dann vergleichen Sie sie an der unteren Horizontale.

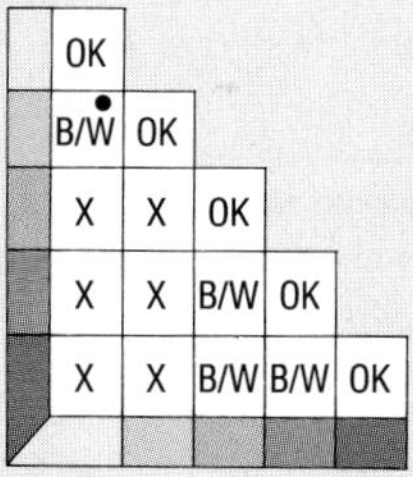

KOMPATIBILITÄTS-SCHLÜSSEL

B/W = Wiedergabe nur S/W.
OK = Bildbänder sind gleich wiedergebbar.
X = keine Möglichkeit
● = kompatibel mit Video-8-Bändern
† = B/W OK; Farbe ist abhängig von der Umschalttaste auf dem VCR-Recorder

● Hochspannungsländer (220 bis 240 Volt) benutzen weithin die Fernsehnorm PAL und SECAM 635 / 50 (siehe Karte).

Die Wechselstromfrequenz liegt bei 50 oder 60 Hz, was für Batterielader und Akkumulatoren unwichtig ist. Im allgemeinen können alle Videogeräte für die verschiedenen Voltbereiche benutzt werden, wenn sie auf einen entsprechenden Wert eingestellt sind. Umschalter sind gewöhnlich auf der Rückseite angebracht. Hängen Sie das Gerät auf jeden Fall vom Stromanschluß ab, bevor Sie die Umstellung der Voltbereiche vornehmen. Seien Sie besonders vorsichtig bei solchen Manipulationen, da Sie unreparable Schäden hervorrufen, wenn Sie die falsche Spannung erwischen.

Denken Sie daran, daß auch netzbetriebene Videoleuchten nur mit der richtigen Spannung betrieben werden können!

SACHREGISTER

Vorab ein Hinweis: Das nachfolgende «Glossar» ist nicht in der Lage, über stark verkürzte Erklärungen oder Hinweise hinauszugehen. Wer es genauer wissen will, sollte zum im Verlag Laterna Magica erschienenen **“Das Aktuelle VIDEO Lexikon“** greifen.

ASSEMBLESCHNITT: Elektronische Aneinanderfügung einzelner Szenen ohne Störung, wenn von einem Videoband auf ein anderes überspielt wird (siehe auch Insertschnitt).

AUDIO-DUB: Tonüberspielungseinrichtung am Recorder, über die Sie zusätzlichen Ton unabhängig vom Bild auf das Videoband aufspielen können.

AUFHELLICHT: Jede Lampe oder jeder Scheinwerfer, der zusätzlich zum Hauptlicht oder Führungslicht so aufgestellt ist, daß die Schatten aufgehellt werden. Der Helligkeitskontrast wird gemildert.

AUFSTRICH, ABSTRICH, ÜBERBLENDE: Langsam ab- oder zunehmende Verdunklung oder Hellerwerden des Bildinhalts und der Lautstärke.

AUFNAHME-WIEDERGABE-KÖPFE: Diese Köpfe sind auf der Kopftrommel befestigt und bewegen sich mit ihr. Sie übertragen die elektronischen Signale auf das Videoband bzw. nehmen es von diesem ab zur Projektion auf dem Bildschirm. Sie verwandeln die elektrischen Signale in magnetische Impulse und schreiben diese in Schrägspur auf das Videoband. Der herkömmliche Ton dagegen wird in horizontaler Richtung aufgebracht, und zwar von einem festen Aufnahmekopf. In Hifi-Modellen wird auch der Ton von Köpfen, die auf der Kopftrommel mitrotieren, in codierter Form auf das Videoband übertragen.

AUFNAHMEWINKEL: Der Winkel, der jeweils von der Optik aufgenommen wird. Die Zoom-Optik bewegt sich normalerweise zwischen ca. 45 ° für Weitwinkelaufnahme bis zu ca. 8 ° für die Telestellung.

AUGENLINIE: Sie beschreibt die Richtung, in der ein Darsteller aus der Szene heraus oder in der Szene den anderen Darsteller anblickt. Um einen natürlichen Zusammenhang zwischen einanderfolgenden Szeneninhalten zu garantieren, sollte darauf geachtet werden, daß die Augenlinien einer Person, die aus dem Bildraum herausblickt, der anderen scheinbar genau in die Augen schaut, was nach Bildwechsel vom Zuschauer unbewußt bestätigt wird.

AUSGEFRESSEN: Dieses Wort beschreibt eine Aufnahme, die in Folge von Überbelichtung alle Details in den hellen Stellen verloren hat.

AUTOMATISCHE AUSSTEUERUNG (AGC): Kontrolliert und steuert automatisch die Verstärkung von Bild oder Ton.

BAND-ZU-BAND-KOPIEREN: wird für den Schnitt gebraucht, um verschiedene Einzelszenen in einer neuen Ordnung durch Kopieren vom Originalvideoband zu erhalten.

BATTERIEGÜRTEL: Ein umschnallbarer Gürtel, der aufgeladene Akkus aufnimmt, um die Dauer der Einzelszenenaufnahme zu verlängern oder Zusatzscheinwerfer zu speisen.

BEWEGUNGSRAUM: Das ist der Raum, den der Kameramann vor einem sich bewegenden Objekt während eines Schwenks abgebildet läßt, um sowohl die Szenenkompositionswirkung als auch den natürlichen Eindruck von Bewegungsfolgen zu sichern.

BEWEGUNGSRICHTUNGEN: Sie kennzeichnen die allgemeinen Bewegungen innerhalb der Bildeinstellung. Um zusammenhängende Vorgänge zu schaffen, müssen Sie in jeder einzelnen Szenenaufnahme gleichgerichtet sein.

BILDMISCHER: Ein elektronisches Hilfsgerät, das imstande ist, gleichzeitig die Bildsignale von verschiedenen Videokameras auf Videorecordern zu mischen. Wird beim Schnitt genutzt.

BILDSENSOR: Lichtempfindliche Oberfläche eines CCD-Chips, auf die das Objektiv das Bild des zu filmenden Objekts wirft. Das Bild wird in einem Raster aus bis zu 500000 Punkten abgetastet und in elektrische Signale gewandelt.

BLENDENÖFFNUNG: Die einstellbare Lichteinfallsöffnung (Irisblende), von der die Lichtintensität der auf den Bildsensor einfallenden Helligkeit gekennzeichnet wird. Die Angabe wird durch Zahlen ausgedrückt.

BRENNWEITE: wird die Entfernung zwischen dem Objektivmittelpunkt bis zur Oberfläche des Sensorfeldes genannt, wenn die Objektiveinstellung auf «unendlich» eingestellt ist. In der Praxis erfaßt eine Optik mit kurzer Brennweite einen weiten Aufnahmewinkel, daher Weitwinkel; eine Optik mit langer Brennweite wird «Teleoptik» genannt. Eine Optik mit variabler Brennweite ist eine «Zoom-Optik».

BREITSTRAHLER: Sie liefern zerstreutes Licht (3.200 °K), aus einer geraden Quarzhalogen-Röhre. Auch für indirektes Licht benutzbar.

CARDIOID-MIKROFON: Ein Mikrofon, das den Ton aus der Umgebung in einem herzförmig Empfindlichkeitsbereich aufnimmt und störende Hintergrundgeräusche vermindert.

DOLLY: Eine fahrbare Kameraplattform, die mit Rädern versehen ist und die sowohl die Kamera, das Stativ und den Kameramann aufnehmen kann. Alle Fahraufnahmen, die den Zoom-Fahreffekt vermeiden wollen, werden so aufgenommen.

DREHPLANENTWURF: auch Treatment, ist eine Niederschrift des Ereignis- und Szenenablaufs.

DREIER-REGEL: Hilfsvorstellung zur Erzielung optimaler Szenenkompositionen, die sich aus streng vertikal und horizontal angeordneten Kompositionselementen in den Szenen, im Zusammenhang mit einem entsprechenden vorgestellten Netz, aufbaut (siehe S. 44).

DUB: So bezeichnet man das Überspielen von Bild- und Tonsignalen. Für die Vertonung wird der Ausdruck «Dub» hauptsächlich für die Nachvertonung gebraucht.

EINBEINSTATIV: Ein zusammenlegbares, einbeiniges Stativ. Sehr brauchbar zur handgeführten Kamera in Menschenmengen usw.

EINBLENDUNGEN: Die Hinzufügung von Bildelementen zu einer bereits aufgenommenen Szenenabbildung, z. B. Worteinblendungen des in die Kamera eingebauten Titelgenerators.

ELEKTRONISCHE EFFEKTE: Das Zusammen- und Durcheinanderschneiden von Filmenszenen im gleichen Bild; auch «Einstanzen» genannt.

FARBTEMPERATUR: Mißt den Farbcharakter des von einer Lichtquelle ausgestrahlten Lichts in Grad Kelvin (K). Der Farbunterschied kommt von der verschiedenen «Temperatur» des Lichtstroms. Jedes Licht hat seine eigene Temperatur, die in absoluten Werten gemessen. wird. Sie genau zu kennen, ist für Aufnahmen bei Mischlicht (Tageslicht/Kunstlicht) sehr wichtig.

FAHRAUFNAHME: Vorwärts- oder Seitwärtsbewegung der auf einem Kamerawagen aufgestellten Kamera, die z. B. einem sich in der Szene bewegenden Objekt folgt oder sich von einem statischen Objekt wegbewegt.

FERNSEHNORM: Die in verschiedenen Ländern von verschiedenen Fernsehsystemen benutzte Signalcodierung für Fernsehsender und für auf Videobändern registrierte Bildsignale. Videos können nicht ohne Adapterzwischenschaltung auf Geräte anderer Fernsehnormen übertragen werden.

FERNSTEUERUNG: Dies ist ein Zusatzgerät, das mit Hilfe von Infrarotimpulsen die Hauptfunktionen der Videokamera und auch des Recorders aus einiger Entfernung zu steuern erlaubt. Das gleiche gilt für Fernsehempfänger.

FILMAUFNAHMERÜCKLAUF: In den meisten Kameras wird das Bildband vor erneuter Auslösung automatisch ein konstant kurzes Stück zurückgespult, damit ein störungsfreier Anschluß an die vorige Szene bei Neuaufnahme möglich ist.

FILTER: Durchsichtiges Material, Glas, Plastik oder Gelatine, das vor die Kameraoptik oder auch auf Beleuchtungskörper geschaltet wird, um das Licht nach Helligkeit und Farbtemperatur zu modifizieren. Wird auch zur Erzeugung bestimmter Farbstimmungen gebraucht.

FORMAT: Das Verhältnis ist bezüglich Länge und Höhe des Fernsehbildschirms auf 4 : 3 festgelegt.

FOTOLAMPEN: Strahlen zerstreutes Licht (3.400 °K) über einen breiten Raum aus und mildern die scharfen Schatten.

GEGENLICHTKOMPENSATOR (BLC): Eine Ausgleichsvorrichtung in der Kamera, um die Blendenöffnung zu erweitern, wenn in große Gegenlichthelligkeit hinein aufgenommen werden soll, so daß sich eine bessere Durchzeichnung ergibt.

GEGENSÄTZLICHE AUFNAHMERICHTUNG: (Schuß-Gegenschuß-Prinzip). Er wird oft in Dialogszenen gebraucht, wo die miteinander Sprechenden hart aneinandergeschnitten werden. Durch diesen Schnitt entsteht der Eindruck eines Paars, das zuammengehört.

GELATINEFILTER: Sie sind aus gefärbter Gelatine. Auch gefärbte Kunststoffolien werden so genannt, die man vor Kunstlichtlampen schaltet, um die Farbe des Lichtstromes zu beeinflussen.

HALBKREISAUFNAHME: Sie umrundet in einem ungefähren Halbkreis den bildwichtigsten Bestandteil eines Motivs durch eine Kamerafahrt mit dem Kamerawagen.

HALLWELLEN: Die von einer Tonquelle und Ton-Reflexwänden reflektierten Hallwellen werden vor allen Dingen in Innenräumen, die glatte Wände haben, oder von Fenstern ohne Vorhänge mit deutlichem Nachhall mehrfach zurückgeworfen. Auch Echos sind Hallerscheinungen. Sie können durch Hilfseinrichtungen in den Geräten gedämpft, hauptsächlich aber durch dämpfende Hilfsmittel wie Vorhänge, Teppiche usw. beherrscht werden.

HALOGENLAMPE: Diese Lampe erzeugt einen harten, konzentrierten Lichtstrom (3.200 K), der breit oder punktförmig ausgerichtet (Spot) werden kann, z. B. indem der Lampenkörper innerhalb des Lampengehäuses vor oder rückwärts bewegt wird.

HANDLUNGSLINIE: Eine vorgestellte Bewegungslinie, die kennzeichnet, wohin sich das Hauptobjekt bewegt. Zur Sicherung von über mehrer Szenen hinweglaufenden Bewegungen müssen alle Aufnahmen von der gleichen Seite der Bewegungslinie gemacht werden. Andernfalls wirkt auf dem Projektionsschirm die Bewegung plötzlich umgekehrt. Siehe auch S. 53.

HAUPTLICHT: ist die Lampe oder der Scheinwerfer, von denen die Hauptbeleuchtung der Szene ausgeht. Meist von vorne oben in die Szene hinein.

HELLIGKEITSUMFANG: Das Verhältnis zwischen dem hellsten und dem dunkelsten bildwichtigsten Teil des Motivs («Motivkontrast.»). Ein möglichst niedriger, aber nicht flauer Helligkeitskontrast ist optimal.

HF-VERBINDUNG: Eine Zusammenschaltung von Camcorder und Fernsehempfänger über den Antennen-Aus- bzw. Eingang. Besser AV-Verbindung benutzen!

HILFSMIKROFON: Jedes separat von der Kamera betriebene Mikrofon, ersetzt das eingebaute Mikrofon (siehe auch Cardioid, Lavalier, Tele- und Rundummikrofone).

HINTERGRUNDGERÄUSCH: Das allgemeine Geräusch, das in jedem Szenenraum zu hören ist.

IMPULSSPUR: Sie setzt sich aus einzelnen elektronischen Bild-Impulsen zusammen, die dazu dienen die Funktionen einzelner Geräte aufeinander abzustimmen.

INSERTSCHNITT: Die Hinzufügung einer Filmszene in eine bereits gedrehte Filmszene, ohne daß Schnittstörungen auftreten. Nötig ist ein Recorder oder auch eine Videokamera, die für Insertschnitt extra eingerichtet ist. Die Insertszene vernichtet in gleicher Länge den Szeneninhalt, in den sie eingeschnitten wird. Bildgenaue Schnitte sind durch Zwischenschaltung eines Schnittsteuergeräts möglich. Insertaufnahmen werden u.a. zur Verhinderung von Bildsprüngen gemacht.

IRIS: Ringförmig angeordnete, einander überlappende Metallblätter, die durch ihre Stellung die Lichtintensität, die durch das Objektiv in die Kamera eingelassen wird, steuern. Auch «Blende» genannt.

KAMERASCHNITT: Szenenfolgen, die in der gleichen Anordnung hintereinander aufgenommen werden, wie sie später gezeigt werden sollen. Auch «Drehen auf Schnitt» genannt.

KOMMENTAR: Ein Sprechtext, der speziell abgefaßt und zeitgenau festgelegt wird, damit er auf die geschnittenen Szeneninhalte paßt und alle wichtigen Informationen mitteilt.

KOMPATIBILITÄT: Die Übereinstimmung bzw. Verträglichkeit der mechanischen und elektronischen Eigenschaften von Camcordern, Videorecordern, Fernsehgeräten etc. die miteinander verwendet werden sollen.

KOPFTROMMEL: Eine rasch rotierende Trommel, um die das Videoband geschlungen ist, auf der die Aufnahme- und Wiedergabeköpfe befestigt sind.

KUGELMIKROFON: auch «Rundummikrofon», ist ein Hilfsmikrofon mit dem weitest möglichen Aufnahmewinkel überhaupt. Es erfaßt in gleicher Lautstärke alle Töne und Geräusche von sämtlichen Richtungen.

KUNSTLICHAUSLEUCHTUNG: Allgemeinausdruck für Szenenausleuchtung durch verschiedene Lampenarten und Scheinwerfer, die alle zuammen eine Farbtemperatur von 3.200 K aufweisen sollten.

LEUCHTDICHTESIGNAL: (auch «Luminanzsignal»): Der Helligkeits- oder Schwarzweiß-Anteil des aus Chrominanz- und Luminanzsignal bestehenden Farbvideosignals.

LEUCHTSTOFFRÖHRENAUSLEUCHTUNG: Sie hat eine hohe Farbtemperatur und verursacht meist einen blau-grünen Farbstich, der auch mit den entsprechenden Filtern nie völlig verhindert werden kann. Auch erzeugt dieses Licht pulsierende und flackernde Störungen.

LICHTSAUM: Wenn Sie eine Lampe hinter einem Darsteller im Szenenraum aufstellen, ergibt sich ein Lichtsaum um Kopf und Schultern.

LICHTVERSTÄRKER: Elektronische Verstärkung der Videoaufzeichnungen bei sehr geringen Lichtverhältnissen («Gain»).

LUX: Maßbezeichnung für die Helligkeit, die auf ein angestrahltes Objekt fällt. In Lux werden die untere und obere Grenzhelligkeit gekennzeichnet, die eine Videokamera verarbeiten kann.

MAKROEINSTELLUNG: Eine spezielle Einstellung der meisten Zoom-Objektive für die Aufnahme sehr kleiner Details oder Gegenstände ganz nahe vor dem Objektiv, die mit der normalen Naheinstellung nicht zu erreichen ist.

MIKROFONGALGEN: Ein langes Rohr, an das ein Mikrofon befestigt werden kann, um so nah wie möglich außerhalb des Bildfeldes an die Tonquellen, herangebracht zu werden.

MONITOR: Eigentlich «Kontrollbildschirm». Der Fernsehempfänger kann als Bildschirm für die Videokamera benutzt werden. Es gibt aber auch batteriebetriebene, kleine Monitore, die anders als der SW-Sucher erlauben, den Szeneninhalt auf Farbe und auf Belichtungsexaktheit zu prüfen.

NEUTRALFILTER: Graufilter, der die Gesamthelligkeit einer zu stark ausgeleuchtete Szene dämpft, ohne die Wiedergabe der Farben zu beeinflussen. Auch vermindert er die Schärfentiefe.

NTSC: Das Fernsehfarbsystem, das durch das National Television Standards Commitee genormt ist und in den USA, Kanada und Japan und Teilen von Südamerika und Asien angewendet wird.

PAL: Eine Fernsehnorm für Fernsehfarbübertragung, die in Westeuropa (außer in Frankreich) und in anderen Teilen der Welt, einschließlich Australien, Indien, China, Argentinien, Brasilien und den meisten afrikanischen Staaten, angewendet wird.

POLARISATIONSFILTER: Filter, der gestattet, Reflexionsstörungen, die von Glas, Wasser und Metall ausgehen, zu reduzieren. Er erhöht auch die Sicht durch Nebel und Dunst, macht die Himmelsfarben satter und die Wolken heller.

RAUSCHEN: Jede Unterbrechung oder störende Veränderung des Videosignals durch Zischen oder Brummen auf dem Tonband oder «Schnee» oder oszillierende Körper im Bild.

REFLEXLICHT: Eine Form der indirekten Ausleuchtung, bei der Schweinwerferstrahlen gegen eine große reflektierende Oberfläche, z. B. weiße oder helle Wände oder Decken gerichtet werden. Das Licht wird diffus in die Aufnahmeszene zurückgestrahlt, und ergibt eine gleichmäßige weiche Ausleuchtung.

RICHTCHARAKTERISTIK VON MIKROFONEN: Raumbereich, aus dem ein Mikrofon Töne aufzunehmen fähig ist. Je mehr Sie das Mikrofon auf die Haupttonquelle richten, umso lauter erfaßt sie das Mikrofon (siehe S. 32 / 33).

ROLLTITEL: Beweglicher Titel oder Namensliste, die sich von oben nach unten über das Szenenbild bewegt, kann automatisch mit einem Titelgenerator eingefügt werden.

RÜCKKOPPLUNGSGERÄUSCH: Unangenehmes, pfeifendes Geräusch, das entsteht, wenn z. B. eine Videokamera in der Nähe eines eingeschalteten Fernsehlautsprechers benutzt wird.

RÜCKLICHT: Eine Lampe oder ein Scheinwerfer, der knapp hinter oder über dem Hauptobjekt in der Szene plaziert wird, um einen Lichtsaum um Kopf und Schultern zu erzeugen. Es hebt das Objekt vom Hintergrund ab.

SAUBERER SCHNITT: Bildsynchronpuls gerechter Schnitt, der alle elektronischen Störungen vermeidet.

SCHÄRFENTIEFE: So nennt man den jeweils in einem Motiv scharf zu sehenden Bereich, während darüber hinaus unschärfere Abbildung erfolgt. Solche Schärfentiefebereiche treten so gut wie nie in Weitwinkeleinstellungen, jedoch häufig in Teleeinstellungen auf. Die Schärfentiefeausdehnung ist abhängig von der Blendenöffnung. Je kleiner die Blendenöffnung, umso größer ist die Schärfentiefe.

SCHARFEINSTELLUNG: Um stets eine scharfe Abbildung des bildwichtigsten Bestandteils während des Zoomens zu bekommen, stellen Sie die höchste Schärfe zuerst in Telestellung auf ein Detail ein, ziehen das Zoom dann in die Weitwinkelstellung zurück und sorgen dafür, daß der scharfe Gegenstand in der Mitte des Bildfeldes bleibt.

SCHNEIDEN ODER SCHNITT: Die Aneinanderfügung von Szenen und Ton zu sinnvollen Szenenfolgen. Siehe auch Assemble- und Insertschnitt, Band-zu-Band-Kopieren und Drehen auf Schnitt.

SCHNITTFOLGE: Durch eine Schnittliste wird gesichert, daß ein vollständiger Sinnzusammenhang zwischen den einzelnen Szenen einschließlich der Ausleuchtung, der Bekleidung, des Make-ups und der Requisiten jederzeit ermittelt werden kann.

SCHNITTLISTE: ist eine Niederschrift der Szenenfolge für die Durchführung der Schneidearbeiten. Sie enthält den Stichwortinhalt jeder einzelnen Szene und die laufende Nummer.

SCHNITTRECORDER: Der Videorecorder, auf dem das fertiggeschnittene Band hergestellt wird.

SCHNITTSTEUERGERÄT: Ein Gerät, das zwischen Camcorder und Schnittrecorder geschaltet wird. Dies ermöglicht, auf beiden Geräten jeweils den Punkt, an dem er Schnitt zwischen zwei Szenen erfolgen soll, vorher genau einzustellen. Das Gerät führt den Schnitt sauber und störungsfrei durch.

SCHRÄGSPURAUFZEICHNUNG: Das Bildsignal wird, schräg-diagonal über das Videoband laufend, Halbbild für Halbbild nebeneinander aufgezeichnet.

SCHWENKEN: Horizontale und auch vertikale Bewegung der Kamera. Beim Schwenken eines sich im Szenenraum bewegenden Objekts lassen Sie vor dem Objektiv genug Raum.

SECAM: heißt «Sequential Couleur a Memoire» und ist die französische Fernsehnorm, die auch in der UDSSR, Osteuropa im Mittleren Osten und in Teilen Afrikas in Gebrauch ist.

SEQUENZ (SZENENFOLGE): Serie selbständiger Einzelszenen, die handlungsautomatisch oder durch Zeitlaufvermittlung zusammengehören.

SOLARISATION: Sichtbarer, teilweiser Umkehreffekt ins Negative, der in der Szenenabbildung durch bewußte Überbelichtung eines kontrastreichen Motivs hervorgerufen wird.

SPEZIALEFFEKTE-GENERATOR: (SEG) ist eine elektronische Einrichtung, die Videosignale verarbeiten kann, um ganz verschiedene Effekte hervorzurufen, Wischblenden, Überblendungen, Solarisation u.a.

SPITZLICHTER: Die am hellsten leuchtenden oder reflektierenden Lichter im Motiv.

STATIVKOPF: Oberstes Teil eines Stativs, auf dem die Videokamera befestigt ist. Er gestattet ruckfreie Bewegungen nach allen Seiten. Die optimale Ausführung ist ein Fluidkopf.

STORYBOARD: Skizzierte Zeichenentwürfe von Szeneninhalten in den geplanten Bildeinstellungen, unter denen jeweils Inhaltsangaben und Vorgänge notiert sind.

STREULICHT: Eine Lichtart, die entsteht, wenn das Licht von Scheinwerfern durch Streuscheiben, durchsichtige Textilien oder Papiere gestreut wird. Dadurch vermindern sich die Helligkeitskontraste und die Schatten werden weicher.

SUCHER, ELEKTRONISCHER: Er enthält einen elektronischen Monitor der gestattet, die gemachte Aufnahme sofort zu beurteilen.

SYNCHRONSPURLEGEN: Ein eingebauter Taktgeber, erzeugt eine Impulsreihe von zum Bild synchronen Signalen um den Gleichlauf zusammengeschalteter Videogeräte zu sichern.

TELECINE TRANSFER: wird die Übertragung vom Filmszeneninhalten des 35 mm-Schmalfilms – und 8-mm-Formats auf ein Videokassettenband genannt. Auch die Überspielung von Kleinbilddias gehört dazu.

TELEEINSTELLUNG: So nennt man die Einstellung eines Zoom-Objekts auf größte Brennweite, kleinsten Bildwinkel und höchste Vergrößerungsstufe.

TELEMIKROFON: Ein Mikrofon, das einen sehr scharf ausblendenden Erfassungswinkel hat (engl. «gun microphone» genannt).

TELEVORSATZ: Eine separate Linse, die vor das Objektiv gesetzt werden kann, um die Brennweite zu verlängern.

TIME CODE: Auf dem Videoband zu jedem einzelnen Bild mitaufgezeichnete, fortlaufende «Nummerierung». Eröglicht bildgenauen Schnitt.

TITELGENERATOR: Eine Hilfseinrichtung, mit der Buchstaben, Zahlen, ganze Worte usw. eingeblendet werden können.

TONMISCHPULT: Hilfsgerät, um Töne, die von mehr als einer Tonquelle gleichzeitig geliefert werden, miteinander zu mischen und auf eine gemeinsame Tonspur zu überspielen.

TORE: Das sind an Beleuchtungskörpern angebrachte, bewegliche Bleche, die den Lichtstrom beeinflussen und unerwünschte Helligkeit ausblenden. («Lichtblenden»).

TREATMENT: siehe unter «Drehplan».

TRICK-KAMERA: (Rostrum). Standfest aufgestellte Stativkamera, um Vorlagen zu reproduzieren (Fotos, Grafiken, Zeitungen, Karten).

ULTRAVIOLETT-FILTER: Filter, der Ultraviolettstrahlen absorbiert und bewirkt, daß in dunstigen, nebligen Motiven eine größere Tiefenausdehnung gesehen werden kann.

VERDRÄNGUNGSBLENDE: Ein elektronischer Effekt, durch den eine Szene durch eine andere ersetzt wird, indem die erste Szenen gewissermaßen von einem Rand zum anderen hinausgeschoben wird.

VHS: bedeutet «Video Home System» Bezeichnung des weitest verbreiteten Videoformats. VHS/C ist eine verkleinerte, zur Benutzung in einem Camcorder entwickelte Ausführung, die mit einem Adapter auf einem VHS-Normal-Recorder abgespielt werden kann.

VORSATZLINSEN: Einzellinsen, die vor die Optik der Kamera eingeschraubt werden können, um bestimmte Bildwirkungen zu erzielen.

WEISSABGLEICH: Die Einstellung der Kamera auf die herrschende Farbtemperatur.

WEITWINKELEINSTELLUNG: der Zoom-Optik auf den größten Bildwinkel bei kürzester Brennweite.

WINDSCHUTZ: Eine aus Schaumgummi bestehende Umhüllung, die über den Mikrofonkopf gestülpt wird.

WISCHBLENDE: Ein rascher Schwenk der Kamera erzeugt einen Wischeffekt, der als Szenenübergang dienen kann.

ZOOM-OBJEKTIV: Erlaubt während der Aufnahme ohne Schärfenverminderung, die Brennweite zu ändern.

ZWISCHENSCHNITT: Zusätzliche Szenenaufnahme, die in Nah-, Groß- oder Detailgroßaufnahme gemacht wird und später mit Hilfe des Insertschnitts eingefügt wird.

REGISTER